*21*世纪应用型高等院校示范性实验教材

常熟理工学院教材基金资助出版

（JX11022-CB2010006）

基础化学实验

物理化学部分

主　编　韦　波　李玉红

副主编　杨　刚　崔荣静

　　　　王海鹰　刘海燕

南京大学出版社

图书在版编目(CIP)数据

基础化学实验.物理化学部分 / 韦波,李玉红主编.
—南京:南京大学出版社,2014.12(2021.12 重印)
21世纪应用型高等院校示范性实验教材
ISBN 978-7-305-14474-5

Ⅰ.①基…　Ⅱ.①韦…　②李…　Ⅲ.①化学实验-高
等学校-教材　②物理化学-化学实验-高等学校-教材
Ⅳ.①O6-3

中国版本图书馆 CIP 数据核字(2014)第 295464 号

出版发行　南京大学出版社
社　　址　南京市汉口路 22 号　　　邮　编　210093
出 版 人　金鑫荣

丛 书 名　21世纪应用型高等院校示范性实验教材
书　　名　基础化学实验(物理化学部分)
主　　编　韦 波 李玉红
责任编辑　贾　辉 吴　汀　　　编辑热线　025-83592146

照　　排　南京开卷文化传媒有限公司
印　　刷　广东虎彩云印刷有限公司
开　　本　787×1092　1/16　印张 13.5　字数 320 千
版　　次　2014 年 12 月第 1 版　2021 年 12 月第 3 次印刷
ISBN 978-7-305-14474-5
定　　价　49.00 元

网　　址:http://www.njupco.com
官方微博:http://weibo.com/njupco
官方微信号:njupress
销售咨询热线:(025)83594756

前　言

　　化学本质上是一门实验科学,化学实验是培养学生创新意识和创新能力、引导学生确立正确科学思想和科学方法、提高学生科学素质的重要阵地。以实验为手段培养学生的实践能力和创新精神是化学教学最显著的特点。

　　本教材为"21世纪应用型高等院校示范性实验教材"基础化学实验系列教材中的物理化学实验部分。基础化学实验是大学生进入大学后接受系统实验方法和实验技能训练的开端,学生通过实验思想、方法、手段以及综合实验技能训练,学会科学的方法和思维,从而具有自学能力和解决问题的能力。物理化学实验以仪器测试为主要手段,测量数据和数据处理为主要内容,研究物质的物理化学性质及其化学规律,它综合了化学学科各领域所需的基本研究工具和方法。教材是教学环节中重要的一环,是教师实现优秀教学之本。为此,本着深化实验教育教学改革、突出实验教学特色、着力培育打造精品的原则,我们根据教育部化学、应用化学、化工、生物、食品及材料类等专业实验教学的基本要求与内容,结合各专业的教学大纲及我校教学仪器设备的实际情况,在多年实验教学改革的实践基础上编写了本教材。

　　本教材采用了新的实验模块体系,实验内容按基础实验、综合实验、设计和研究实验模块编排,既注重学生实验技能的训练、基本理论的掌握,又注重学生实验能力、分析解决问题能力及创新能力的培养。本教材共精选了包含化学热力学、化学动力学、电化学、表面及胶体化学、结构化学等五个方面的33个实验,力求涵盖物理化学的基本实验、常用实验方法和技术及反映物化实验的最新成果,突出综合性和应用性,并尽量选用低毒、绿色实验和现代常用仪器。每个实验的编写,除了常规的实验目的、实验原理、仪器和试剂、实验步骤、数据记录与处理、思考题等内容外,我们还特别增加了预习提要(包括预习题)、实验指导、实验扩展三部分内容,以方便学生在实验前进行充分的预习以及独立开展实验,从而扩大学生的知识面,更好地培养学生的创新意识和科研素质。本书还包含实验数据处理和基本测量技术及常用仪器两个独立的章节,以培养学生用计算机处理数据的能力,使学生了解现代常用测试的技术和仪器。一些实验常用数据以附录形式给出,以方便教材的使用。

　　为了使本教材能反映科学研究的新成果、新方法和新技术,我们将教师最新的一些研究成果编写成了综合、研究型实验,如表面活性剂对蔗糖一级水解反应的影响、静电纺丝法制备锂离子电池负极材料及性能研究、超声制备 Mn_3O_4 纳米材料及其超级电容性能测试、掺铕钼酸钙红色荧光粉的制备及其发光性能、CdSe 半导体量子点的制备及其荧光性能、纳米磁性材料的制备及性质等。这些实验内容将使得学生早日了解和接触一些研究前沿领域、新的实验方法和手段以及先进的实验仪器，这将开阔学生的科研视野，进一步提高学生综合运用所学知识的能力及科学创新意识。

　　本书由常熟理工学院韦波、李玉红、杨刚、崔荣静、王海鹰、刘海燕六位教师合作编写，韦波和李玉红老师定稿主编。书中很多基础型实验来自已退休教师邹耀红教授编写的《物理化学实验讲义》，对邹老师多年来对物理化学及实验所做的贡献及对我们年轻教师所做的指导表示崇高的敬意。徐肖邢、李巧云、杨高文等几位教授对此书的编写一直非常关心，提出了很多宝贵的纲领性、建设性意见。本书编写过程中得到了常熟理工学院化学与材料工程学院领导的支持、指导、关心，在此表示衷心的感谢。感谢常熟理工学院教材基金对本教材出版的资助。本书的编写参考了兄弟院校已出版的教材，谨表谢意。

　　本教材选编的实验，充分考虑了不同层次和不同专业的教学需要。可以根据不同的教学对象选择不同的教学内容，作为高等学校化学、应用化学、化工类、材料类、生物食品类、农学、医学、药学、环境等专业物理化学实验的教材或教学参考书。

　　由于编者的学识和水平有限，本书中错误和疏漏在所难免，敬请有关专家和广大师生批评指正。

编　者

2014 年 11 月

目　录

第1章 绪 论

1.1 物理化学实验的目的和要求

一、物理化学实验的目的

物理化学实验是化学实验的一个重要分支,它利用物理学实验方法研究化学系统变化规律。物理化学实验综合了化学领域各个分支所需的基本研究工具,具有综合性特征。早期的物理化学实验以验证物理化学的基本原理为目的,实验教学只是课堂教学的辅助环节。随着物理化学研究方法的形成和发展,以及近年来现代仪器在物理化学实验的广泛应用和计算机对实验数据的快速、准确处理,其目的也扩展为以掌握基本的物理化学实验方法和技术为主,并促使物理化学实验向纵深发展,实验教学趋向于综合训练型、设计研究型发展。物理化学实验特别注重科学能力的培养,是化学、化工、材料、生物工程和食品科学等专业的一门重要基础实验课,其主要目的是:

(1) 使学生初步了解物理化学的研究方法,掌握物理化学的基本实验技术和技能,了解常用仪器的构造、原理和使用方法,了解近代大型仪器的性能及在物理化学实验中的应用。

(2) 加深对物理化学基本理论和概念的理解,提高灵活运用物理化学原理的能力。

(3) 培养学生正确记录实验数据和观察实验现象,正确处理实验数据和分析实验结果的能力。

(4) 使学生受到初步的实验设计和研究的训练,培养学生初步进行科学研究的能力。

(5) 培养严肃认真、实事求是和一丝不苟的科学态度及工作作风。

二、物理化学实验的要求

实验教学包括实验预习、实验操作和实验报告三个环节,它们之间是相互联系的,任何一个环节没有做好,都会严重影响实验效果。

1. 实验预习

进实验室前,必须认真阅读实验内容和相关资料,预先了解实验的目的和原理,了解所用仪器、设备的构造和正确使用方法,明确实验操作过程和要测量的参数。结合实验讲义和有关参考资料写出预习报告。预习报告的内容包括:① 简明扼要地写出实验目的和原理;② 实验操作步骤及注意事项;③ 原始数据记录表格;④ 实验预习题。实验前,预习报告须经指导教师检查。预习未达到要求的学生,不能进行实验。

实践证明,实验前充分预习和准备将可避免实验中的盲目性,提高实验效率,保证良好的实验效果。因此,一定要做好实验前的预习。

2. 实验操作

(1) 实验操作开始前

学生应穿着实验服提前 10 分钟到达实验室。上交预习报告,以备教师检查,不合格者,不能进行实验。上交上一次实验的实验报告。检查仪器、药品是否齐全,记录实验条件(室温和气压);如对实验内容有疑问,可向教师询问。进一步听取指导教师的讲解。

(2) 实验操作过程中

在实验开始后,应认真操作,仔细观察实验现象,详细准确地记录原始实验数据和实验条件。在实验过程中,要有严谨的科学态度,善于发现和解决实验中出现的各种问题。遇有异常现象,不能自己解决的,应与指导教师一起分析研究查明原因。公用的试剂、器具、仪器不要随意变更原有位置,用毕立即放回原处;要保持实验仪器、实验台的整齐,并节约使用药品。要注意固态废弃物以及无机、有机废液应有序倒入指定回收装置中,不准随意倒入下水道中。实验中如打破玻璃仪器、温度计或仪器故障等突发事件,应及时向教师汇报,以便及时解决,并登记在册。

实验数据记录是完成实验的原始资料,必须忠实、完整、认真地记录,养成良好的记录习惯。实验数据要记录在设计好的原始数据记录表上,必须用钢笔或圆珠笔记录,不得用铅笔记录,并严禁随意涂改。每次的实验记录应包括:实验日期、实验项目、合作者姓名、室内温度、大气压、所测的原始实验数据。尽可能用表格形式表示实验数据,保证数据记录的条理性。在记录实验数据时,做到实事求是,不主观拣选或随意涂改,如有记错,可在该数据上画一道线,再在旁边写下正确的数据。

实验结束后,实验小组的每个同学都必须手抄一份将要用于完成实验报告的原始实验数据交教师签字认可,并将其贴在实验报告封面的背面备查,具有这一份原始实验数据的实验报告才是有效的。

(3) 实验操作结束后

应先将实验数据交教师检查,教师认为合格后,再拆卸装置,将剩余药品倒进指定废液桶中,并洗净玻璃仪器(如实验前从烘箱中拿出的仪器,实验后应放回烘箱中),收拾并打扫实验台面,完成后由教师在实验数据记录纸上签字后方可离开。

3. 实验报告

实验报告是实验工作的总结。实验报告的书写是实验课程对学生的基本训练内容之一。它将使学生在实验数据处理、作图、误差分析、问题归纳等方面得到训练和提高,是培养学生独立科研能力的一个重要步骤。在撰写实验报告时,要文字通顺,条理分明,书写认真。实验结果要实事求是,坚决反对伪造数据或凑数据的不良行为,坚决杜绝抄袭他人实验报告。对于两人共同完成的实验,每人要独立完成实验报告,并在规定时间内送交指导教师批阅。实验报告的质量,在很大程度上反映了学生的实际水平和能力,是教师评定实验成绩的重要依据之一。

物理化学实验报告的内容应包括:实验目的、原理、实验所需仪器及药品、实验步骤、数据记录及处理、实验结果与讨论、思考题等几个部分。其中实验目的、原理、实验所需仪器药品、实验步骤应简明扼要。实验原理主要阐明实验的理论依据,辅以必要的计算公式即可。实验步骤不要照抄讲义或教材,可以根据自己在做实验时的理解简明地写出操作步骤或以方框图的形式一步一步地列出步骤。

　　数据处理应有处理步骤,而不是只列出实验结果。数据处理应有原始数据记录表和计算结果表示表(有时二者可合二为一),需要计算的数据必须列出算式,对于多组数据,可列出其中一组数据的算式。作图时必须按本绪论中数据处理部分所要求的去做,实验报告的数据处理中不仅包括表格、作图和计算,还应有必要的文字叙述。例如:"所得数据列入××表","由表中数据作××~××图"等,以便使写出的报告更加清晰、明了,逻辑性强,便于批阅和留作以后参考。

　　作图须用计算机软件作图,尽量不用手绘图。在第二章 2.3 节中有利用 Origin 软件和 Excel 软件作图的详细使用方法。在作图时,必须符合一定的规范,整个图要表述的内容必须一目了然。

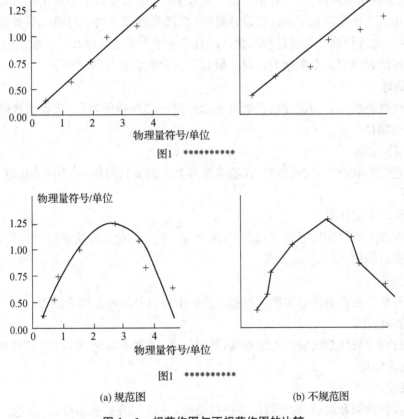

(a) 规范图　　　　　　　　(b) 不规范图

图 1-1　规范作图与不规范作图的比较

　　结果讨论应包括:对实验现象的分析解释;对实验结果误差的定性分析或定量计算,并检讨产生误差之可能原因;对实验的改进意见或新的构想;实验的心得体会等,这是锻炼学生分析问题能力的重要一环,应予以重视。

表 1-1　关于规范作图的说明

规范图	不规范图
有文字精练的图题,且图题的位置正确;	没有图题或图题的位置不正确;
使用坐标纸时,有坐标轴、刻度值及其标注;	无坐标轴、刻度值,或标注不完整;
坐标轴上的物理量符号及单位标注正确;	坐标轴上无物理量符号及单位标注;
代表点标示正确、醒目,整个图无涂改;	代表点标示不清楚、点过大,图上有涂改;
不在线上的代表点均匀地分布在线的两侧;	不在线上的代表点的分布形式不正确;
直线是笔直的、曲线是光滑的、坐标纸大小适宜。	直线不直、曲线不光滑、连点成线、坐标纸太大。

三、设计研究型实验要求

设计研究型实验是基础实验的提高和深化。它是在教师的指导下,学生选择实验题目,运用学过的物理化学实验原理、方法和技术,在查阅文献资料的基础上独立设计实验方案,正确选择仪器和设备,并且独立进行实验操作,最后以科学小论文的形式完成实验报告的过程。由于物理化学实验在设计思路、测量原理和方法上与科学研究有许多相似性,因而对学生进行综合与设计型实验训练有助于学生实验技能和综合素质的提高,对培养学生初步的科研能力至关重要。设计研究型实验的实施与要求如下:

(1) 选题

在教材提供的综合和设计实验题目中选择自己感兴趣的题目,或者经教师同意后自己确定实验题目。

(2) 查阅文献

查阅包括实验原理、实验方法、仪器装置等方面的文献资料,对不同方法进行对比、综合、归纳等。

(3) 制订实验方案

根据查阅的资料和实验要求,制订实验方案,并在实验开始前进行可行性论证,请老师和同学提出问题,优化实验方案。

(4) 实验准备

实验开始前要提前做好实验仪器和药品的准备以及溶液配制等工作。

(5) 实验实施

实验过程中要注意实验现象的观察,及时记录,注意不断地对实验现象和结果进行分析,得出初步结论。

(6) 数据处理

依据实验数据和现象,对所得结果进行处理,并进行数据误差分析,按论文形式写出实验报告。

四、实验成绩评定

学生实验成绩的评定是对学生掌握实验设计思想、方法、技能、实验综合素质和能力全面考查的结果。实验成绩评定采取以平时成绩为主,与期末考试相结合的多元化实验考核办法。平时成绩主要以预习报告、实验态度、实验操作、实验结果、实验报告等方面为依据进行评分。期末考核采取理论考试和操作考试的方式,将笔试、实验操作技能、设计实验的能力与水平考核结合进行评分。根据本教材中四大类实验的特点,成绩评定的着重点有所不同。学生实验成绩的评定主要依据如下:

(1) 对基础知识、基本原理和设计思想的理解和掌握。

(2) 实验基本方法、基本技能和基本仪器的掌握和使用。

(3) 实验结果(产量、纯度、准确度、精密度等)及对实验结果的分析、讨论与总结。

(4) 实验能力。包括实验设计、组织、实施步骤和对实验现象的观察、测量、记录的过程,数据处理的正确性,作图技术的掌握,实验报告的规范性与完整性,分析解决问题的能力,创新意识等。

(5) 实验态度。包括严谨求实、勤奋认真、条理整洁、团结协作、遵守纪律等。

1.2 物理化学实验规则与安全防护

在物理化学实验室常常用到高压气体、真空系统、高电压、高温或低温条件、有毒物质、X 射线等,因此要求实验者必须掌握必要的安全防护知识与预防措施,防止事故的发生以及做好事故的应急处理,这是每一个化学实验工作者必须具备的素质。这些内容在先行的化学实验课中均已作了介绍。本节主要介绍物理化学实验的基本规则以及气体钢瓶的使用、安全用电、使用化学药品的安全防护等知识。

一、物理化学实验的基本规则

(1) 实验时应遵守操作规则,遵守一切安全措施,保证实验安全进行。

(2) 遵守纪律,不迟到,不早退,保持室内安静,不大声谈笑,不到处乱走,不许在实验室内嬉闹及恶作剧。

(3) 使用水、电、煤气、药品试剂等都应本着节约原则。

(4) 未经老师允许不得乱动精密仪器,使用时爱护仪器设备,如发现仪器损坏,立即报告指导教师并追查原因。

(5) 随时注意室内整洁卫生,火柴杆、纸张等废物只能丢入废物缸内,不能随地乱丢,更不能丢入水槽,以免堵塞。实验完毕将玻璃仪器洗净,把实验桌打扫干净,公用仪器、试剂药品整理好。

(6) 实验时要集中注意力,认真操作,仔细观察,积极思考,实验数据要及时如实详细地记在报告本上,不得涂改和伪造,如有记错可在原数据上画一杠,再在旁边记下正确值。

(7) 实验结束后,由同学轮流值日,负责打扫整理实验室,检查水、煤气、门窗是否关好,电闸是否拉掉,以保证实验室的安全。

实验室规则是人们长期从事化学实验工作的总结,它是保持良好环境和工作秩序,防止意外事故,做好实验的重要前提,也是培养学生优良素质的重要措施。

二、物理化学实验安全与防护

1. 气体钢瓶的安全防护

表 1-2　各类气瓶的涂色标志

气体名称	气瓶涂色	标字颜色	线条颜色	字样
氧气	天蓝	黑	—	氧
氢气	深绿	红	红	氢
氮气	黑	黄	棕	氮
氦气	褐色(棕灰)	白	—	氦
液氨	黄	黑	—	氨
压缩空气	黑	白	—	压缩空气
二氧化碳	黑	黄	—	二氧化碳
乙炔气	白	红	—	乙炔不可近火
氩气	灰	绿	—	氩
甲烷	红	白	—	甲烷

　　实验室的气体钢瓶,主要指各种压缩气体钢瓶,比如氧气瓶、氢气瓶、氮气瓶和液化气瓶等。其容积一般为 $40\sim60\ dm^3$,最高工作压力为 $15\ MPa$(最低的也在 $0.6\ MPa$ 以上)。为避免各种气瓶使用时发生混淆,常将钢瓶漆上不同颜色,写明瓶内气体名称。

　　气体钢瓶的危险主要是气体泄漏造成人员中毒或爆炸、火灾等使实验室房屋、仪器设备损坏或人员伤亡,因此在使用气体钢瓶时应注意:

　　(1)各种气瓶必须按国家规定进行定期检验。一般气体钢瓶至少每 3 年送检一次,充腐蚀性气体钢瓶至少每 2 年送检一次。使用过程中必须要注意观察钢瓶的状态,如发现有严重腐蚀或其他严重损伤,应停止使用并提前报检。

　　(2)气体钢瓶应远离热源、火种,置通风阴凉处,防止日光曝晒,严禁受热;可燃性气体钢瓶必须与氧气钢瓶分开存放;周围不得堆放任何易燃物品,易燃气体严禁接触火种。

　　(3)气体钢瓶应直立使用,务必用框架或栅栏围护固定。禁止随意搬动敲打钢瓶,经允许搬动时应做到轻搬轻放。

　　(4)使用时要注意检查钢瓶及连接气路的气密性,确保气体不泄漏。使用钢瓶中的气体时,要用减压阀(气压表)。各种气体的气压表不得混用,以防爆炸。

　　(5)使用完毕按规定关闭阀门,主阀应拧紧不得泄漏。养成离开实验室时检查气瓶的习惯。

　　(6)不可将钢瓶内的气体全部用完,一定要保留 $0.05\ MPa$ 以上的残留压力(减压阀表压)。可燃性气体如乙炔应剩余 $0.2\ MPa\sim0.3\ MPa$, H_2 应保留 $2\ MPa$。

　　(7)为了避免各种气体混淆而用错气体,通常在气瓶外面涂以特定的颜色以便区别,并在瓶上写明瓶内气体的名称。

　　(8)绝不可使油或其他易燃性有机物沾在气瓶上(特别是气门嘴和减压阀)。也不得用棉、麻等物堵住,以防燃烧引起事故。

2. 安全用电常识

物理化学实验室使用电器较多,特别要注意安全用电。实验室所用的电源主要是频率为 50 Hz 的交流电,分为单相 220 V 和三相 380 V 两种,除少数仪器设备外,实验室多用单相交流电,该电压远高于人体的安全电压 36 V。表 1-3 给出了 50 Hz 交流电在不同电流强度时通过人体产生的反应情况。

表 1-3　不同电流强度时的人体反应

电流强度/mA	1~10	10~25	25~100	100 以上
人体反应	麻木感	肌肉强烈收缩	呼吸困难,甚至停止呼吸	心脏心室纤维性颤动,死亡

违章用电可能造成仪器设备损坏、火灾、甚至人员伤亡等严重事故。为了保障人身安全,一定要遵守安全用电规则:

(1) 防止触电

不用潮湿的手接触电器。电源裸露部分应有绝缘装置(例如电线接头处应裹上绝缘胶布)。所有电器的金属外壳都应保护接地。实验时,应先连接好电路后再接通电源。实验结束时,先切断电源再拆线路。修理或安装电器时,应先切断电源。不能用试电笔去试高压电。使用高压电源应有专门的防护措施。如有人触电,应迅速切断电源,然后进行抢救。

(2) 防止引起火灾

使用的保险丝要与实验室允许的用电量相符。电线的安全通电量应大于用电功率。室内若有氢气、煤气等易燃易爆气体,应避免产生电火花。继电器工作和开关电闸时,易产生电火花,要特别小心。电器接触点(如电插头)接触不良时,应及时修理或更换。如遇电线起火,立即切断电源,用沙或二氧化碳、四氯化碳灭火器灭火,禁止用水或泡沫灭火器等导电液体灭火。

(3) 防止短路

线路中各接点应牢固,电路元件两端接头不要互相接触,以防短路。电线、电器不要被水淋湿或浸在导电液体中。电器仪表应安全使用,在使用前,先了解电器仪表要求使用的电源是交流电还是直流电,是三相电还是单相电以及电压的大小(380 V、220 V、110 V 或 6 V)。须弄清电器功率是否符合要求及直流电器仪表的正、负极。仪表量程应大于待测量。若待测量大小不明时,应从最大量程开始测量。实验之前要检查线路连接是否正确。经教师检查同意后方可接通电源。在电器仪表使用过程中,如发现有不正常声响,局部温升或嗅到绝缘漆过热产生的焦味,应立即切断电源,并报告教师进行检查。

3. 使用化学药品的安全防护

(1) 防毒

实验前,应了解所用药品的毒性及防护措施。操作有毒气体(如 H_2S、Cl_2、Br_2、NO_2、浓 HCl 和 HF 等)应在通风橱内进行。苯、四氯化碳、乙醚、硝基苯等的蒸气会引起中毒。它们虽有特殊气味,但久嗅会使人嗅觉减弱,所以应在通风良好的情况下使用。有些药品

(如苯、有机溶剂、汞等)能透过皮肤进入人体,应避免与皮肤接触。氰化物、高汞盐($HgCl_2$、$Hg(NO_3)_2$等)、可溶性钡盐($BaCl_2$)、重金属盐(如镉盐、铅盐)、三氧化二砷等剧毒药品,应妥善保管,使用时要特别小心。禁止在实验室内喝水、吃东西。饮食用具不要带进实验室,以防毒物污染,离开实验室及饭前要洗净双手。

(2) 防爆

可燃气体与空气混合,当两者比例达到爆炸极限(见表 1-4)时,受到热源(如电火花)的诱发,就会引起爆炸。使用可燃性气体时,要防止气体逸出,室内通风要良好。操作大量可燃性气体时,严禁同时使用明火,还要防止发生电火花及其他撞击火花。有些药品如叠氮铝、乙炔银、乙炔铜、高氯酸盐、过氧化物等受震和受热都易引起爆炸,使用要特别小心。严禁将强氧化剂和强还原剂放在一起。久藏的乙醚使用前应除去其中可能产生的过氧化物。进行容易引起爆炸的实验,应有防爆措施。

表 1-4　与空气相混合的某些气体的爆炸极限(20℃,101 325 Pa)

气体	爆炸高限 体积/%	爆炸低限 体积/%	气体	爆炸高限 体积/%	爆炸低限 体积/%
氢	74.2	4.0	丙酮	12.8	2.6
乙烯	28.6	2.8	一氧化碳	74.2	12.5
乙炔	80.0	2.5	煤气	74.0	35.0
苯	6.8	1.4	氨	27.0	15.5
乙醇	19.0	3.3	硫化氢	45.5	4.3
乙醚	36.5	1.9	甲醇	36.5	6.7

(3) 防火

许多有机溶剂如乙醚、丙酮、乙醇、苯等非常容易燃烧,大量使用时室内不能有明火、电火花或静电放电。实验室内不可存放过多这类药品,用后还要及时回收处理,不可倒入下水道,以免聚集引起火灾。有些物质如磷、钠、钾、电石及金属氢化物等,在空气中易氧化自燃。还有一些金属如铁、锌、铝等粉末,比表面大也易在空气中氧化自燃。这些物质要隔绝空气保存,使用时要特别小心。实验室如果着火不要惊慌,应根据情况进行灭火,常用的灭火剂有:水、沙、二氧化碳灭火器、四氯化碳灭火器、泡沫灭火器和干粉灭火器等。可根据起火的原因选择使用,以下几种情况不能用水灭火:① 钠、钾、镁、铝粉、电石、过氧化钠着火,应用干沙灭火;② 比水轻的易燃液体,如汽油、苯、丙酮等着火,可用泡沫灭火器;③ 有灼烧的金属或熔融物的地方着火时,应用干沙或干粉灭火器;④ 电器设备或带电系统着火,可用二氧化碳灭火器或四氯化碳灭火器。

(4) 防灼伤

强酸、强碱、强氧化剂、溴、磷、钠、钾、苯酚、冰醋酸等都会腐蚀皮肤,特别要防止溅入眼内。液氧、液氮等低温也会严重灼伤皮肤,使用时要小心。万一灼伤应迅速清除皮肤上的化学药品,一般可先用大量水冲洗,再用适合于清除该物质的特种溶剂、溶液或药剂仔细洗涤处理伤处,情况严重时应立即送医治疗。

（5）防汞

汞中毒分急性和慢性两种。急性中毒多为高汞盐（如 $HgCl_2$）入口所致，0.1 g～0.3 g 即可致死。吸入汞蒸气会引起慢性中毒，症状有：食欲不振、恶心、便秘、贫血、骨骼和关节疼、神经衰弱等。汞蒸气的最大安全浓度为 0.1 mg·m^{-3}，而 20℃ 时汞的饱和蒸气压为 0.001 2 mmHg，超过安全浓度 100 倍。所以使用汞必须严格遵守如下安全用汞操作规定。

不要让汞直接暴露于空气中，盛汞的容器应在汞面上加盖一层水。装汞的仪器下面一律放置浅瓷盘，防止汞滴散落到桌面上和地面上。一切转移汞的操作，也应在浅瓷盘内进行（盘内装水）。实验前要检查装汞的仪器是否放置稳固。橡皮管或塑料管连接处要缚牢。储汞的容器要用厚壁玻璃器皿或瓷器。用烧杯暂时盛汞，不可多装以防破裂。若有汞掉落在桌上或地面上，先用吸汞管尽可能将汞珠收集起来，然后用硫磺盖在汞溅落的地方，并摩擦使之生成 HgS。也可用 $KMnO_4$ 溶液使其氧化。擦过汞或汞齐的滤纸或布必须放在有水的瓷缸内。盛汞器皿和有汞的仪器应远离热源，严禁把有汞仪器放进烘箱。使用汞的实验室应有良好的通风设备，纯化汞应有专用的实验室。手上若有伤口，切勿接触汞。

4. X 射线的防护

X 射线被人体组织吸收后，对人体健康是有害的。一般晶体 X 射线衍射分析用的软 X 射线（波长较长、穿透能力较低）比医院透视用的硬 X 射线对人体组织伤害更大。轻的造成局部组织灼伤，如果长时期接触，重的可造成白血球下降，毛发脱落，发生严重的射线病。但若采取适当的防护措施，上述危害是可以防止的。最基本的一条是防止身体各部（特别是头部）受到 X 射线照射，尤其是受到 X 射线的直接照射。因此要注意 X 光管窗口附近用铅皮（厚度在 1 mm 以上）挡好，使 X 射线尽量限制在一个局部小范围内，不让它散射到整个房间，在进行操作（尤其是对光）时，应戴上防护用具（特别是铅玻璃眼镜）。操作人员站的位置应避免直接照射。操作完，用铅屏把人与 X 光机隔开；暂时不工作时，应关好窗口，非必要时，人员应尽量离开 X 光实验室。室内应保持良好通风，以减少由于高电压和 X 射线电离作用产生有害气体。

5. 实验室"三废"的处理

实验中经常会产生某些有毒的气体、液体和固体，都需要及时排弃，特别是某些剧毒物质，如果直接排出就可能污染周围空气和水源，损害人体健康。因此，对废液和废气、废渣要经过一定的处理后，才能排弃。

为防止环境污染，在做实验时，应提倡绿色化学思想，推广"微型化学实验"。"微型化学实验"是最近 20 年来在国内外发展很快的一种化学实验新方法、新技术。它具有节约试剂、减少污染、测定速度快、安全等特点，便于实验室管理和"三废"处理。在实验教学中，可根据实际情况，尽可能使实验微型化，加大实验室的"三废"处理力度。化学实验室的"三废"种类繁多，实验过程产生的有毒气体和废水排放到空气中或下水道，同样对环境造成污染，威胁人们的健康。如 SO_2、NO、Cl_2 等气体对人的呼吸道有强烈的刺激作用，对植物也有伤害作用；As、Pb 和 Hg 等物质的化合物进入人体后，不易分解和排出，长期积累会引起胃痛、皮下出血、肾功能损伤等；氯仿、四氯化碳等能致肝癌；多环芳烃能致膀胱癌和皮肤癌；CrO 接触皮肤破损处会引起溃烂不止等。因此，对废液和废气、废渣要经过一定的处理后,才能排弃。

(1) 废气

① 产生少量有毒气体的实验应在通风橱内进行。通过排风设备将少量毒气排到室外,使排出气体在外面大量空气中稀释,以免污染室内空气。

② 产生毒气量大的实验必须备有吸收或处理装置。如二氧化氮、二氧化硫、氯气、硫化氢、氟化氢等可用导管通入碱液中,使其大部分吸收后排出,一氧化碳可点燃转成二氧化碳。

(2) 废液

① 物理化学实验中通常大量的废液是废液酸或碱,常采用中和处理方法。废液缸中废液酸可先用耐酸塑料网纱或玻璃纤维过滤,滤液加碱中和,调 pH 至 6～8 后就可排放。少量滤渣可埋于地下。

② 废铬酸洗液可以用高锰酸钾氧化法使其再生,重复使用。氧化方法:先在 110～130℃下将其不断搅拌、加热、浓缩,除去水分后,冷却至室温,缓缓加入高锰酸钾粉末。每 1 000 mL 加入 10 g 左右,边加边搅拌直至溶液呈深褐色或微紫色,不要过量。然后直接加热至有三氧化硫出现,停止加热。稍冷,通过玻璃砂芯漏斗过滤,除去沉淀;冷却后析出红色三氧化铬沉淀,再加适量硫酸使其溶解即可使用。少量的废铬酸洗液可加入废碱液或石灰使其生成氢氧化铬(Ⅲ)沉淀,将此废渣埋于地下。

③ 氰化物是剧毒物质,含氰废液必须认真处理。对于少量含氰废液,可先加氢氧化钠调至 pH>10,再加入几克高锰酸钾使 CN^- 氧化分解;大量的含氰废液可用碱性氯化法处理,先用碱将废液调至 pH>10,再加入漂白粉,使 CN^- 氧化成氰酸盐,并进一步分解为二氧化碳和氮气。

④ 含汞盐废液应先调节 pH 至 8～10,然后,加适当过量的硫化钠生成硫化汞沉淀,并加硫酸亚铁生成硫化亚铁沉淀,从而吸附硫化汞沉淀下来。静置后分离,再离心,过滤。清液汞含量降到 0.02 mg·L^{-1} 以下可排放。少量残渣可埋于地下,大量残渣可用焙烧法回收汞,但要注意一定要在通风橱内进行。

⑤ 含重金属离子的废液,最有效和最经济的处理方法是加碱或加硫化钠把重金属离子变成难溶性的氢氧化物或硫化物沉积下来,然后过滤分离,少量残渣可埋于地下。

(3) 废渣

废渣主要采用掩埋法。有毒的废渣必须先进行化学处理后深埋在远离居民区的指定地点,以免毒物溶于地下水而混入饮用水中;无毒废渣可直接掩埋,掩埋地点应有记录。

第2章 物理化学实验中的
误差与数据处理

物理化学实验与有机化学实验、无机化学实验最大的区别在于，其效果不是以产品的多少和纯度来衡量，而是以数据的有效性来衡量的。因此，数据处理在物理化学实验中占据非常重要的地位。处理数据的同时还要判断数据的有效性，这就需要使用误差分析方法。对于有效的数据结果，还要结合相关的物理化学理论公式，使用适当的作图、列表、计算等方法，获得进一步的物质性质或化学反应的相关参数。因此，掌握正确的数据归纳、计算、表达方法，也是学生在物理化学实验这门课程中需要重点学习的内容。本章将重点介绍物理化学实验中的误差分析、数据处理和表达方法，并简要介绍常用的 Origin 6.0 数据处理软件在物理化学实验数据处理中的应用。

2.1 误差分析

一、误差的基本概念

1. 系统误差

系统误差是由一定原因引起的具有"单向性"的误差，它对测量结果的影响有一定的规律，使测量结果系统偏高或偏低，重复测定会重复出现，它的大小在理论上可以加以确定。引起系统误差的原因主要有：

(1) 仪器的误差 由于仪器的不正确引起的，如仪器刻度不准等。

(2) 试剂的误差 由化学试剂不纯含有杂质引起的。

(3) 方法的误差 实验方法本身有缺陷不够完善。

(4) 个人的误差 由观察者个人的习惯所引起的。

采取校正仪器、改进实验方法、提高试剂纯度、制定标准操作规程等措施，系统误差可消除或减少。

2. 偶然误差

偶然误差(用 δ 表示)是由难以控制的自然原因造成的，它是可变的。有时大，有时小，有时正，有时负，是方向不定的非确定误差。偶然误差虽可通过改进仪器和测量技术，提高操作的熟练程度来减少，但它是不可避免的。偶然误差的出现受正态分布规律的支配，可用"多次测定，取平均值"的方法来减少。

3. 过失误差

过失误差是由于实验者的粗心、不正确操作或测量条件的突变引起的误差。过失误差是不允许发生的，只要仔细专心地从事实验，也是完全可以避免的。

系统误差和过失误差总是可以设法避免的,而偶然误差是不可避免的,因此最好的实验结果应该只会有偶然误差。

4. 误差的表示方法

(1) 一种是用来表示测量值的准确度的误差,有绝对误差与相对误差之分:

$$绝对误差=测量值-真实值$$

$$相对误差=\frac{测量值-真实值}{真实值}$$

(2) 一种是用来衡量测量值的精密度的偏差,常用的有:

$$绝对偏差(\delta_i)=测量值-测量值的算术平均值$$

$$相对偏差=\frac{绝对偏差}{测量值的算术平均值}$$

$$平均偏差\ (\bar{\delta})=\frac{1}{n}\sum_{i=1}^{n}|\delta_i|$$

$$标准偏差(\sigma)=\sqrt{\frac{1}{n-1}\sum\delta_i^2}$$

“误差”和“偏差”在概念上是有区别的,前者以真实值为标准,后者以平均值为标准,但由于“真实值”通常无法准确知道,一般用平均值代替真实值,这样在实际工作中,不严格区分误差和偏差。

5. 可疑值的舍弃

由概率理论,大于 $3\bar{\delta}$ 的误差出现机会只有 0.3%,如有则可以认为是过失误差而舍去,但一般测量次数少,概率理论不适用。

一般简便的方法是用 $\delta_i \geqslant 4\bar{\delta}$ 判断是否舍弃。

6. 有效数字

有效数字就是数据中所有可靠数字和最末一位的可疑数字,即一个数中,除最后一位是可疑者外,其余都是确定的,下面简述有效数字的概念和一些规则。

(1) 有效数字的位数

如:	5.08	0.68	0.0068	0.680	6.8×10^{-4}	1.850×10^{2}
有效数字位数:	3	2	2	3	2	4

① 位数与小数点位置无关。

② “0”在数字的前面,只表示小数点位置,不包括在有效数字的位数中;“0”如在数字的中间或末端,则表示一定的数值,应包括在有效数字的位数中。

③ 采用指数法时,10^n 不包括在有效数字中。

(2) 有效数字的运算法则

① 加减——中间各步及结果均以小数点后位数最少者为准。

② 乘除——中间各步及结果均以有效数字位数最少者为准。

③ 当数值首位＞8 时,则有效数字的位数多算一位。

④ 对复杂运算的中间各步可多保留一位。

⑤ 常数如 π、e、$\sqrt{2}$ 等同样按上述规则取有效数字。

⑥ 对数计算中,对数尾数的有效数字位数与真数的有效数字位数相同。

(3) 任何一次直接测量都按读到仪器刻度的最小估计读数,即有一位可疑数字。

(4) 任何一物理量的数据,其有效数字的最后一位,在位数上应与误差的最后一位划齐。

如根据实验数据计算得萘相对分子质量 128,若相对误差为 2%,则绝对误差为 0.02×128≈3。这样萘的相对分子质量只能表示为 128±3,而不能写成 128.4±3。

(5) 误差一般只有一位有效数字,至多不超过 2 位。

二、误差的传递

上面所述,是直接测量时的误差情况,一般物理化学实验中,最终结果是将一些直接测量值代入一定函数关系式中,再计算所需要的值。因此各直接测量的误差,将影响函数的误差,这就是误差的传递。下面简述误差传递情况。

1. 和或差的误差

和或差的最大误差是各分量的误差之和,即

$$N = X + Y + Z, \Delta N = |\Delta X| + |\Delta Y| + |\Delta Z|, \frac{\Delta N}{N} = \frac{|\Delta X| + |\Delta Y| + |\Delta Z|}{X + Y + Z}$$

$$N = X - Y, \Delta N = |\Delta X| + |\Delta Y|, \frac{\Delta N}{N} = \frac{|\Delta X| + |\Delta Y|}{X - Y}$$

2. 积、商、幂、对数的误差

要得到误差传递的关系式,可先取对数再微分,再考虑直接测量值的正负误差不能对消的最不利的情况。

如:$N = XYZ, \ln N = \ln X + \ln Y + \ln Z$,则

$$\frac{dN}{N} = \frac{dX}{X} + \frac{dY}{Y} + \frac{dZ}{Z}, \frac{\Delta N}{N} = \left|\frac{\Delta X}{X}\right| + \left|\frac{\Delta Y}{Y}\right| + \left|\frac{\Delta Z}{Z}\right|$$

$N = \dfrac{X}{Y}, \ln N = \ln X - \ln Y$,则

$$\frac{dN}{N} = \frac{dX}{X} - \frac{dY}{Y}, \frac{\Delta N}{N} = \left|\frac{\Delta X}{X}\right| + \left|\frac{\Delta Y}{Y}\right|$$

$N = X^n, \ln N = n \ln X$,则

$$\frac{dN}{N} = n\frac{dX}{X}, \frac{\Delta N}{N} = n\left|\frac{\Delta X}{X}\right|$$

$N = \ln X, \ln N = \ln(\ln X)$,则

$$\frac{dN}{N} = \frac{d\ln X}{\ln X} = \frac{dX}{X\ln X}, \frac{\Delta N}{N} = \left|\frac{\Delta X}{X\ln X}\right|$$

3. 乘以固定系数的误差传递

$N = aX, \ln N = \ln a + \ln X$,则

$$\frac{dN}{N} = \frac{d a X}{a X} = \frac{dX}{X}, \frac{\Delta N}{N} = \frac{\Delta X}{X}$$，即一个物理量乘以固定的系数得到的新物理量，其相对误差的值不变。

三、误差分析

了解了误差的传递可以查明各直接测量值的误差对函数误差的影响，从而找出函数最大误差的来源，以便选择仪器和实验方法，取得实验的主动权，下面举例说明如何进行误差分析。

例：以苯为溶剂，用凝固点降低法测萘的相对分子质量时，用下式计算：

$$M = \frac{1\,000\ K_f W_B}{W_A(T_0 - T)} \qquad (K_f = 5.12)$$

式中：W_B 为溶质的质量；W_A 为溶剂的质量；T_0 为溶剂凝固点；T 为溶液凝固点。

$$\ln M = \ln W_B - \ln W_A - \ln(T_0 - T) + \ln(1\,000 K_f)$$

$$\frac{dM}{M} = \frac{dW_B}{W_B} - \frac{dW_A}{W_A} - \frac{d(T_0 - T)}{T_0 - T}$$

$$\frac{\Delta M}{M} = \frac{\Delta W_B}{W_B} + \frac{\Delta W_A}{W_A} + \frac{\Delta T_0 + \Delta T}{T_0 - T}$$

若称量溶质 W_B=0.3 g，如在分析天平上称，绝对误差 $\Delta W_B = 0.000\,2$ g；
取溶剂质量 W_A=20 g，如用移液管移取，绝对误差 $\Delta W_A = 0.05$ g。
用贝克曼温度计测量凝固点，绝对误差 ΔT=0.002℃。
测纯溶剂凝固点 3 次，如 $T_{01} = 5.801$℃，$T_{02} = 5.790$℃，T_{03}=5.802℃，则

平均值：$T_0 = \dfrac{5.801 + 5.790 + 5.802}{3} \approx 5.798$（℃）

各次测量误差：$\Delta T_{01} = |\,5.798 - 5.801\,| = 0.003$（℃）

$$\Delta T_{02} = |\,5.798 - 5.790\,| = 0.008\,(℃)$$

$$\Delta T_{03} = |\,5.798 - 5.802\,| = 0.004\,(℃)$$

平均绝对误差：$\Delta T_0 = \dfrac{0.003 + 0.008 + 0.004}{3} = 0.005$（℃）

同样测量溶液的凝固点 3 次，假定结果为：$T_1 = 5.500$℃，$T_2 = 5.504$℃，$T_3 = 5.495$℃，则

平均值：$T = 5.500$℃　平均绝对误差：$\Delta T = 0.003$℃
从而可以算出各直接测量值的相对误差：

$$\frac{\Delta T_0 + \Delta T}{T_0 - T} = \frac{0.005 + 0.003}{5.798 - 5.500} = \frac{0.008}{0.298} = 0.027$$

$$\frac{\Delta W_B}{W_B} = \frac{0.0002}{0.3} = 6.7 \times 10^{-4}, \frac{\Delta W_A}{W_A} = \frac{0.05}{20} = 2.5 \times 10^{-3}$$

$$\frac{\Delta M}{M} = \frac{\Delta W_B}{W_B} + \frac{\Delta W_A}{W_A} + \frac{\Delta T_0 + \Delta T}{T_0 - T} = 6.7 \times 10^{-4} + 2.5 \times 10^{-3} + 0.027 \approx 0.030$$

如根据测量数据计算得 $M=127$,则

$\Delta M \approx 127 \times 0.030 \approx 3.8$,故 $M=127 \pm 4$。

从上可看出:

(1) 最大误差来源是温度差的测量。

(2) 提高称重的精确度不能增加测量相对分子质量的精确度,过分精确的称量是不必要的。对溶剂,由于用量较大,用移液管移取,其误差仍不大;对溶质,由于用量较小,须用分析天平称量。

(3) 关键在于减小温度差测量的相对误差,它取决于测量的精度($\Delta T_0 + \Delta T$)和温差($T_0 - T$)的大小。为提高测温精度,须用精确度为 0.001℃的贝克曼温度计。为增大温差($T_0 - T$),应选择最恰当的溶质质量,即使偶然误差减少,又不致增大系统误差,一般溶质称取 0.3 g 左右。

可见,事先分析各个测量值的误差及其影响,能指导我们选择正确的实验方法,选用精密度相当的仪器,抓住测量关键达到较好的效果。

2.2　实验数据的处理

物理化学实验中的数据处理主要有列表法、作图法、数学方程法三种,现简单介绍常用的作图法和列表法。

一、作图法

1. 坐标纸

根据需要确定用直角坐标纸、半对数坐标纸或对数坐标纸。

2. 坐标轴

(1) 自变量为横轴,函数为纵轴。

(2) 比例尺的选择。

能读出全部有效数字,使读得的物理量之精密度与测量时的一样。

方便易读,一般使单位坐标格子为 1,2 或 5 的倍数。

若曲线系直线,则应使斜率 $K = 1$ 或 -1。

(3) 无特殊需要(如直线外推求截距),就不必以 0 作标度起点,而从略低于最小的测量值的整数开始,这样能充分利用坐标纸,使全图分布均匀。

(4) 横、纵坐标轴上要有名称,包括变量、单位和比例,若图中的数值是 3.5,坐标轴名称是"电导率 $\kappa / 10^4\ \mu S \cdot cm^{-1}$",表示该值是 $3.5 \times 10^4\ \mu S \cdot cm^{-1}$;若坐标轴名称是"电导率 $\kappa \times 10^4 / \mu S \cdot cm^{-1}$",表示该值是 $3.5 \times 10^{-4}\ \mu S \cdot cm^{-1}$。总之,变量"电导率 κ"是我们需要的结果,它是一个完整的包含数值和单位的物理量,而图中的数据点表示的是纯数。

3. 数据点

将测得相当数量的各点绘于图上,在点的周围画上○、×、△、□等符号,其面积之大小应代表测量的精确度,若测量的精确度高,则符号应小些,反之则大些。在一张图纸上作有数组不同的测量值时,各组测量值之代表点应用不同符号表示,以资区别,并需在图上注明。

4. 曲线

用透明曲线板描出曲线应尽可能接近各实验点,但不必全部通过各点,只要各点均匀地分布在曲线两侧邻近即可,一般原则为:

(1) 曲线两旁点的数量近似相等。

(2) 曲线与点间的距离尽可能小。

(3) 曲线两侧各点与曲线距离之和接近相等。

(4) 曲线应光滑均匀,细而清晰。

在作图时也存在着作图误差,所以作图技术的好坏也将影响实验结果的准确性。

5. 曲线上作切线

一般需要求斜率时才要作切线。可用镜像法:如图2-1,若在曲线的指定点 Q 上作切线,可取一平而薄的镜子,使其边缘 AB 放在曲线的横断面上,转动镜子,直到镜外曲线与镜像中曲线成一平滑的曲线(无弯折)时,沿 AB 画出直线就是法线,通过点 Q 作 AB 的垂线即为所求切线。

6. 图名

一般图名写在图的下方,应尽量简洁。要写清应变量和自变量,注明不同的"○、×、△、□"等符号所代表的内容,还

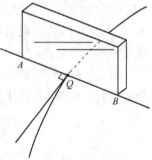

图 2-1 镜像法绘制切线

包括主要测量条件如温度、压力等。图上除图名、坐标轴、比例尺、曲线外,一般不再写其他的字及作其他辅助线,以免使主要部分不清楚。

二、列表法

为了清楚起见,我们先给出两个实验数据表格作为例子。

表 2-1 一级反应——蔗糖水解旋光度的测定($\alpha_\infty = -4.20°$)

t/min	$\alpha_t/°$	$(\alpha_t - \alpha_\infty)/°$	$\ln(\alpha_t - \alpha_\infty)$
5.18	16.70	20.90	3.040
10.03	13.78	17.98	2.890
14.70	11.57	15.77	2.758
19.78	9.45	13.65	2.614
25.13	7.37	11.57	2.448
29.80	5.65	9.85	2.287
34.71	3.93	8.13	2.096
39.67	1.83	6.03	1.800
46.50	0.13	4.33	1.470
51.40	−0.57	3.63	1.290
55.92	−1.00	3.20	1.160
61.10	−1.53	2.63	0.967

表 2-2　303 K 下不同浓度十六烷基三甲基溴化铵溶液的电导率

$c \times 10^4/\text{mol} \cdot \text{L}^{-1}$	2.560	4.103	5.441	6.683	8.227	10.75	13.82	16.52
$\kappa \times 10^{-2}/\mu\text{S} \cdot \text{cm}^{-1}$	0.330	0.478	0.618	0.712	0.878	1.025	1.100	1.175

1. 表格

表格通常分标题、表头、数据三个部分,根据数据物理量的多少,可以采用纵向和横向两种排列方式。若变量大于或等于三个,通常采用如表 2-1 所示的纵向排列;若变量只有一个或两个,则可以选用如表 2-2 的横向排列形式。如选用的是纵向排列数据,或只有一个变量的横向排列数据,则必须使用"三线表"。

所谓"三线表",即表格只有三条线,也就是上下两边和首行下面各一条线。第一行为各列数据的表头(横向排列数据时表头放第一列),其他行或列为纯数值。若采用计算机制表,可在 Word 程序中,在普通表格中输入表头和数值后,可在"表格"菜单中选"表格自动套用格式"中的"简明型 1",来转换为三线表。转换后,普通模式下其他的表格线以灰色形式显示,但在打印预览模式下(或打印版中)则只显示三条线。

表格的标题写在表格上方(这与图的标题是不同的),同样要做到简洁明了。

2. 表头

三线表的第一行(横向排列时为第一列)为表头,表头中表示的是各列数据的名称,包括变量、单位、比例(就像图形法表示中坐标轴的名称一样)。表头中的比例非常容易被混淆,如表 2-2 的第一个数值 2.560 的含义其实是"$c \times 10^4/\text{mol} \cdot \text{L}^{-1} = 2.560$",则 $c = 2.560 \times 10^{-4}$ $\text{mol} \cdot \text{L}^{-1}$。

3. 数据

对于直接测量的数据,属于同一个物理量的,一般来说,小数点后面的位数应该相同(因为仪器的测量精度是固定的)。对于采用一组测量数据直接进行计算的,加减运算结果的小数点后的位数与采用的数据相同,而乘除或更高级别的运算则要使结果的有效数字个数与所选数据相同。如果计算采用的是不止一组测量数据,则小数点后位数(加减运算)或有效数字个数(乘除或更高级别运算)要和所采用数据中位数最少或有效数字最少的那组数据相同。

当选用如表 2-1 所示的纵向排列数据时,同一列数据的小数点应该对齐。

2.3　使用计算机软件处理物理化学数据及作图方法

在物理化学实验中经常会遇到各种类型不同的实验数据,要从这些数据中找到有用的化学信息,得到可靠的结论,就必须对实验数据进行认真的整理和必要的分析和检验。除上一节中提到的分析方法以外,目前还经常利用计算机软件对数据进行处理。计算机处理快速便捷、准确可靠、功能强大,大大减少了处理数据的麻烦,提高了分析数据的可靠程度。用于图形处理的软件非常多,这里仅就目前使用最广泛的如微软公司的办公软件 Office 中的 Excel 和科学工作者必备工具 Origin 这两个软件在物理化学实验数据处理中的应用做些简单的介绍。

一、Origin 软件的基本使用方法

Origin 软件从它诞生以来,由于强大的数据处理和图形化功能,已被化学工作者广泛应用。它的主要功能和用途包括:对实验数据进行常规处理和一般的统计分析,如计数、排序、求平均值和标准偏差、t 检验、快速傅立叶变换、比较两列均值的差异、进行回归分析等。此外还可用数据作图,用图形显示不同数据之间的关系,用多种函数拟合曲线等等。下面以 Origin 6.0 软件为例,简单介绍该软件在数据处理中的应用。

1. 安装

对购买的 Origin 6.0 或更新版本软件包,解压缩后,找到系列号文件(一般名称为 serial、serial number 或 sn 等),以写字板或记事本方式打开,拷贝其中的系列号。找到 setup. exe 文件,双击打开,根据文件运行提示,选择安装程序的位置、粘贴入系列号,安装好程序。

在桌面"开始"菜单→"所有程序"→"Microcal Origin 6.0"中找到"Origin 6.0 professional"单击打开程序。

或找到程序的安装位置,在桌面添加文件运行的快捷方式,以后双击快捷方式,即可打开该程序。

2. 数据面板介绍

(1) 数据表名称及属性

打开 Origin 6.0 程序后可看到如图 2-2 所示的面板,其中包含名称为"Data1"的数据表。

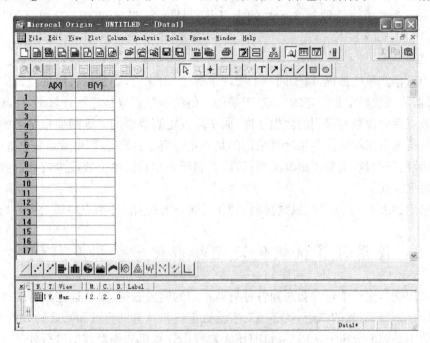

图 2-2　Origin 6.0 打开后的面板显示

右击示意为"Data1"的蓝色区域,再点击"Rename"可更改数据表的名称。数据表暂时不编辑时,最好"最小化"内部窗口,而不要"关闭",以免将该数据表删除。

将所需处理的数据分栏目输入图 2-2 中示为 A[X]、B[Y]的表格中,注意横行各数

据的对应关系；如表格栏目不够，可点击工具栏中 ■ 图标添加列。

双击 A[X]、B[Y] 等灰色区域，可修改栏目属性，包括栏目名称、表格宽度、栏目注释等，如图 2-3 所示。

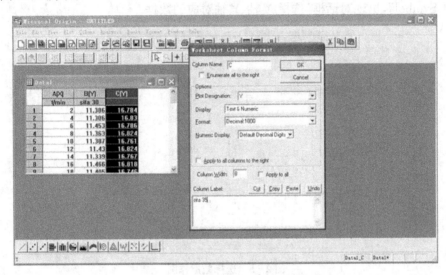

图 2-3　编辑或更改数据名称及注释

(2) 使用公式在数据表中输入数值

右击 A[X]、B[Y] 等灰色区域，可完成该列的拷贝、剪切、删除、作图、数值排序、数值统计、在该列左边添加一列、设置该列数值等操作。例如右击后点击"Set Column Values"，在出现的对话框中可设置该列的数值，可输入一个数据，亦可为一个公式，如对 D[Y] 列设置公式 sqrt(col(B)＋col(C))，则表示 D[Y] 列为 B[Y] 列和 C[Y] 列加和的平方根。公式方框上方"Add Function"下拉菜单可选择函数，左边有函数符号的说明；下方"Add Column"下拉菜单可选择加入的列。注意括号和加、减、乘、除、次方等符号要以英文输入法输入，分别为"()"、"＋"、"－"、"＊"、"/"、"^"，且不能有多余的空格。如图 2-4 所示。

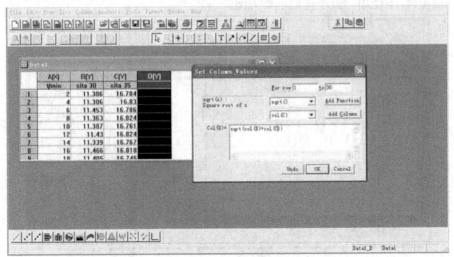

图 2-4　计算公式的输入

（3）用数据表中的数据作图

在不选中任何数据栏目的情况下，点击菜单栏中的"Plot"可用数据作图，其中"Line"、"Scatter"、"Line＋Symbol"分别对应线图、点图、既有线又有点的图。如点击"Line＋Symbol"，出现对话框，选择 X 轴、Y 轴对应的数据。

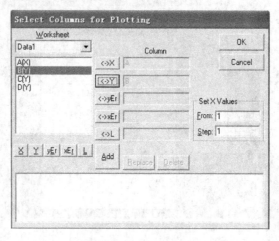

图 2-5　选择数据作图

例如以"Data1"数据表中的 A[X]列和 B[Y]列分别为 X 轴和 Y 轴，则在"Worksheet"下方先选择"Data1"，再选中 A[X]，点击图标 <-›X，再选中 B[Y]，点击图标 <-›Y，再点击"OK"即可，如图 2-5 所示。若一张图中有两条以上的数据线，则选中 X、Y 轴的数据后点击"Add"，继续选择 X、Y 轴的数据列，然后再选择"Add"，直到设定完所有的数据后，点击"OK"即可。

3. 画图面板介绍

（1）图的名称和层

延续上一节的操作，可得到一个名为"Graph1"的图，如图 2-6 所示。同样，图的名称也可以更改，不使用时最小化而不要关闭。

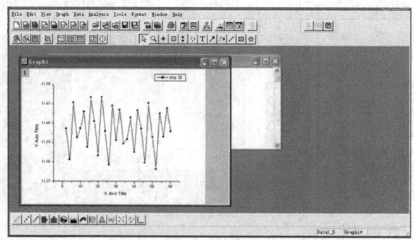

图 2-6　Origin 中的图片窗口

图片左上角显示"1",表示该图片目前有一层,右击"1"右侧区域,左击出现的"New Layer（Axes）"→"（Linked）：Right Y"可在图中右侧添加一纵坐标；此时图片左上角出现 **1 2** ,表示有两层坐标,其中以黑色出现的数字,表示正在被编辑的层,想要编辑某一层,需先左击代表该层的数字。

如果想在添加的层中再作一条曲线,可点击菜单栏"Graph"→"Add Plot to Layer"按提示继续作图即可。

（2）改变图中坐标轴的名称

双击图中的"X Axis Title",跳出对话框,可修改 X 轴名称。如输入"t/min",可先输入"t/min",再选中"t"后点击对话框中图标 $\boldsymbol{I}$ ；如输入希腊字母,可先输入相应英文字母,再选中该字母,点击 $\boldsymbol{\Gamma}$ ；其他如加粗、上标、下标等类似 Word 中的操作。同样的方法,可改变 Y 轴名称。

（3）改变图中点、线的显示方式

双击图中的点,跳出对话框,可修改点、线的状态。如点击对话框中"Line"栏目下"Connect"下拉菜单,选择"B-Spline"或"Spline",并取消右侧"Gap to Symbol"选择框中的"√",可将图中的线改成平滑连贯的曲线。另可修改线的形状（实线、虚线等）、颜色、粗细等。点击"Symbol"栏目,可修改符号的形状、颜色、大小等。

（4）修改坐标轴的属性

双击坐标轴区域,在跳出的对话框中选择"Scale"选项卡,可输入坐标的起始和末端值；可改变数据排列的方式如线性、对数方式等；另更改右侧"Major Tic"以及"Minor"文本框中的数值,可改变坐标轴上显示数值的疏密。如在对话框中选择"Title & Format"选项卡,可改变坐标轴的粗细、颜色、分节点的长短、分节点向图的内侧还是外侧等等。在对话框中选择"Tick Labels"选项卡,改变下方"Point"右侧的数值,可调整坐标轴上数值字号的大小；改变"Format"下拉菜单的选项,可更改坐标轴上数值的显示方式（工程方式或科学记数法）,对于较大或较小的数值,Origin 默认使用的是工程数据表达,此时应将"Format"右侧下拉菜单更改成"Scientific 1E3"即可。

（5）线性拟合

Origin 除可将数据转换成图片外,还可对所画的图进行理论处理,如积分、微分、拟合等等,相关功能可在网络上搜索资料自行学习,亦可参考 Origin 程序的使用书籍,或 Origin 程序中自带的"Help"栏的内容。本节仅介绍经常使用的线性拟合的方法。

所谓线性拟合,是指所画图中的一系列点可能在一条直线上,但又不严格在一条直线上,这时需要画一条直线,满足离所有的点都尽量地近,且这些点均匀地分布在直线的两侧或就在直线上。在物理化学实验中,常常有两个量呈直线关系,需要测量两个量的一系列对应值,画成直线,求解直线的斜率,以获得进一步的理论值。Origin 可以满足这项要求。

对画好的点图,点击菜单栏"Analysis"下方"Fit Linear",可对图片中的点进行拟合,同时跳出一个新窗口,告知 A、B 的值,其中 A 为截距、B 为斜率,数值后边还有该数值的误差（即 error）。如图 2-7 所示。

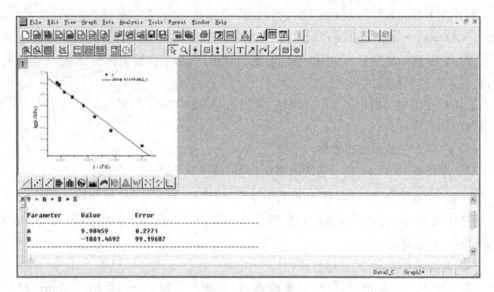

图 2-7　线性拟合

(6) 作切线

下载插件 Tangent. opk,把该插件拖到打开的 Origin 程序(只能是 7.5 以上版本)面板上,会出现如图 2-8 所示的新图标。点击左面的图标 ⊞,在曲线上找到需要做切线的点,点击该点就会出现一条切线,同时会跳出一个新窗口,告知切线的斜率。

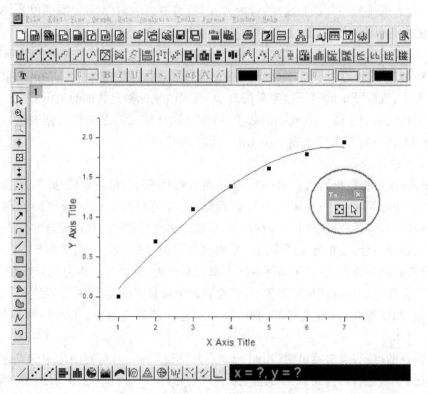

图 2-8　在 origin 软件中的做切线插件

（7）打印图片

如直接点击"File"下方的"Print"选项，将会得到占满一整页纸的大图，这在实验报告书写中是不必要同时也是不受欢迎的。可右击图片窗口右侧的灰色区域，再左击显示出的"Copy Page"拷贝下图片（如图 2-9），再粘贴到 Word 文件中，在文件中可以调整图片的大小、横纵比例等，然后再打印；这样，一张 A4 的纸可以同时打印 3～4 张图，剪开粘贴到实验报告中相应位置，既美观又环保。

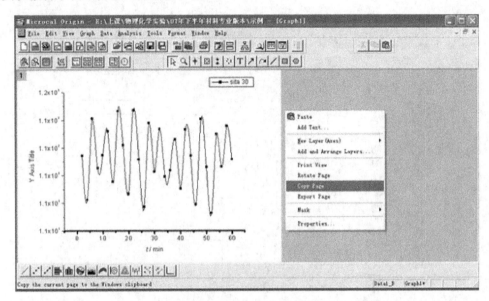

图 2-9　拷贝图片到 Word 文档中，调整大小后再打印

以上仅为 Origin 表和图的基本功能的简单介绍。更具体、更丰富的用途需要查阅相关资料，并且在长期的实践中慢慢摸索，所谓"熟能生巧"，是学习所有软件用法的必经之途。

二、Excel 软件处理实验数据

1. 基本步骤

（1）在 Excel 工作表中输入实验数据，可以按行输入，也可以按列输入。

（2）单击"图表向导"按钮，依次完成以下步骤：

步骤 1——图表类型，选中"XY 散点图"；

步骤 2——图表源数据，选定相应的 X、Y 轴数据；

步骤 3——图表选项，完成图名、轴名等的填写；

步骤 4——图表位置，最好将图"作为新的对象插入"到数据表所在页面。

（3）对图形进行编辑。计算机软件自动生成的图形往往不合乎规范，常常需要对图形的大小、位置、横纵坐标轴的刻度范围、比例尺以及字体字号进行修改或重新设定，以达到美观规范。

（4）绘制趋势线，也叫"回归分析"。按函数关系在"类型"中选择相应的直线或曲线类型，并在"选项"中选定相应的方程式及相关系数，从而确定出所要求的斜率、截距等，并可由相关系数是否接近于 1 判断出实验数据的误差大小。

2. Excel 软件处理实验数据的实例

(1) 以电导滴定实验的数据处理为例,介绍直线的作图程序,并对数据的系列划分(前 4 后 6、前 5 后 5)做一比较。

① 打开 Excel 软件后,在工作表中输入数据。可以按行输入,也可以按列输入。本例中按列输入数据。

	A	B
1	V_{NaOH}/mL	电导率 κ /$\times 10^4$ μS/cm
2	1.05	0.241
3	2.00	0.183
4	3.12	0.142
5	4.08	0.098
6	5.04	0.082
7	6.10	0.112
8	7.20	0.143
9	8.05	0.163
10	9.00	0.199
11	10.08	0.221

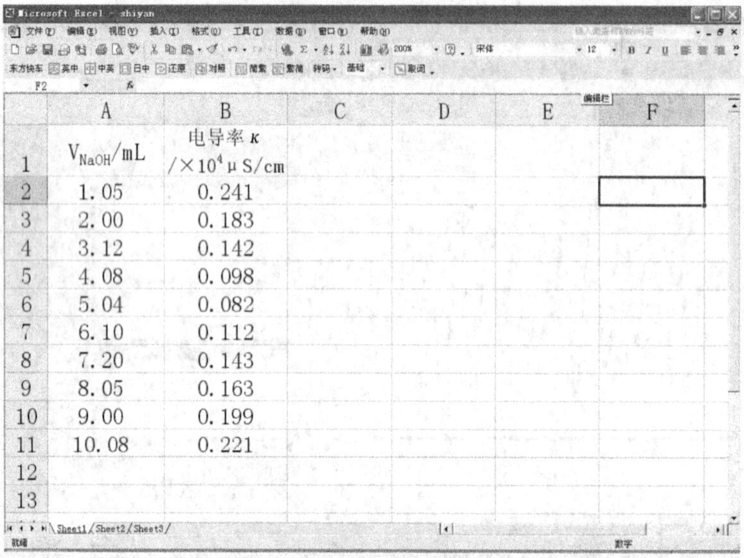

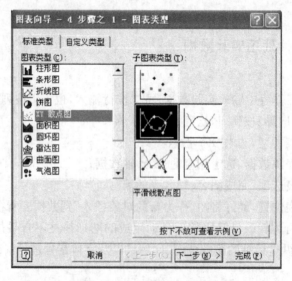

图 2-10 在 Excel 中按列输入数据

② 单击“插入”菜单中“图表”;或直接单击工具栏中“图表向导”按钮。选中“XY 散点图”,依次按各步骤提示完成操作。

图 2-11 Excel 中的作图向导

③ 计算机自动生成的图往往并不规范，如图 2-12 所示。

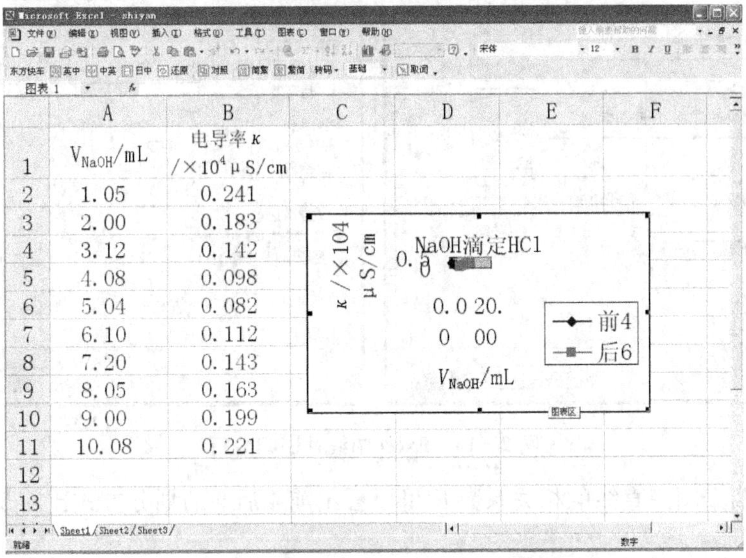

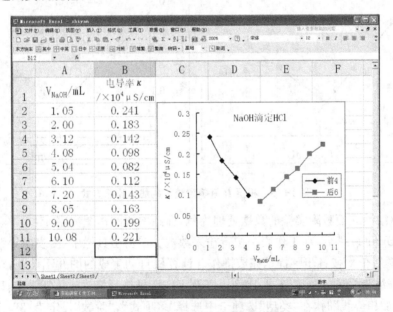

图 2-12　Excel 中的自动生成的图

④ 对图形的大小、位置、横纵坐标轴的刻度范围、比例尺以及字体字号进行修改或重新设定，以达到美观规范。

图 2-13　Excel 经过调整后的图

⑤ 在图 2-14 中单击选中需要进行线性回归分析的系列，在"图表"菜单中选中"添加趋势线"；或单击右键，在快捷菜单中选中"添加趋势线"，在"类型"选项卡中选择"线性"，在"选项"中选择"显示公式"、"显示 R 平方值"。

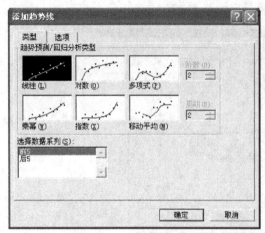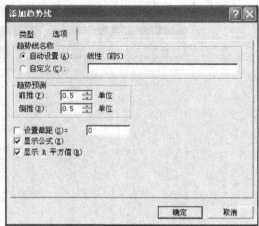

图 2 – 14　Excel 中线性回归分析

由下面两个图中直线的相关系数 R 可以看出前 4 后 6 的划分方式比前 5 后 5 的线性更好。

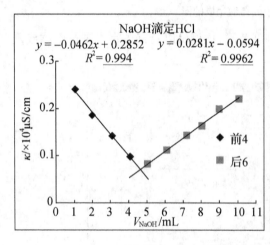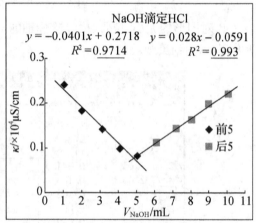

图 2 – 15　根据 R 值确定较好的线性作图方式

（2）以溶液表面吸附实验的数据处理为例，介绍曲线的作图程序。

打开 Excel 软件后，在工作表中按行输入数据。单击工具栏中"图表向导"按钮，选中"XY 散点图"，依次按各步骤提示完成操作。计算机自动生成的图并不美观，对图形的大小、位置、横纵坐标轴的刻度范围、比例尺以及字体字号进行修改或重新设定，以达到美观规范。"添加趋势线"时，在"类型"选项卡中选择"多项式"，"阶数"设定为"2"，在"选项"中选择"显示公式"、"显示 R 平方值"。结果如图 2 – 16 所示（其中左图是计算机自动生成的图形，右图是经过编辑后的图形）。

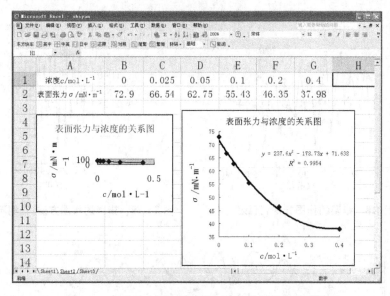

图 2 - 16　溶液表面吸附实验 Excel 数据处理结果图

三、作图要求

物理化学实验数据常用的作图方式主要有两种:一是以曲线方式连接,观察数据排列的方式或趋势;二是以点作图,再进行相关的拟合,如线性拟合,以求解斜率或其他参数。

以 Origin 软件为例,对于第一类图,应以"Line+Symbol"方式作图,并且曲线应平滑,即应将曲线从"Straight"方式改成"Spline"方式。如果以坐标纸作图,则先将各点描在坐标纸上,然后用曲线尺根据点的趋势描画一条曲线,该曲线不必穿过所有的点,但需离所有的点尽量地近,并且不在曲线上的点应均匀分布在曲线的两侧。

对于第二类图,应以"Scatter"方式作图,然后用"Analysis"→"Fit Linear"拟合,并记录斜率和截距,以便进一步数据处理。如果以坐标纸作图,则应先描点,再画直线,该直线离所有的点尽量地近,且这些点应在直线上或均匀地分布在直线两侧。这种作图法求解斜率的方法为:在所画直线上取尽量远的两点(注意:不能是原先描的点),在图中以不同的符号标出,并注明这两点的坐标,假设分别为 (x_1, y_1) 和 (x_2, y_2),则曲线的斜率

$$k = \frac{y_2 - y_1}{x_2 - x_1}。$$

不管是哪一类图,不论是使用坐标纸画图,还是用计算机软件作图,图形应在坐标的中央,并且曲线应尽量占据整个图片;坐标宽度的设置应能清晰地展现曲线的变化趋势;如对第一类图形,以下除图 2 - 17 外,其他的几种方式均为错误。

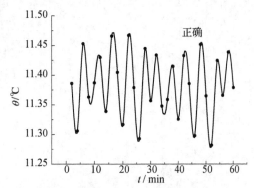

图 2 - 17　正确的作图方法:曲线平滑、比例适中,曲线处在图形的中央

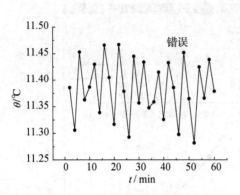

图 2 - 18　错误的作图方法:折线　　　**图 2 - 19　错误的作图方法:比例不适中**

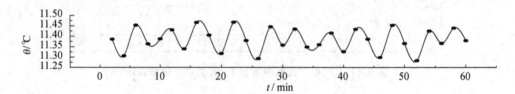

图 2 - 20　错误的作图方法:比例不适中

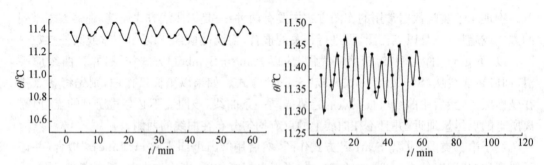

图 2 - 21　错误的作图方法:曲线未处于中央

第3章 基础型实验

实验一 恒温槽的装配、恒温操作和性能测试

一、实验目的

(1) 了解恒温槽的构造及恒温原理,初步掌握其装配和调试的基本操作技术。

(2) 绘制恒温槽的灵敏度曲线,掌握恒温槽性能的分析方法。

(3) 掌握贝克曼温度计的使用方法。

二、预习提要

(1) 了解玻璃恒温水浴槽包括哪些部件及它们的作用。

(2) 了解如何操作温度控制仪调节温度,如何确定水浴温度已恒温于某一温度。

(3) 了解绘制恒温槽灵敏度曲线的温度应如何读取。

(4) 了解恒温槽灵敏度 θ_E 的意义是什么,应如何求得。

预习题

① 电加热器加热过程中,加热电压如何调节?

② 如何防止水浴温度超过所需的恒温温度?

③ 一个优良的恒温水浴槽应具备哪些基本条件?

④ 实验结束,感温元件(热敏电阻)应如何处理?

⑤ 实验中三个测量温度的元件(水银温度计、温度指示控制仪、贝克曼温度计)的作用分别是什么?哪一个温度显示值是水浴的准确温度?

三、实验原理

在许多物理化学实验中,由于欲测的数据,如折射率、蒸气压、电导、黏度、化学反应速率等都随温度而变化,因此,这些实验都必须在恒温条件下进行。一般常用恒温槽达到热平衡条件。当恒温槽的温度低于所需的恒定温度时,恒温控制器通过继电器的作用,使加热器工作,对恒温槽加热,待温度升高至所需的恒定温度时,加热器停止加热,从而使恒温槽的温度仅在一微小的区间内波动,本实验所用恒温槽的装置如图 3-1 所示。

现将恒温槽各部分的设备分别介绍如下:

1. 浴槽

通常有金属槽和玻璃槽两种,槽的容量及形状视需要而定。槽内盛有热容较大的液体作为工作物质。根据温度控制范围,可用以下液体介质:$-60℃\sim30℃$ 用乙醇或乙醇水溶液;$0℃\sim90℃$ 用水;$80℃\sim160℃$ 用甘油或甘油水溶液;$70℃\sim300℃$ 用液体石蜡、汽缸润滑油、硅油。

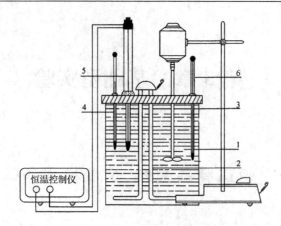

图 3-1　恒温槽装置图

1-浴槽；2-加热器；3-搅拌器；4-水银温度计；5-温度控制仪传感器；6-贝克曼温度计传感器

2. 感温元件

它是恒温槽的感觉中枢，其作用在于感知恒温物质的温度，并传输给温度控制仪。它是影响恒温槽灵敏度的关键元件之一。其种类很多，如半导体、热敏电阻等，原理为利用材料电阻对温度变化的敏感性达到控制温度的目的。

3. 温度控制仪

如图 3-2 为 SWQ 型智能数字温度指示控制仪面板。使用时需先将温度指示控制仪与加热器连接(必要时还需连接调压器)，再将所连接的传感器探头(即感温元件)浸入恒温槽内的水中，接通电源后，调节旋钮 7,8,9 三键设定加热温度。显示窗口 2 显示的是恒温槽中水的温度。当水温低于设定的温度时，加热器加热，此时加热指示灯 5 亮；而当水温达到所设定的温度时，加热器即停止加热，此时恒温指示灯 4 亮。

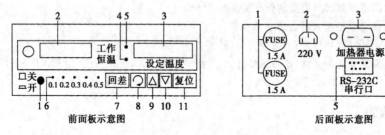

图 3-2　温度控制仪面板

1-电源开关；2-显示窗口；3-设定温度显示窗口；4-恒温指示灯；5-工作指示灯；6-回差指示灯；7-回差键；8,9,10-三键配合设定所需温度；11-复位键

1-保险丝；2-电源插座；3-加热器电源插座；4-传感器插座；5-串行口；6-温度调整

4. 加热器

常用的是电加热器，其功率大小可视浴槽的容量及所需恒定温度与环境温度的差值大小而定。若采用功率可调的加热器则效果较好，在开始时，加热器的功率可大一些，以使槽内温度较快升高，当槽温接近所需温度时，再适当减小加热器的功率。

5. 搅拌器

一般采用功率为 40 W 的电动搅拌器，并用变速器来调节搅拌速度，以使槽内各处温度尽可能保持相同。

6. 温度计

常用最小分度为 0.1℃ 的水银温度计或酒精温度计作为观察温度用。本实验又另用一支贝克曼温度计来测定恒温槽的灵敏度。

综上所述,恒温条件是通过一系列元件的动作来获得的。因此,不可避免地将存在着许多滞后现象,如温度传递、感温元件、温度控制仪、电热器等的滞后。因此,装置时对上述元件的灵敏度应有一定的要求,另外注意各元件在恒温槽中的布局应合理,如果各零件都很灵敏,但没有很好的布局,仍不能达到很好的恒温效果。在恒温槽中,电热器和搅拌器应放得较近,这样一有热量放出立即能传到恒温槽各处。感温元件要放在电热器和搅拌器的附近,不能放远,因为这一区域温度变化幅度最大;若放远处,则幅度小,会减弱感温元件的作用。至于测量系统,不宜放在边缘。显然,恒温槽控制的温度有一个波动的范围,波动的范围越小,各处的温度越均匀,恒温槽的灵敏度越好。

灵敏度是衡量恒温槽好坏的主要标志,一般是指在达到恒温状态后,采用贝克曼温度计,观察槽温随时间的变化,以 $\theta_{始}$、$\theta_{停}$ 分别表示达到恒温状态后加热器开始加热和停止加热时槽内水的温度(贝克曼温度计上的相对温度,可准确到小数点后三位)的平均值,以 $\frac{1}{2}(\overline{\theta_{始}}+\overline{\theta_{停}})$ 为纵坐标的中值,作出温度-时间曲线,即灵敏度曲线。通过对曲线的分析,可以对恒温槽的灵敏度作出评价,若最高温度为 $\theta_{高}$,最低温度为 $\theta_{低}$,则恒温槽的灵敏度 θ_E 为:$\theta_E = \frac{1}{2}(\theta_{高}-\theta_{低})$

四、仪器和试剂

玻璃缸(20 L)、半导体热敏电阻、搅拌器(40 W)、加热器(1 000 W)、温度指示控制仪、秒表、温度计(0~50℃,最小分度为 0.1℃)、贝克曼温度计(数显或玻璃)、调压变压器(1 000 W)。

五、实验步骤

1. 恒温槽的装配

在玻璃缸中加入蒸馏水至容积的 2/3 处,按图 3-1 将各部件装置好,接好线路。

2. 恒温槽的调试

调节温度控制仪,使指针稍低于 30℃,经教师允许后,接通电源,开动搅拌器,调节转速适当。随即进行加热,开始时可将加热电压调到 200 V 左右,注意观察最小分度为 0.1℃ 的温度计汞面,待槽温达到 29℃ 时,将加热电压调至 100 V 左右,微调控温仪指针,如指示绿灯自动灭掉时,水银温度计读数刚好为 30℃,则表示恒温槽处于 30℃ 恒温状态。

温度指示控制仪的指示值存在误差,指针调节在 30℃,可能实际恒定的温度是 32℃ 或 27℃ 等,所以开始调节时指针对应的温度应低于所恒定的温度,而是否恒温到 30℃ 应以水银温度计的读数为准。

再次调节加热电压,使加热时间与停止加热时间近似相等(即绿灯亮的时间和红灯亮的时间几乎相等)。然后从贝克曼温度计(温差挡)读出开始加热和停止加热时水的温度$\theta_{始}$、$\theta_{停}$,各记录 2 次。

3. 恒温槽灵敏度的测定

待恒温槽在 30℃下恒温 5 min 后,用秒表计时,每隔 2 min 从贝克曼温度计(温差挡)上读一次水的温度 θ,测定 60 min。

将恒温槽温度调至 35℃,再相同步骤测定 35℃下恒温槽的灵敏度。

实验完毕,切断电源,将温度控制仪传感器及贝克曼温度计传感器从水浴中拿出并擦干,温度控制仪传感器还需套上塑料帽,以防损坏。

六、数据记录和处理

(1) 列表记录实验数据

室温:_____　　　　　大气压:_____

恒温槽温度 30℃		恒温槽温度 35℃	
$\theta_{始}$ /℃	$\theta_{停}$ /℃	$\theta_{始}$ /℃	$\theta_{停}$ /℃

恒温槽温度 30℃		恒温槽温度 35℃	
t/min	θ/℃	t/min	θ/℃

(2) 求出恒温槽温度为 30℃时的 $\theta_{始}$、$\theta_{停}$ 的算术平均值 $\overline{\theta_{始}}$、$\overline{\theta_{停}}$。

(3) 以时间 t 为横坐标,温度 θ(贝克曼温度计温差挡读数)为纵坐标,$\frac{1}{2}(\overline{\theta_{始}}+\overline{\theta_{停}})$ 为纵坐标中值,绘出恒温槽的灵敏度曲线。

(4) 在灵敏度曲线上,找出达到恒温后的最高温度 $\theta_{高}$、最低温度 $\theta_{低}$,求出该恒温槽在 30℃时的灵敏度 θ_{E}(30℃),并对其灵敏度作出评价。

（5）同上，绘出 35℃时恒温槽的灵敏度曲线，求出 θ_E（35℃），对灵敏度作出评价。

七、问题与思考

（1）欲提高恒温槽的灵敏度，主要通过哪些途径？

（2）开动恒温槽之后，为什么要将温度控制仪上的指针调节到低于所需温度处，如果高了会产生什么后果？

（3）如何使用温度控制仪调节温度并达到恒温？

（4）贝克曼温度计的零点误差会不会影响恒温槽灵敏度的测量？

实验指导

1. **水银大气压计（福廷式气压计）的用法**

许多物理化学实验数据受温度、大气压等环境条件影响，所以每次实验需记录当时的室温和大气压，不论实验是否特殊都要求记录。

关于水银大气压计的使用方法见第 6 章 "6.2　压力及真空测量技术"。

2. **数显贝克曼温度计用法**

相对于水银温度计，贝克曼温度计的优势在于其测量值精确度高，其中"温度"挡可测至小数点后三位；但是所显示的具体温度值却与当时的实际温度之间有一定偏差，即零点误差（该误差的数值是固定的，可用贝克曼温度计的测量值与水银温度计测量值之差求出）。如实验结果是一个温度差值，那么两温度相减时零点误差即被抵消，例如本实验中的灵敏度 $\theta_E = \dfrac{\theta_{高} - \theta_{低}}{2}$ 即为两温度差的一半，所以贝克曼温度计的零点误差不会影响恒温槽灵敏度的测量。

3. **恒温槽灵敏度曲线**

该曲线如图 3-3 所示。其中 $\overline{\theta_{始}}$ 为开始加热时的相对平均温度，即达恒温后绿灯亮时两次由贝克曼温度计温差挡读出温度的平均值，此时温度较低。$\overline{\theta_{停}}$ 为停止加热时的相对平均温度，即红灯亮时两次由贝克曼温度计温差挡读出温度的平均值，此时温度较高。

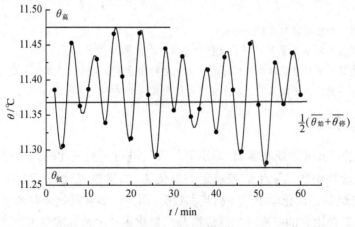

图 3-3　灵敏度曲线图

$\frac{1}{2}(\overline{\theta_{始}}+\overline{\theta_{停}})$ 表示水浴的相对平均温度。

恒温槽灵敏度：$\theta_E=(\theta_{高}-\theta_{低})/2$。$\theta_{高}$、$\theta_{低}$ 从灵敏度曲线上读取；$(\theta_{高}-\theta_{低})$ 相当于水浴温度的最大波动范围；θ_E 为恒温槽温度最大波动范围的一半。θ_E 越小，恒温槽灵敏度越高，恒温温度波动范围越小，恒温性能越好。

4. 注意事项

(1) 恒温槽的真实温度用插在水浴中的最小刻度为 0.1℃ 的水银温度计测量和读取。

(2) 测定 $\theta_{始}$、$\theta_{停}$ 可以穿插在测定灵敏度曲线数据中进行，以节省时间。

(3) 若用数显贝克曼温度计读取水浴的相对温度，应用"温差"挡。

(4) 相对温度数据准确读至小数点后三位。

(5) 温度控制仪在达到恒温后的开始一段时间，所恒定的温度可能稍有变化，这时应重新调节温度控制仪。但开始记录温度随时间变化的数据后，就不应再调节温度控制仪。

(6) 电加热器功率大小的选择是本实验的关键之一，最佳状态应是每次加热时间与停止加热时间近乎相等，因此在实验中应根据继电器上两个指示灯亮的时间长短耐心调节变压器上的电压。

实验二 燃烧焓的测定

一、实验目的

(1) 明确燃烧焓的定义，了解等压燃烧热与等容燃烧热的相互关系。

(2) 熟悉氧弹量热计的构造、工作原理及测量方法。

(3) 学会应用雷诺图解法校正温度改变值。

二、预习提要

预习燃烧焓的定义、测量原理，氧弹量热计的使用方法和雷诺校正的方法。

预习题

① 什么是燃烧焓？其终极产物是什么？

② 实验测仪器常数水当量 K 采用什么样的办法？水当量 K 是什么含义？

③ 氧弹式热量计测燃烧焓的简单原理是什么？主要测量误差是什么？如何求 Q_p？

④ 为什么说高精度的燃烧焓数据较生成焓数据更显得必要？

三、实验原理

燃烧焓是指 1 mol 物质在等温、等压下与氧气进行完全氧化时的焓变。"完全氧化"的意思是指化合物中的元素生成较稳定的氧化物，如碳被氧化成 $CO_2(g)$，氢被氧化成 $H_2O(l)$ 等。燃烧焓是热化学中重要的基本数据，因为许多有机化合物的标准摩尔生成焓都可通过盖斯定律由它的标准摩尔燃烧焓及二氧化碳和水的标准摩尔生成焓求得。通过燃烧焓的测定，还可以判断工业用燃料的质量等。

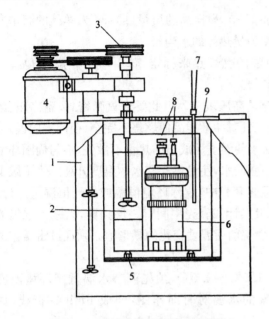

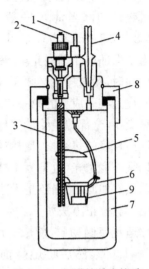

图 3-4 绝热式量热计的构造简图
1-外套;2-量热容器;3-搅拌器;4-搅拌马达;
5-绝缘支架;6-氧弹;7-温度传感器;8-电极;
9-盖子

图 3-5 氧弹的基本构造
1-电极;2-充气阀门;3-充气管(兼作电极);
4-放气阀门;5-燃烧挡板;6-燃烧皿支架;
7-弹体;8-弹帽;9-燃烧皿

在非体积功为零的情况下,物质的燃烧焓以物质燃烧时的热效应(燃烧热)来表示,即:$\Delta_C H_m = Q_{p,m}$,因此,测定物质的燃烧焓实际就是测定物质在等温、等压下的燃烧热。

量热法是热力学实验的一个基本方法。测定燃烧热可以在等容条件下,亦可以在等压条件下进行。等压燃烧热(Q_P)与等容燃烧热(Q_V)之间的关系为:

$$Q_{p,m} = Q_{V,m} + \Delta n_g RT \tag{3-2-1}$$

式中:Δn_g 为 1 mol 样品燃烧时,反应前后气体物质的物质的量变化;T 为反应的绝对温度。

测量原理是能量守恒定律,样品完全燃烧放出的能量使量热计本身及周围介质温度升高,测量出介质燃烧前后温度的变化,就可以求算该样品的等容燃烧热。其关系如下:

$$Q_{V,m} = -C_{V,m} \Delta T \tag{3-2-2}$$

式中:负号是指系统放出热量,放热时系统内能降低,$C_{V,m}$、ΔT 均为正值。

系统除样品燃烧放出热量引起系统温度升高以外,其他因素如燃烧丝的燃烧,氧弹内 N_2 和 O_2 化合并溶于水中形成硝酸等都会引起系统温度变化,因此在计算水当量及发热量时,这些因素必须进行校正,校正值如下:

燃烧丝的校正:Ni-Cr 合金丝:$-1\,400.8\ \mathrm{J \cdot g^{-1}}$

酸形成的校正:(本实验此因素忽略)

校正后的关系式为:

$$Q_{V,m} \times \frac{m}{M} - 1\,400.8 \times \Delta W = -K \Delta T \tag{3-2-3}$$

式中:$Q_{V,m}$ 为样品等容燃烧热(J·mol^{-1});m 为样品的质量(g);M 为样品的摩尔质量(g·mol^{-1});ΔW 为燃烧丝的质量(g);K 为量热计的水当量。

量热计的水当量 K 一般用纯净苯甲酸的燃烧热来标定,苯甲酸的燃烧热 $Q_{V,m}=$ $-3\,228\,120$ J·mol^{-1}($3\,228.12$ kJ·mol^{-1})。

为了保证样品燃烧完全,氧弹中必须充足高压氧气。因此要求氧弹密封、耐高压、耐腐蚀。同时,粉末样品必须压成片状,以免充气时冲散样品使燃烧不完全,引起实验误差;完全燃烧是实验成功的第一步;第二步还必须使燃烧后放出的热量不散失,不与周围环境发生热交换,全部传递给量热计本身和其中盛的水,使量热计和水的温度升高。为了减少量热计与环境的热交换,量热计放在一恒温的套壳中,故称环境恒温或外壳恒温量热计。量热计须高度抛光,也是为了减少热辐射,量热计和套壳中间有一层挡屏,以减少空气的对流。虽然如此,热漏还是无法避免,因此燃烧前后温度变化的测量值必须经过雷诺作图法校正。其校正方法如下:

称适量待测物质,使燃烧后水温升高 $1.5℃\sim2.0℃$,预先调节水温低于环境温度 $0.5℃\sim1.0℃$,然后将燃烧前后历次观察的水温对时间作图,连成 FHIDG 折线,如图3-6(a)。

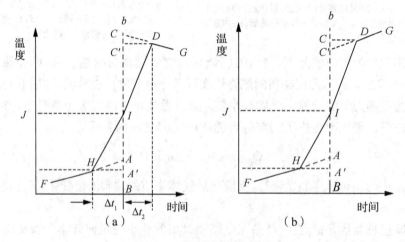

图3-6 雷诺温度校正图

图中 H 相当于开始燃烧之点,D 为观察到的最高温度读数点,J 点为外桶温度(温差温度)。作一平行线 JI 交折线于 I,过 I 点作垂线 bB,然后将 FH 线和 GD 线外延交 bB 于 A、C 两点。A 点与 C 点所表示的温度差即为欲求温度的升高 ΔT。图中 AA' 为开始燃烧到温度上升至外桶温度这一段时间 Δt_1 内,由环境辐射和搅拌引进的能量而造成量热计温度的升高,必须扣除;CC' 温度由外桶温度升高到最高点 D 这一段时间 Δt_2 内量热计向环境辐射出能量而造成量热计温度的降低,因此需要添加上。由此可见,A、C 两点的温度差较客观地表示了由于样品燃烧促使温度升高的数值。有时量热计的绝热情况良好,热漏小,而搅拌器功率大,不断稍微引进能量使得燃烧后的最高点不出现,这种情况下 ΔT 仍然可以按照同法校正,如图 3-6(b)。

四、仪器和试剂

1. 仪器

SHR-15 恒温式量热计(含氧弹)、SWC-ⅡD 型精密数字温度温差计、YCY-4 充氧器、压片机(两套)、氧气钢瓶(带减压阀)、托盘天平、电子天平、称量纸、1/10 精密温度计(0～50℃)、容量瓶(2 L,1 L)、研钵(两个)、药匙(两个)、电吹风、剪刀、钢尺、镊子、量筒(10 mL)。

2. 试剂

萘(AR)、苯甲酸(AR)、Ni-Cr 合金丝(精确燃烧值-8.4 J·cm^{-1})。

五、实验步骤

1. 测定萘的燃烧焓

(1) 样品压片及燃烧丝的准备

用台秤称取 0.6 g 左右萘,将压片机的垫筒放置在可调底座上,装上模子,并从上面倒入已称好的萘样品,旋转手柄至合适位置压紧样品,旋转手柄松开压棒,取出模子,再旋转压棒至药品从垫筒下掉出。将样品在分析天平上准确称重,置于燃烧坩埚中待用。

(2) 充氧气

在分析天平上准确称量燃烧丝的质量,然后将其两端绑牢于氧弹中的两根电极上,并使其中间部分与样品接触,燃烧丝不能与坩埚壁相碰。向氧弹中加入 10 mL 水,旋紧氧弹盖。充氧器导管和阀门 2 的出气管相连,先打开阀门 1(逆时针旋开),再渐渐打开阀门 2(顺时针旋紧),将氧弹放在充氧器上,弹头与充氧口相对,压下充氧器手柄,待充氧器上表压指示稳定到约 1.4 MPa 后松开,充气完毕(如图 3-7)。为了把空气排出,可以用泄气阀放掉氧弹内气体,再次充氧一次。

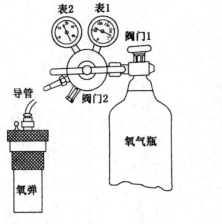

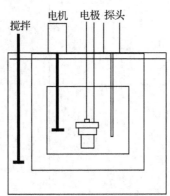

图 3-7 氧弹充气示意图　　　图 3-8 量热计安装

(3) 燃烧和测量温度

把点火电极连接在充好氧气的氧弹上,如果控制器上点火灯亮,说明是通路,可将氧弹放入盛水桶中。用容量瓶准确量取已被调节到低于外筒温度 0.6℃～1.0℃ 的水

3 000 mL，倒入盛水桶内，并接上控制器上的点火电极（注意：电极只是插到氧弹上，不能旋转！），盖上盖子，将温度温差仪的感温元件插入内桶水中，将控制器上各线路接好（如图3-8）。开动搅拌马达，待温度稳定后，按下面板上的"清零""锁定"键，然后每隔1 min读取温差温度一次，读10个点；按下点火开关，如果指示灯亮后熄灭，温度迅速上升，则表示氧弹内样品已燃烧，自按下点火开关后，每隔15 s读一次温度；待温度每分钟上升小于0.002℃，再改为每隔1 min读一次温度，再读10个点。

关掉搅拌开关，取出测温探头，将感温元件插入外桶，分别测量记录外桶的温差温度和实际温度。打开外筒盖，取出氧弹，用泄气阀放掉氧弹内气体，旋开氧弹头，检查。若氧弹坩埚内有黑色残渣或未燃尽的样品颗粒，说明燃烧不完全，此实验作废；若未发现这些情况，取下未燃烧完的燃烧丝测其质量，计算实际燃烧丝的质量。

然后将内筒水倒掉，清洗氧弹和坩埚，完成该样品的测定。

2. 测定量热计水当量 K

称取1 g左右的苯甲酸，同法进行上述实验操作一次。

六、数据记录与处理

（1）列表记录实验数据

室温：_____　　　　大气压：_____

燃烧丝的质量：_____　　残丝质量：_____　　萘重：_____

外筒水温：_____ ℃（实际温度）　　外筒水温温差挡读数：_____

前期温度每分钟读数	燃烧期温度每15 s读数	后期温度每分钟读数

燃烧丝的质量：_____　　残丝质量：_____　　苯甲酸重：_____

外筒水温：_____℃(实际温度)　外筒水温温差挡读数：_____

前期温度每分钟读数	燃烧期温度每15 s读数	后期温度每分钟读数

（2）用作图法求出苯甲酸燃烧引起量热计温度变化的差值 ΔT_1，并根据(3-2-3)式计算水当量 K 值。

（3）计算萘的摩尔燃烧焓 $\Delta_c H_m$，并与文献值比较，求其相对误差(萘的标准摩尔燃烧焓为 $-5\,153.8$ kJ·mol^{-1})。

七、问题与思考

（1）开始时，为什么要控制内桶水温低于外桶水温约 0.5℃～1.0℃？

（2）如何将摩尔等容燃烧热换算为摩尔等压燃烧热？

（3）固体样品为什么要压成片状？

（4）在量热学测定中，还有哪些情况可能需要用到雷诺温度校正法？

实验指导

1. 样品要适量，太多太少都会造成较大的误差。

2. 压片时既不能压得太紧也不能太松，点火丝一定要和样品片接触上，并且和电极杆紧密连接，否则都可能导致点火失败。

3. 正确应用雷诺图解法校正温度改变值。

4. 控制好内外桶的温差，不能过大或过小。

5. 注意检查氧弹内各个部件和点火丝，不要使电极两端短路，保证电流通过点火丝。

实验扩展

1. 热化学数据的来源

量热测量是热力学的最基本最重要的研究方法之一,也是热力学学科的重要组成部分。量热测量包括燃烧热的测量、中和热的测量、溶解热的测量、蒸发热的测量、熔化热的测量、离解热的测量等。量热测量可以在等容条件下进行(如燃烧热),也可以在等压条件下进行(如中和热、蒸发热、融化热等)。量热测量一般在被称为"卡计"的仪器中进行。"氧弹量热计"是"卡计"中比较复杂的一种。燃烧热一般在氧弹量热计中进行测量。许多稳定态单质在氧中发生氧化反应,比如: $\alpha\text{-}Fe + 1/2O_2(g)\text{=}\text{=}\text{=}FeO(s)$,C(石墨) $+$ $O_2(g)\text{=}\text{=}\text{=}CO_2(g)$,测定的该类单质的燃烧热亦等于氧化产物的生成热。因而,量热测量也是热化学数据的重要来源之一。

2. 液态物质燃烧热的测定

燃烧热测定在工业上常用于石油、煤、天然气、燃料油、液化石油气等的热值测量;在食品和生物学中用以计算营养成分的热值,据此指导营养滋补品合理配方的确定。用氧弹式量热计测定液态物质燃烧热时,沸点高的油脂类可直接置于坩埚中,用引燃物引燃测定;对于沸点较低的物质,通常将其密封在已知燃烧热的胶管或塑料薄膜中,通过引燃物将其引燃而测定。

3. 氧弹式量热计

氧弹式量热计是一种较为准确的经典实验仪器。对某些精确测定,需要扣除实验中在氧弹内的空气中所含的氮气的燃烧热。方法是预先在氧弹内放入 $5\sim10$ mL 蒸馏水,燃烧后将所生成的稀硝酸倒入 150 mL 的锥形瓶中,并用少量蒸馏水洗涤氧弹内壁两三次后一并收集到锥形瓶内,煮沸片刻赶走 CO_2 气体,用酚酞作指示剂,以 0.100 mol·L^{-1} 的 NaOH 标准溶液滴定。转换系数为 -5.983 kJ·mol^{-1},即 1 mol NaOH 的用量相当于 -5.983 kJ 的热。

实验三　纯液体饱和蒸气压和摩尔蒸发焓的测定

一、实验目的

(1) 明确纯液体饱和蒸气压的定义和气液两相平衡的概念;

(2) 了解纯液体饱和蒸气压和温度的关系克劳修斯-克拉贝龙方程式;

(3) 掌握静态法测定液体摩尔蒸发焓的原理和方法,初步掌握真空实验技术。

二、预习提要

预习液体饱和蒸气压的定义、纯液体饱和蒸气压和温度的关系克劳修斯-克拉贝龙方程式及静态法测定液体饱和蒸气压的原理。

预习题

①温度 T 升高时,液体的饱和蒸气压 p 如何变化?两者遵循怎样的定量关系?某温度 T 下,要想使已沸腾的液体停止沸腾,应当增大还是减小其压力 p?

②如何通过实验用克-克方程求取液体的摩尔蒸发焓 $\Delta_{vap}H_m$?

③为什么实验中要准确读取大气压?

④实验前如何检查系统有无漏气?

⑤实验中调节各阀门时,应注意什么?

⑥在进气阀 1、平衡阀 2 以及抽气阀都关闭的情况下,如果储气罐中的负压大于等位计液柱 3 上方的负压,要想增加或减小液柱 3 上方的压力,应分别应调节哪个阀门?

三、实验原理

在密闭条件中,在一定温度下,与纯液体处于平衡态时的蒸气压力,称为该温度下的饱和蒸气压。这里的平衡状态是指动态平衡。在某一温度下,被测液体处于密闭真空容器中,液体分子从表面逃逸成蒸气,同时蒸气分子因碰撞而凝结成液相,当两者的速率相等时,就达到了动态平衡,此时气相中的蒸气密度不再改变,因而具有一定的饱和蒸气压。当蒸气压与外界压力相等时液体便沸腾,因此在各沸腾温度下的外界压力就是相应温度下液体的饱和蒸气压。外压为 101.325 kPa 时的沸腾温度定义为液体的正常沸点。饱和蒸气压是液体的一项重要物理性质,如液体的沸点、液体混合物的相对挥发度等都与之有关。

液体的饱和蒸气压 p 与温度 T 有关,通常 T 越高,p 越大。其定量关系可用克劳修斯-克拉贝龙方程式(简称克-克方程)表示:

$$\frac{\mathrm{d}\ln p}{\mathrm{d}T}=\frac{\Delta_{vap}H_m}{RT^2} \tag{3-3-1}$$

式中:R 为摩尔气体常数;$\Delta_{vap}H_m$ 为液体的摩尔蒸发焓,通常随温度变化而变化,但若温度变化范围不大,$\Delta_{vap}H_m$ 可视为与温度 T 无关的常数,则上式可表示成积分形式:

$$\lg p=-\frac{\Delta_{vap}H_m}{2.303RT}+C \tag{3-3-2}$$

以 $\lg p$ 对 $1/T$ 作图可得一直线,从直线的斜率可求液体的摩尔蒸发焓 $\Delta_{vap}H_m$。

克-克方程中的 p 为沸腾温度 T_b 时液体的饱和蒸气压,本实验通过测定一系列不同沸腾温度 T_b 时液体的饱和蒸气压 p,进而可以求得在实验温度范围内的液体的平均摩尔蒸发焓 $\Delta_{vap}H_m$。

实验装置如图 3-9 和图 3-10 所示。图中等位计必须放置于恒温水浴的液面以下,等位计试样球 1 和 U 型管双臂下部储存液体,当试样球 1 和 U 型管臂 2 之间空间完全为待测液体的蒸气时,且当 U 型管臂 2 和臂 3 中液面在同一水平时,表示试样球 1 和 U 型管臂 2 之间空间的液体蒸气压与臂 3 上方的压力相等,测定臂 3 上方的压力即为该温度下液体的饱和蒸气压。

图 3-9 中缓冲储气罐下部有抽气阀,开启后可接真空泵对储气罐和测量系统抽气减压。缓冲储气罐上部有进气阀 1,开启后可向系统漏入空气,另一平衡阀 2 开启则可使测量系统与储气罐相通。抽气阀、进气阀 1 和平衡阀 2 均顺时针转动为关闭,逆时针转动为

开启,开启的程度可随需要调节。阀门的开启和关闭必须缓慢操作,切不可用力过猛,以免损坏阀门,严禁将阀门与阀体旋至脱离状态。

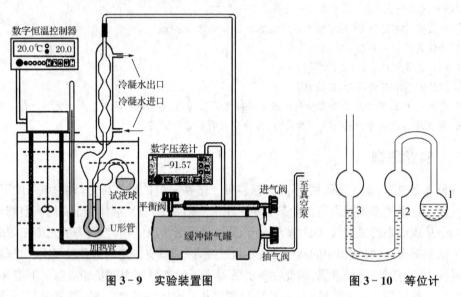

图 3 - 9　实验装置图　　　　　　　图 3 - 10　等位计

四、仪器和试剂

1. 仪器

等位计、玻璃水浴恒温槽、缓冲储气罐、DP - AF 精密数字压力计、真空泵、温度计。

2. 试剂

无水乙醇(AR)、高真空硅酯。

五、实验步骤

1. 等位计中加入试样

从等位计的加样口注入乙醇,开启抽气阀,使真空泵与储气罐相通,启动真空泵(实验中该抽气阀和真空泵一直开着)。关闭进气阀1,开启平衡阀2,抽气至等位计中气泡成串上窜,这时可关闭平衡阀2,缓缓开启进气阀1缓慢漏入空气,使乙醇充满试样球的2/3和U型管双臂的大部分。

2. 预热精密数字压力计

先启动电源开关,通电预热 20 min。再进行采零(调零)操作,方法是开启进气阀1,使压力计与大气相通,按下"采零"键,此时显示器显示"0000",重复3次。经过采零后,可确保所测压力值的准确度。测定前需按下"单位"键,选择"kPa"作为压力值的计量单位。

3. 检漏

先接通冷却水。关闭进气阀1,开启平衡阀2,使压力表读数为−70 kPa 左右。关闭平衡阀2,检查有无漏气,如压力表读数在 1 min 内无变化,则可以认为不漏气,可进行测定。如压力表数值发生变化,则需检查:① 等位计与冷凝管接口是否接好,是否用高真空硅酯封闭;② 连接各处的橡胶管是否接牢,有否裂纹;③ 各阀门内的聚四氟乙烯垫片是否破损。检查并修理完毕后需重新检漏。

4. 恒温

启动玻璃水浴恒温槽,开动搅拌器,将"回差"处于 0.1,设定水浴温度为 293.2 K(室温高时,也可 298.2 K)。恒温 5 min 后,可进行该温度下乙醇蒸气压的测定。

5. 不同温度下乙醇蒸气压的测定

在进气阀 1 关闭,稍微开启平衡阀 2,使试样球与 U 型管之间的空气呈气泡状通过 U 型管中的液体冒出。如发现气泡急剧成串上窜,可关闭平衡阀 2,稍稍开启进气阀 1,缓慢漏入少量空气,使沸腾缓和。上述操作时,开启进气阀 1 漏气必须十分缓慢,否则空气会倒灌入试样球。如操作不慎,发生空气倒灌入试样球,则必须重新启动真空泵抽气,方可进行测定。如此慢沸 5 min,待试样球中的空气完全排除干净后,此时即认为试样球与 U 型管臂 2 液体上方的空间全部为乙醇蒸气所充满。小心微调进气阀 1 和平衡阀 2,直至 U 型管双臂的液面等高时,立即在压力计上读出并记下压力值 $p_表$,此 $p_0 + p_表$ 值即为 293.2 K 时乙醇的蒸气压。重复三次,然后取平均值。

调节恒温槽温度为 298.2 K。升温时如果 U 型管内液体发生暴沸,可稍微开启进气阀 1 漏入少量空气(量一定要少,切不可使空气灌入试样球 1),以防止 U 型管内乙醇发生暴沸大量蒸发而影响实验进行。到达恒温温度后,慢沸 5 min(如果没有发生空气倒灌,可不用再慢沸),待试样球中空气排净后,小心微调进气阀 1 和平衡阀 2,直至 U 型管双臂的液面等高时,立即在压力计上读取压力值 $p_表$。

同法测定 303.2 K、308.2 K、313.2 K、318.2 K、323.2 K 时乙醇的蒸气压。

实验结束后,先慢慢开启进气阀 1,使压力计恢复零位,再将抽气阀旋至与大气相通,关闭冷却水,拔去所有电源插头。

六、数据记录与处理

(1) 数据记录

室温 $t=$ _____ ℃　　　大气压 $p_0=$ _____ kPa

T/K	$\dfrac{1}{T/\mathrm{K}}$	$p_表/\mathrm{kPa}$	乙醇蒸气压 $p/\mathrm{kPa}=(p_0+p_表)/\mathrm{kPa}$	$\lg(p/\mathrm{kPa})$

(2) 数据处理:以 $\lg(p/\mathrm{kPa})$ 对 $\dfrac{1}{T/\mathrm{K}}$ 作图,得一直线,由其斜率求出实验温度区间内乙醇的平均摩尔蒸发焓 $\Delta_{\mathrm{vap}}H_{\mathrm{m}}$。该图贴在实验报告上。

(3) 计算结果的相对误差,乙醇摩尔蒸发焓的文献值为 40.3 kJ·mol^{-1}。

七、问题与思考

(1) 如何检漏? 能否在加热下检查是否漏气?

(2) 如何判断等位计中试样球与 U 型管间的空气已全部排出? 如未排尽空气,对实验有何影响?

(3) 实验时抽气和漏入空气的速度应如何控制?

（4）升温时如液体急剧汽化,应如何处理?

（5）测定蒸气压时为何要严格控制温度?

（6）克-克方程的应用条件是什么?

实验指导

1.恒温后水浴的温度要从水银温度计上准确读取,估读至小数点后第 2 位,并记录于数据表中。

2.作图时分清横坐标和纵坐标,如以 A 量对 B 量作图,则 A 为纵坐标,B 为横坐标。作图以及求解斜率的方法参见第 2 章 2.3 节。

3.作图获得的斜率 $= -\dfrac{\Delta_{vap}H_m}{2.303R}$,需进一步计算才能获得乙醇摩尔蒸发焓的值。

4.DP－AF 精密数字压力计的使用方法见第 6 章 6.2 节。

实验扩展

测定饱和蒸气压常用的方法有动态法、静态法和饱和气流法等。本实验采用静态法,既被测物质放在一个密闭的体系中,在不同温度下直接测量其饱和蒸气压,或在不同外界压力下测量相应的沸点,此法适用于蒸气压比较大的液体。动态法为在不同外界压力下测定液体的沸点,此法基于在沸点时液体的饱和蒸气压与外压达到平衡,该方法适用于蒸气压不太高的液体。饱和气流法的原理为:使干燥的惰性气体通过被测物质,并使其为被测物质所饱和,然后测定所通过的气体中被测物质蒸气的含量,就可根据分压定律算出此被测物质的饱和蒸气压。

实验四　凝固点降低法测葡萄糖的相对分子质量

一、实验目的

（1）掌握一种常用的相对分子质量测定方法;

（2）通过实验进一步理解稀溶液理论;

（3）掌握贝克曼温度计的使用。

二、预习提要

预习溶液依数性的基本原理及其公式的应用,预习本实验的实验过程及相对分子质量测定仪的使用方法。

预习题

① 什么是凝固点? 凝固点降低公式在什么条件下才适用?

② 为什么会产生过冷现象? 过冷太多有何弊端? 本实验要求过冷多少?

③ 为什么要用外套管? 为何维持冰水浴温度为－2℃?

④ 为什么可用 NaCl 水溶液和冰的混合物作冷却剂？

⑤ 冷却剂中 NaCl 的浓度对冷却剂温度有何影响？

三、实验原理

含非挥发性溶质的二组分稀溶液（当溶剂与溶质不生成固溶体时）的凝固点将低于纯溶剂的凝固点，这是稀溶液的依数性质之一。当指定了溶剂的种类和质量后，凝固点降低值取决于所含溶质分子的数目，即溶剂的凝固点降低值与溶液中溶质的浓度成正比，即满足稀溶液的凝固点降低公式：

$$\Delta T_f = T_f^* - T_f = K_f m_B \tag{3-4-1}$$

式中：T_f^* 为纯溶剂的凝固点；T_f 为溶液的凝固点；K_f 为质量摩尔凝固点降低常数，简称为凝固点降低常数；m_B 为溶质的质量摩尔浓度。因为 m_B 可表示为：

$$m_B = \frac{W_B(g)}{M_B(g \cdot mol^{-1})W_A(g)} \times 1\,000 \tag{3-4-2}$$

故（3-4-1）式可改成：

$$M_B(g \cdot mol^{-1}) = \frac{1\,000 K_f W_B(g)}{\Delta T_f W_A(g)} \tag{3-4-3}$$

式中：M_B 为溶质的摩尔质量（$g \cdot mol^{-1}$）；W_B 和 W_A 分别表示溶质和溶剂的质量（g）。如已知溶剂之 K_f 值，则可通过实验求出 ΔT_f 值，利用（3-4-3）式求溶质的相对分子质量。

显而易见，全部实验操作归结为凝固点的精确测量。所谓凝固点是指在一定压力下，固液两相平衡共存的温度。理论上，在恒压下只要两相平衡共存就可达到这个温度。但实际上，只有固相充分分散到液相中，也就是固液两相的接触面相当大时，平衡才能达到。例如将冷冻管放到冰浴后温度不断降低，达到凝固点后，由于固相是逐渐析出的，当凝固热放出速度小于冷却速度时，温度还可能不断下降，因而使凝固点的确定较为困难。为此，可先使液体过冷，然后突然搅拌。这样，固相骤然析出就形成了大量微小结晶，保证了两相的充分接触。同时，液体的温度也因凝固热的放出开始回升，一直达到凝固点，保持一会恒定温度，然后又开始下降，从而使凝固点的测定变得容易进行了。

纯溶剂的凝固点相当于冷却曲线中的水平部分所指的温度（如图 3-11（a））。溶液的冷却曲线与纯溶剂的冷却曲线不同（如图 3-11（b）），即当析出固相，温度回升到平衡温度后，不能保持一恒定值。因为部分溶剂凝固后，剩余溶液的浓度逐渐增大，平衡温度也要逐渐下降。如果溶液的过冷程度不大，可以将温度回升的最高值作为溶液的凝固点。若过冷太甚，凝固的溶剂过多，溶液的浓度变化过大，所得凝固点偏低，必将影响测定结

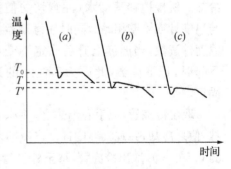

图 3-11　冷却曲线

果（如图 3-11（c））。因此实验操作中必须注意掌握体系的过冷程度。

四、仪器和试剂

1. 仪器

相对分子质量测定仪、温度计（0～50℃）、压片机、吸耳球、贝克曼温度计（数显）、烧杯（1 000 mL）、移液管（25 mL）、玻璃棒。

2. 试剂

葡萄糖（AR）、NaCl（CP）、蒸馏水。

五、实验步骤

采用水作溶剂、葡萄糖作溶质，NaCl 水溶液-冰混合体系作冷却剂，通过观察体系温度下降后又上升的最高点确定凝固点。

1. 仪器安装

按图 3-12 将仪器安装好。取配制好的 NaCl 溶液注入冰盐浴槽中（水量以注满浴槽体积 1/3 为宜），然后加入冰屑约 1/3，将冰盐浴槽置于保温箱中并盖好，搅拌均匀，加入 NaCl 或冰或自来水调整水温在 -2℃左右。

2. 纯溶剂水的凝固点的测定

由于贝克曼温度计存在零点误差，因此尽管水的凝固点已知，也必须测定其在相应贝克曼温度计上的显示值。

首先测定水的近似凝固点，取 25 mL 蒸馏水注入冷冻管并浸在冰盐水浴中，不断搅拌蒸馏水，使之逐渐冷却。观察贝克曼温度计读数，当有冰开始析出（即温度开始回升时），停止搅拌，迅速移到作为空气浴的外套管中，连同外套管一起放在冰盐水浴中继续冷却。缓慢搅拌蒸馏水（注意切勿使搅拌器与温度计或管壁相触），同时注意观察贝克曼温度计读数，当温度上升后稳定不变或出现下降时，记下读数，此即为蒸馏水的近似凝固点。

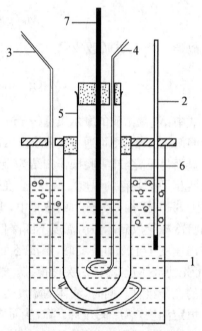

图 3-12　相对分子质量测定装置
1-冰浴槽；2-温度计；3-搅拌器或玻璃棒；
4-搅拌器；5-冷冻管；6-外套管；
7-贝克曼温度计传感器

取出冷冻管，以手心温热之，使冰全部融化。再次将冷冻管插到冰盐水浴中，缓慢搅拌，使之冷却，并观察温度计。当蒸馏水的温度降至近似凝固点时（或比粗测最低点温度高 0.5℃时），取出冷冻管，移至外套管中，急速搅拌，温度开始回升（大量结晶出现）。此时应改为缓慢搅拌（并保持匀速）。一直到温度达到最高点，记下读数（精确到 0.001℃），此即为纯溶剂的精确凝固点。重复测定，直到得到三次最大差别不大于 0.01℃的数据，取其平均值。

3. 葡萄糖溶液凝固点的测定

取出冷冻管,温热之,使冰融化。用电子天平或分析天平精确称量葡萄糖约 1 g,投入冷冻管内的蒸馏水中,注意要防止葡萄糖粘着于管壁、温度计或搅拌器上,搅拌使其完全溶解。调整冰盐水浴温度低于−2℃。依上述操作步骤测定溶液的近似凝固点及精确凝固点。由于该溶液较难出现结晶,需在葡萄糖溶液的温度降至比近似凝固点低约 1℃～1.5℃(或等于粗测时最低点温度)时,再将冷冻管移至外套管中。精确凝固点重复测量三次,三次测定误差不得超过 0.01℃,取其平均值。

再精确称取 1 g 葡萄糖,加入上述溶液中,按同样的方法,测另一浓度溶液之凝固点。

六、数据记录和处理

将实验数据记录于下表中,并由(3-4-3)式计算葡萄糖的相对分子质量。

室温:_____　　　大气压:_____

物质	质量/g	凝固点/℃		凝固点降低值 ΔT/℃	相对分子质量
		测量值	平均值		
蒸馏水	1 2 3	$T_f^* =$			
葡萄糖	第一次 1 2 3	$T_{f1} =$		$\Delta T_{f1} =$	$M_{r1} =$
	第二次 1 2 3	$T_{f2} =$		$\Delta T_{f2} =$	$M_{r2} =$ $\overline{M_r} =$

水的摩尔凝固点降低常数为 1.86 K·mol^{-1}·kg。

水的密度参见附录 10。

七、问题与思考

(1) 凝固点降低法测相对分子质量的公式,在什么条件下才能适用?

(2) 在冷却过程中,冷冻管内固液相之间和冷却剂之间,有哪些热交换?它们对凝固点的测定有何影响?

(3) 当溶质在溶液中有离解、缔合和生成络合物的情况时,对相对分子质量测定值的影响如何?

(4) 影响凝固点精确测量的因素有哪些?

实验指导

1. 冰需敲成蚕豆大小的冰屑,在初次调整温度的时候,NaCl 自来水溶液和冰屑约各占一半,总共约占保温瓶体积的 2/3,调整温度约在−2℃。以后经常查看冰水浴中的温度计,当温度高于−2℃时,加入少量冰屑使其降温,当温度太低时,则加入少量水。测定过程中,冰盐水浴也要经常用搅拌器或玻璃棒搅拌,以保证温度均匀。

注意：由于冰盐水浴的温度和溶液中 NaCl 的浓度有关，浓度越大，温度越低。所以降温时不能加过多的冰，否则冰融化后溶液浓度下降，会使温度上升。另外，温度大大高于－2℃时，在保证有冰存在时，加 NaCl 可使体系温度下降。

2. 凝固点管(冷冻管)中移入 25 mL 蒸馏水时，不能溅在管壁上。

3. 葡萄糖加入时，绝对不能粘在管壁、数显贝克曼温度计的传感器以及搅拌器上，且要搅拌使葡萄糖全部溶解。

4. 搅拌器上下搅拌时绝对不能碰到管底，以免捅破凝固点管，造成实验失败。

5. 贝克曼温度计的传感器要浸没在液面下，否则测量不到蒸馏水或葡萄糖水溶液的温度。温度数据要读到小数点后第 3 位，数显贝克曼温度计使用"温差"挡。

6. 实验结束，凝固点管要用去污粉彻底洗刷干净直至不挂水珠，方可放入烘箱。搅拌器及数显贝克曼温度计传感器也要洗干净。

7. 当场计算葡萄糖的摩尔质量，并记录在实验记录纸上。

8. 实验结束后将冰盐水浴中的冰去掉，将溶液倒回储存该溶液的大试剂瓶，以备下次实验重复利用。冰盐水浴槽要用自来水洗净，并用干净的抹布擦干，防止腐蚀生锈。

9. 由于葡萄糖含有 1 分子结晶水，该实验会有一定的系统误差。

实验五　环己烷-乙醇气液平衡相图的绘制

一、实验目的

(1) 绘制环己烷-乙醇双液系的沸点组成图，确定其恒沸组成和恒沸温度。

(2) 掌握回流冷凝法测定溶液沸点的方法。

(3) 掌握阿贝折射仪的使用方法。

二、预习提要

预习二元气液平衡体系相图的基本原理及其公式的应用，预习本实验的实验过程及关键步骤。

预习题

① 两组分完全互溶体系沸点-组成气液平衡相图中，气相线和液相线是如何得到的？气相线、液相线的位置如何？两者将相图分隔成哪几个区？

② 在两组分完全互溶体系沸点-组成气液平衡相图中，最低恒沸组成和最低恒沸温度是什么意思？

③ 什么是杠杆规则？

④ 如何测定气-液两相的平衡温度？如何测定平衡气相和液相的组成？如何判断气-液相已达平衡？

⑤ 为得到平衡气相冷凝液，实验中应如何操作？

⑥ 环己烷-乙醇折光率-组成曲线有何用途？

⑦ 为何要用冷水冷却平衡液相和平衡气相？

⑧ 物质的折光率与温度有无关系？

⑨ 测定纯环己烷和乙醇沸点时为什么要求沸点仪必须是干的？而测定溶液的沸点和气液两相组

成时,是否要把沸点仪洗净吹干?

　⑩ 实验中如何确保平衡温度恒定?

　⑪ 沸点仪中未加入溶液就给电热丝通电,会产生什么后果? 如何预防?

三、实验原理

常温下,两种液态物质相互混合而形成的系统,称为双液系,若两种液体能按任意比例相互溶解,则称为完全互溶双液系。

液体的沸点是指液体的蒸气压与外压相等时的温度,在一定的外压下,纯液体沸点有一确定的值。但对于双液系,沸点不仅与外压有关,而且与双液系的组成有关,并且在沸点时,平衡的气液两相组成往往不相同。在一定的外压下,表示溶液的沸点与平衡时气-液两相组成的相图,称为沸点-组成图。完全互溶双液系的沸点-组成图可分成三类:① 溶液沸点介于两种纯液体沸点之间,如苯-甲苯系统等;② 溶液存在最高沸点,如卤化氢-水系统等;③ 溶液存在最低沸点,如苯-乙醇系统等。②、③类溶液,在最高或最低沸点时的气-液两相组成相同,此时将系统蒸馏,只能够使气相总量增加,而气-液两相的组成和沸点都保持不变。因此,我们称最高或最低沸点为溶液的恒沸温度,相应的组成称为恒沸组成。

本实验所要绘测的环己烷-乙醇系统的沸点-组成图属第 3 类溶液的 t - x 图,其绘测原理如下(如图 3 - 13)。

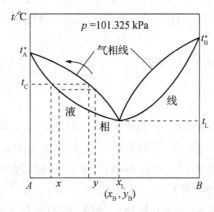

图 3 - 13　具有最低恒沸点的完全互溶双液系气-液平衡相图

当系统总组成为 x 的溶液加热时,系统的温度沿虚线上升,当溶液开始沸腾时,组成为 y 的气相开始生成,继续加热,则系统的温度继续上升,同时气-液两相的组成分别沿气相线和液相线上方的箭头指示方向变化,两相的相对量遵守杠杆规则而同时发生变化。反之,当设法保持气-液两相的相对量一定时,就可使得系统的温度恒定不变。本实验是采用回流冷凝法达到这一目的的:当两相平衡后,取出两相的样品,分析其组成,这样就给出在该温度下平衡气-液两相组成的一对坐标点。改变系统的总组成,再如上法找出另一对坐标点,这样测得若干对坐标点后,分别将气相点和液相点连成气相线和液相线,即可得到环己烷-乙醇双液系的沸点-组成图。

实验所用沸点仪(如图 3 - 14)是一个带有回流冷凝管的长颈圆底烧瓶,冷凝管底部

有一球形小室,用以收集冷凝下来的气相样品;支管
用于溶液的加入和液相样品的吸取;电热丝位于烧瓶
底部中心位置,直接浸入溶液中加热,以减小过热暴
沸现象。最小分度为 0.1℃的温度计以供测温用,其
水银球的一半浸入溶液中,且距电热丝至少 2 cm,这
样就可以比较准确地测得气-液两相的平衡温度。

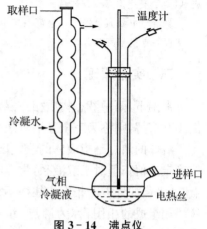

图 3-14　沸点仪

平衡时气-液两相组成的分析是采用折射率法。
折射率是物质的一个特征数值,溶液的折射率与其组
成有关。若在一定温度下,测得一系列已知浓度溶液
的折射率,作出该温度下溶液的折射率-组成工作曲
线,就可通过测定同温度下未知浓度溶液的折射率,
从工作曲线上查得这种溶液浓度。此外,物质的折射
率还与温度有关。大多数液态有机物折射率的温度系数为 -4×10^{-4} K^{-1},因此,若需要
折射率测准到小数点后第 4 位,所测温度应控制在(指定值± 0.2℃)的范围内。

四、仪器和试剂

1. 仪器

沸点仪、调压变压器(500 W)、阿贝折射仪、超级恒温槽、量筒(50 mL)、烧杯
(250 mL)、长滴管、短滴管、温度计(50℃~100℃,最小分度为 0.1℃)。

2. 试剂

环己烷(AR)、乙醇(AR)。

五、实验步骤

(1) 测定溶液的沸点及平衡时气-液两相的折射率。将干燥洁净的沸点仪安装好,检
查带有温度计的软木塞(外包锡箔)是否塞紧。从支管加入约 40 mL 环己烷于烧瓶中,以
液面位于温度计水银球中部为宜。接通冷凝水和电源,调节加热电压到 14 V 左右,将液
体缓缓加热,液体沸腾后,待温度稳定后记下沸点。

(2) 通过支管加入 0.5 mL 乙醇,加热至沸腾,待温度计读数稳定不变时,记下沸点,
并用手倾斜铁架台 2~3 次(目的是将气相冷凝液倒回液相中,原因是刚沸腾时气液两相
并未达到平衡),当温度不变后,停止加热,用盛有冷水的 250 mL 烧杯套住烧瓶底部用以
冷却瓶内液体。用一支干燥的长滴管,自冷凝管口伸入球形小室,吸取气相冷凝液,测其
折射率;再用一支干燥的短滴管,从支管吸取溶液数滴,测定其折射率。

(3) 依次再加入乙醇 1 mL、1.5 mL、2 mL,按上述方法测定溶液沸点和平衡时气相、
液相折射率。

(4) 将沸点仪中溶液倒入回收瓶。通过支管加入少量的淋洗乙醇淋洗沸点仪,淋洗
液倒回原瓶,用电吹风吹干沸点仪。

(5) 从支管加入 40 mL 乙醇,用步骤(1)法测定乙醇的沸点。

(6) 依次加入环己烷 5 mL、8 mL、10 mL,用上法测定平衡时的温度、气相和液相的

折射率。

（7）停止加热,关闭冷凝水。将沸点仪中液体倒入回收瓶,用淋洗乙醚淋洗,再用电吹风吹干。

（8）将测出的气、液相折射率,在工作曲线上找到对应的百分组成并记录数据。

六、数据记录与处理

（1）将实验数据填入表中。

室温:_____　　大气压:_____

沸点 t /℃	气相(冷凝液)		液相	
	折射率 n_D	$W_{乙醇}$ /%	折射率 n_D	$W_{乙醇}$ /%

（2）根据折射率,从工作曲线上查出平衡时气、液两相的组成 $W_{乙醇}$ %,填入表中。

（3）绘出实验大气压下环己烷-乙醇双液系的沸点-组成图,确定最低恒沸温度和最低恒沸组成。

七、问题与思考

（1）如何判断气液两相是否处于平衡?

（2）测定溶液的沸点和气液两相组成时,是否把沸点仪每次都烘干? 为什么?

（3）试分析产生实验误差的主要原因有哪些?

（4）绘制曲线应注意哪些问题?

实验指导

1. 本实验中,溶液沸腾后,由于需要等待温度计读数稳定不变而需要花费较长的时间。事实上,由于该体系并非完全封闭,冷凝管上方与大气相通,即便冷凝水流量很大,也不能防止部分气相挥发至大气中;因而气相的组成总是在缓慢变化的,而溶液的沸点也不可能完全恒定。实验者只需等待到发现温度在一段时间内(如 10 s)没有明显变化即可。

2. 沸点仪未加液体绝对不能通电,倒掉沸点仪中溶液时须先调电压为 0,否则会烧毁电热丝;随时调节温度计,使水银球一半在液相中,一半在气相中;冷却水流量要大一点;加热电压为 14 V 左右;调压变压器两根导线绝对不能相碰,也不能挂在铁架台上,否则会烧毁变压器。电热丝必须全部浸没在液体中。

3. 阿贝折光仪恒温要正确($t=30$℃),n_D^{30} 要读到小数点后第 4 位,加待测液时滴管绝对不能碰到阿贝折光仪的镜面。

4. 测量混合液折光率之前一定要先将液体冷却至室温,因为热的液体在移取过程中会发生挥发,而混合液中两种液体的挥发性是不同的,因而挥发的程度不一样,这样会使溶液的组成发生改变,从而影响组成的测定。

5. 折射率的测量要快,因为混合液体即使在室温下也会挥发,导致组成发生改变,测量不准。

6. 沸点需读至小数点后第 2 位,组成应精确到所提供的工作曲线的最小刻度再加估读 1 位。相图完成后需确定最低恒沸混合物的组成及对应的温度,并在报告中写明。

7. 大气压读取 2 次(间隔 2 h),取平均值,注明在相图上。

8. 如使用软件 Origin 软件作图,需注意以下几点:

(1) 数据表中数据的排列方式为:第 1 列,气相 $W_{乙醇}$%;第 2 列,沸点 t;第 3 列,液相 $W_{乙醇}$%;第 4 列,沸点 t。第 1 列和第 3 列数据要按数值从小到大的顺序排列(并非实验测量的顺序),第一个数据为 0,最后一个数据为 1;第 2 列和第 4 列的数据分别和第 1、3 列一一对应,第一个数据为纯环己烷的沸点,最后一个数据是纯乙醇的沸点。如果发现有明显测量错误的,可列在数据表中,但必须是一组(即组成和相应温度两个对应的数据)同时省略。

(2) 作图时同时以第 2 列(Y 轴)对第 1 列(X 轴)、第 4 列对第 3 列作图,应以"Line＋Symbol"的方式作图,并且曲线要平滑。

(3) 图中应注明实验时的大气压。

9. 阿贝折射仪的原理及使用方法见第 6 章 6.4 节。

实验六　二组分简单共熔合金相图的绘制

一、实验目的

(1) 掌握步冷曲线法测绘二组分金属的固液平衡相图的原理和方法。

(2) 了解固液平衡相图的特点,进一步学习和巩固相律等有关知识。

二、预习提要

预习步冷曲线法测绘二组分金属的固液平衡相图的原理和方法及所用仪器的使用方法。

预习题

① 什么叫步冷曲线,纯物质和混合物的步冷曲线有何不同?

② 测定步冷曲线时应自何时开始记录数据为适宜? 如何防止发生过冷现象? 如有过冷发生,则相应相变点温度如何推求?

③ 如何由步冷曲线绘制相图? 出现固熔体的步冷曲线有何特征?

④ 试述热电偶温度计的简单工作原理。如何进行校正?

三、实验原理

压力对凝聚系统影响很小,因此通常讨论其相平衡时不考虑压力的影响,故根据相律,二组分凝聚系统最多有温度和组成两个独立变量,其相图为温度-组成图。

较为简单的二组分金属相图主要有三种:一种是液相完全互溶,凝固后固相也能完全互溶成固体混合物的系统,最典型的为 Cu - Ni 系统;另一种是液相完全互溶,而固相完全不互溶的系统,最典型的是 Bi - Cd 系统;还有一种是液相完全互溶,而固相是部分互溶的系统,如 Pb - Sn 或 Bi - Sn 系统。

研究凝聚系统相平衡,绘制其相图常采用溶解度法和热分析法。溶解度法是指在确定的温度下,直接测定固-液两相平衡时溶液的浓度,然后依据测得的温度和溶解度数据绘制成相图。此法适用于常温下易测定组成的系统,如水盐系统。

热分析法(步冷曲线法)则是观察被研究系统温度变化与相变化的关系,这是绘制金属相图最常用和最基本的实验方法。它是利用金属及合金在加热和冷却过程中发生相变时,潜热的释出或吸收及热容的突变,来得到金属或合金中相转变温度的方法。其原理是将系统加热熔融,然后使其缓慢而均匀地冷却,每隔一定时间记录一次温度,物系在冷却过程中温度随时间的变化关系曲线称为步冷曲线(又称为冷却曲线)。根据步冷曲线可以判断体系有无相变的发生。当体系内没有相变时,步冷曲线是连续变化的;当体系内有相变发生时,步冷曲线上将会出现转折点或水平部分。这是因为相变时的热效应使温度随时间的变化率发生了变化。因此,由步冷曲线的斜率变化可以确定体系的相变点温度。测定不同组分的步冷曲线,找出对应的相变温度,即可绘制相图。原理如图 3 - 15 所示。

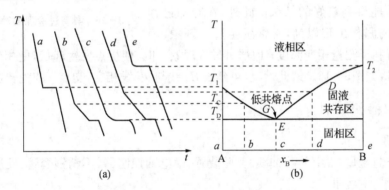

图 3 - 15　相图与步冷曲线

图 3 - 15(b)是具有简单低共熔点的 A - B 二元系相图,左右图中对应成分点 a、b、c、d、e 的步冷曲线。下面对步冷曲线作简单分析。

在固定压力不变的条件下,相律为:

$$f = c - \varphi + 1 \tag{3-6-1}$$

式中:c 为独立组分数;φ 为相数。

对于纯组分熔融体系,$c=1$,$\varphi=1$。在冷却过程中若无相变化发生,其温度随时间变化关系曲线为一平滑曲线。到凝固点时,固-液两相平衡,$\varphi=2$,自由度为 0,温度不变,出现水平线段。等体系全部凝固后,其冷却情况同纯熔融体系一样,呈一平滑曲线。图 3 - 15(a)中曲线 a、e 属于这种情况。

曲线 c 是低共熔体冷却曲线,情况与 a、e 相似,水平线段的出现是因为当冷却到共熔点温度 T_E 时,A 和 B 同时析出,且固相中的比例与溶液中相同,因此溶液浓度不变,从而具备了稳定的凝固点。此时固体 A、B 和液相三相共存,体系自由度 f 为 $0(c=2,\varphi=3)$,温度不变。

对于曲线 b,当温度冷却至 T_C 时,有固相 A 析出,由于放出凝固热,使体系冷却速度变慢,步冷曲线斜度减小。此时体系为两相,根据相律,f 为 $1(c=2,\varphi=2)$,温度和溶液的组成中只有一个独立变量(即两者相互关联)。随着 A 的不断析出,溶液中 B 的含量增加,而液相组成沿液相线朝最低共熔点方向移动。当温度降至 T_E 时,B 也析出,此时体系三相共存,自由度为 0,出现水平线段。水平段代表二元系中三相平衡的情况,在此段只是溶液量减少,固相量增加,而温度保持不变。当液相完全消失后,温度又开始下降,曲线与液体冷却曲线相似。曲线 d 与 b 的冷却情况相同,只是冷至 T_D 时,所析出的固体为纯 B。

由此可知,对组成一定的二组分低共熔混合物系统,可以根据它的步冷曲线得出有固体析出的温度和低共熔点温度。根据一系列组成不同系统的步冷曲线的各转折点,即可画出二组分系统的相图(温度-组成图)。

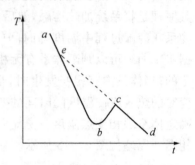

用热分析法(步冷曲线法)绘制相图时,被测系统必须时时处于或接近相平衡状态,因此冷却速率要足够慢才能得到较好的结果。此外,在冷却过程中,一个新的固相出现以前,常常发生过冷现象,轻

图 3-16   具有过冷现象时的步冷曲线

微过冷则有利于测量相变温度;但严重过冷现象,却会使折点发生起伏,使相变温度的确定产生困难,如图3-16。遇此情况,可延长 dc 线与 ab 线相交,交点 e 即为转折点。

四、仪器和试剂

1. 仪器

KWL-Ⅲ金属相图(步冷曲线)实验装置、微电脑控制器、不锈钢套管、硬质玻璃样品管、托盘天平、坩埚钳。

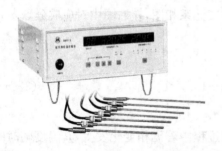

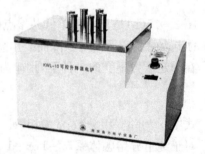

图 3-17   KWL-Ⅲ金属相图(步冷曲线)实验装置

2. 试剂

纯锡(AR)、纯铋(AR)、石墨粉、液体石蜡。

五、实验步骤

1. 配制样品

用最小刻度为 0.1 g 的托盘天平分别配制含铋 25%、58%、70%、90% 的铋-锡混合物和纯锡、纯铋各 100 g，装入 6 个样品管中。样品上覆盖一层石墨粉以防止金属氧化。

2. 测量样品的步冷曲线

将装有样品的试管放入炉内，把铂电极温度计插入样品管中（使其顶部离样品管底约 1 cm）。接通电源，根据不同组成设置加热温度，使样品加热熔融。

炉温控制在以样品全部熔化后再升高 50℃ 为宜。调节加热功率和冷却风速控制电炉的冷却速率，通常为每分钟下降 6℃～8℃。每隔 30 s 读取一次温度数值，直至三相共存温度以下约 50℃。

六、数据记录和处理

（1）数据记录

室温：_____　　大气压：_____

铋的含量（质量百分比）											
0%		25%		58%		70%		90%		100%	
t/min	T/℃	t/min	T/℃	t/min	T/℃	t/min	T/℃	t/min	T/℃	t/min	T/℃

（2）根据表中数据作温度（T）-时间（t）的曲线，找出拐点。以质量百分数为横坐标，温度为纵坐标，绘出锡-铋二组分合金相图，并表示出各区域的相数、自由度和意义等。

七、问题与思考

1. 试用相律分析各步冷曲线上出现平台的原因。
2. 何谓步冷曲线法？用步冷曲线法测绘相图时，应注意哪些问题？
3. 为什么在不同组分的步冷曲线上，最低共熔点的水平线段长度不同？
4. 对于不同组成的混合物的步冷曲线，其水平段对应的温度值是否相同？
5. 为什么要缓慢冷却合金作步冷曲线？

实验指导

1. Sn－Bi 体系的金属相图不是简单低共熔物类型，而属部分互熔固熔体类型。α 固熔体的组成为 21％ Bi 以下；β 固熔体的组成为 99.9％ Bi 以上。本实验并未证明固熔区的存在,可根据文献数据予以补上,以获得完整的概念。

2. 在体系冷却过程中总组成不能发生变化,要防止挥发、氧化或熔入其他杂质等。

3. 纯锡的熔点约为 231.9℃,纯铋的熔点约为 271.4℃。如果在实验过程中时间不够,这两个样品的步冷曲线可以不测,直接用这两个数据作图。

4. 步冷曲线的斜率,即温度变化的速率决定于体系与环境的温度差、体系的热容和热导率、相变情况等。当有固相析出时,放出相变热,因而步冷曲线发生转折。折变是否明显,决定于放出的相变热能抵消散失热量的多少。若物质的相变热大,放出的相变热能抵消大部分散失的热量,则折变明显,否则折变不明显。故在室温较低时,在降温过程中可给电炉加以一定的电压(20 V)来减缓冷却速度,以促使转折明显。实验中常有过冷现象存在,使折点发生起伏。这是因为少量固相开始析出,所释放的热量还不足以抵消外界冷却所吸收的热量,体系温度进一步降低至相变温度以下,这就促使众多的微小结晶同时形成,温度得以回升。有时甚至在短时间内出现异常高峰。过冷现象的存在使得步冷曲线的水平段变短,更使得转折难以确定。二组分体系步冷曲线平台的长度和析出固体的量有关。体系的组成越接近低共熔混合物的组成,析出低共熔混合物的量越多,则平台越长。对于远离低共熔混合物组成的体系,当温度达到低共熔点时,由于前面已有一定量的固体析出,所余为数不多的液体释放的相变热不足以抵消外界冷却所吸收的热量,因此平台较短,且易形成一定的倾斜度。

5. KWL-Ⅲ金属相图(步冷曲线)实验装置的使用方法见第 6 章 6.1 节。

实验七　电极制备和电池电动势的测定

一、实验目的

(1) 掌握铜电极的制备方法。
(2) 掌握电势差计的测量原理和测定电池电动势的方法。
(3) 加深对原电池、电极电势等概念的了解。

二、预习提要

预习铜电极的制备方法、对消法测定电池电动势的原理和方法、所用仪器的使用方法。

预习题

① 什么是对消法? 为什么用对消法得到的才是电池电动势?
② 测定电池电动势,需要用到哪些仪器?
③ 使用检流计的目的是什么? 使用时要注意哪些问题?
④ 实验温度下标准电池电动势如何得到? 它有何用途?
⑤ 标准电池使用中要注意哪些问题?
⑥ 用电势差计测定时分几步进行?
⑦ 电池中饱和甘汞电极是正极还是负极? 它的电极电势如何得到?

⑧ 根据待测电池,列出求取 $\varphi^{\ominus}_{Cu^{2+}/Cu}$ 的表达式。

⑨ 本实验中的工作电压是多少? 如偏大或偏小会产生什么现象?

⑩ 为什么要用盐桥? 制备盐桥的电解质要满足何要求?

三、实验原理

使化学能转变为电能的装置叫做电池。若化学能以热力学可逆方式转变为电能,此时电池两极之间的电势差称为该电池的电动势。电池在放电过程中,正极发生还原反应,负极发生氧化反应。

如电池:$Hg - Hg_2Cl_2 \mid KCl(饱和溶液) \parallel CuSO_4(0.1000\ mol \cdot kg^{-1}) \mid Cu$

正极反应:$Cu^{2+} + 2e \longrightarrow Cu$

负极反应:$2Hg + 2Cl^- - 2e \longrightarrow Hg_2Cl_2$

电池反应:$2Hg + Cu^{2+} + 2Cl^- \longrightarrow Cu + Hg_2Cl_2$

根据能斯特方程有:

$$E = E^{\ominus} - \frac{RT}{2F} \ln \frac{1}{a_{Cu^{2+}} a_{Cl^-}^2} \tag{3-7-1}$$

电池电动势也可以用正极电势 φ_+ 与负极电势 φ_- 之差表示,即

$$E = \varphi_+ - \varphi_- \tag{3-7-2}$$

对上述电池,则

$$\varphi_+ = \varphi^{\ominus}_{Cu^{2+}/Cu} - \frac{RT}{2F} \ln \frac{1}{a_{Cu^{2+}}} \tag{3-7-3}$$

$$\varphi_- = \varphi^{\ominus}_{Hg_2Cl_2/Hg} - \frac{RT}{2F} \ln \frac{1}{a_{Cl^-}^2} \tag{3-7-4}$$

式中:R 为理想气体常数;F 为法拉第常数($96\ 485\ C \cdot mol^{-1}$);$a_{Cu^{2+}}$、$a_{Cl^-}$ 分别为 Cu^{2+} 和 Cl^- 的活度;$a_{Cu^{2+}} = \gamma_{Cu^{2+}} m_{Cu^{2+}}$,$\gamma_{Cu^{2+}}$ 为 Cu^{2+} 的活度系数,$m_{Cu^{2+}}$ 为 Cu^{2+} 的质量摩尔浓度。

由于饱和甘汞电极中 Cl^- 浓度为固定值(饱和 KCl 溶液中 Cl^- 的浓度),因而负极的电极电势基本固定,仅与温度 t 有关:

$$\varphi_- = 0.241\ 5 - 7.61 \times 10^{-4}(t - 25) \tag{3-7-5}$$

因此,φ_- 的值可根据室温计算得出。如果测量获得了待测电池的电动势 E,则可根据式(3-7-2)计算出正极的电极电势 φ_+,再根据式(3-7-3)可计算出正极的标准电极电势 $\varphi^{\ominus}_{Cu^{2+}/Cu}$。

电池电动势 E 不能用伏特计直接测量,因为当把电池与伏特计直接接通后,电池放电,电池中发生化学反应,电池中溶液浓度不断变化,电池电动势也发生变化。另外,电池本身也存在内电阻,所以伏特计所测量出的只是两极间的电势降,而不是电池的电动势,只有在没有电流通过时的电势降才是电池的电动势。利用对消法,可在电池中无电流(或极小电流)通过时进行测量,可测得电池的电动势。电势差计就是利用对消法测量电池电动势的仪器。

本实验先制备铜电极,再将其与饱和甘汞电极组成电池,并用饱和 KCl 盐桥消除液

体接界电势,然后用电势差计测量该电池电动势。

四、仪器和试剂

1. 仪器

UJ-25 型电势差计、直流复射式检流计、晶体管直流稳压电源、标准电池、低压直流电源、毫安计、可变电阻、饱和甘汞电极、电极铜棒、烧杯、半电池管、饱和 KCl 盐桥。

2. 试剂

饱和 KCl 溶液、$CuSO_4$ 溶液($0.100\ 0\ mol \cdot kg^{-1}$)、$HNO_3$ 溶液($6\ mol \cdot L^{-1}$)、镀铜溶液。

五、实验步骤

1. 铜电极的制备

取一片待镀的电极铜棒用细砂纸磨光,放在 $6\ mol \cdot L^{-1}$ HNO_3 溶液中浸泡几秒钟后取出,先用自来水冲洗,再用蒸馏水淋洗,并用滤纸吸干,然后将它作阴极。另取一片铜极作阳极,依照图 3-18 安装好电镀铜装置,调节可变电阻,控制电流为 25 mA(若同时有几个铜电极并联接入,则应增大电流相应倍数)。电镀 30 min,镀完后取出电极铜棒用蒸馏水淋洗,用滤纸吸干。

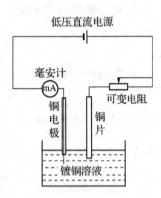

图 3-18　镀铜过程电路图

2. 电池的组合

在 2 只半电池管内分别倒入约 2/3 的 $CuSO_4$ 溶液和饱和 KCl 溶液,分别插入 Cu 电极和甘汞电极,并用盐桥跨接 2 种溶液。

3. 电动势的测定

(1) 连接 UJ-25 型电势差计的线路。

(2) 利用标准电池电动势温度校正公式:$E_N=1.018\ 6-4.06\times10^{-5}(t-20)-9.5\times10^{-7}(t-20)^2$,计算室温下标准电池的电动势,以此值校准电势差计的工作电流。

(3) 测量电池 $Hg\text{-}Hg_2Cl_2\ |\ KCl(饱和溶液)\ \|\ CuSO_4(0.100\ 0\ mol \cdot kg^{-1})\ |\ Cu$ 的电动势。

六、数据记录和处理

(1) 利用公式(3-7-5)计算室温时饱和甘汞电极的电极电势 φ_-。

(2) 记录电池电动势的测定值 E 及室温 t。

(3) 计算出该电池中铜电极的电极电势 φ_+。

(4) 已知室温(25℃)时 $0.100\ 0\ mol \cdot kg^{-1}$ $CuSO_4$ 溶液中 Cu^{2+} 的活度系数 $\gamma_{Cu^{2+}}$ 为 0.16,根据上面所得的铜电极的电极电势 φ_+ 计算铜电极的标准电极电势 $\varphi^{\ominus}_{Cu^{2+}/Cu}$,并与文献值 0.337 V(25℃)相比较,求出相对误差。

七、问题与思考

1. 根据可逆电池的必备条件,用对消法测其电动势时,怎样才能测准?

2. 在测量电动势的过程中,若检流计光点总是往一个方向偏转,可能是哪些原因造成的?

3. 对消法测量电池电动势的主要原理是什么?

实验指导

(1) 线路分析。图 3-19 为高电势电位差计工作时电路的简图。图中 E_W 为工作电池电动势,即晶体管直流稳压电源提供的直流电压(约为 2 V),E_x 为待测电池的电动势,E_N 为标准电池电动势。

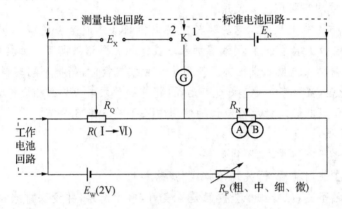

图 3-19　高电势电位差计电路示意图

整个测量过程可以分为两个大的步骤,即"校准工作电流"和"测量待测电池的电动势"。

① 校准工作电流。校准工作电流时,转换开关 K 打在位置 1 处(电势差计上是"标准"或"N")。如根据室温计算出标准电池电动势 E_N 为 1.018 35 V,则先调节 R_N 处电阻为 10 183.5 Ω(实际有 10 180 Ω 已接入,只需调节 A 盘为 3、B 盘为 5 即可),那么如果 R_N 处通过的电流为 10^{-4} A,R_N 两端的电压就等于 E_N,即发生了"对消",这时检流计 G 可显示电流为 0。反过来,如果发现检流计电流为 0,则工作电池回路中电流即为 10^{-4} A。

那么,如何将工作电池回路中的电流调整为 10^{-4} A 呢? 实际上是由该回路中的电压 E_W 和总电阻 $R_{总} = R + R_N + R_P$ 来决定的,$E_W \approx 2$ V 时,只需使 $R_{总}$ 约为 20 kΩ 即可。$R_{总}$ 所包含的电阻中,R 值和 R_N 值已固定,因此只需调节 R_P 即可。

总而言之,校准工作电流时,只需将转换开关 K 打在位置 1,再将 A、B 两盘的值分别调节为标准电池电动势 E_N 值的小数点后第 4 位和第 5 位,再调节 R_P 值,直至观察到检流计 G 中显示电流为 0 即可。

② 测量待测电池的电动势。当工作电池电流已校准为 10^{-4} A 后,R_N、R_P 以及 E_W 都不可再动。此时将转换开关 K 打在位置 2 处(电势差计面板上为"未知"或"X"),调节 R_Q 值,如使得 R_Q 两端的输出电压恰好为 E_x(即待测电池电动势)且正极在同一侧,则又发生了"对消",检流计 G 中电流为 0。此时可从高电势电位差计上读出 R_Q 两端的电压,即获

得了待测电池的电动势。

(2) 镀铜的目的是使铜电极表面覆盖一层新生成的铜,这样其活度为1,实验原理部分的公式(3-7-3)才能成立。在实验过程中,尽量不要让新镀的铜电极暴露在空气中。事实上,即使浸泡在 CuSO₄ 溶液中,新镀的铜也会发生氧化,从而改变电池的电动势。为了防止这一情况发生,建议如下操作方法:在工作电流校准完毕之前,铜电极一直放置在镀铜溶液中,且处于电镀的状态;测定待测电池电动势的过程要尽量快;如测定过程中发现电极表面氧化(颜色及光亮发生明显变化),则应重新镀铜。

(3) 饱和 KCl 盐桥是将饱和 KCl 溶液用琼脂冻结在 U 型管中而制成的,它不仅可以导电,又可防止电池正、负两极的电解液接触而混合,同时还起到消除液体接界电势的作用。使用时应注意不要损坏 U 型管中的琼脂柱,在用盐桥跨接电池两极时,注意盐桥两端开口处不能有气泡,否则无法导电,盐桥使用完毕后,要倒置在盛放饱和 KCl 溶液的大烧杯中,以备今后的实验中重复使用。

(4) 使用饱和甘汞电极时注意观察其中的饱和 KCl 溶液是否足够使电路连接,如果溶液不够,可打开电极上端塑料盖,用滴管加入适量饱和 KCl 溶液即可。如其中的溶液中看不到 KCl 晶体,则需加入适量 KCl 固体。使用饱和甘汞电极时,需把下端塑料盖取下,实验中注意不要遗失此盖,实验完毕后套好此盖后,再将饱和甘汞电极放回相应包装盒中保存。

(5) UJ-25 型电势差计及检流计的使用方法见第 6 章 6.3 节。

(6) 注意事项:

① 标准电池不能摇晃,更不得倾斜。

② 检流计在使用前后,开关均须打在“短路”挡。

③ 如果线路不通,应仔细检查接触是否良好,有无断路,并设法排除。

④ UJ-25 型电势差计开关(粗或细)按下时间均不得超过 1 s,该仪器用毕,转换开关必须打在“断”处。

⑤ 计算 $\varphi^{\ominus}_{Cu^{2+}/Cu}$,并与文献值相比较,求出相对误差。

实验八　强电解质无限稀释摩尔电导率的测定和离子独立运动定律

一、实验目的

(1) 了解强电解质溶液电导率的概念和测定原理。

(2) 掌握用电导率仪测定强电解质溶液摩尔电导率的方法,用作图外推法求其 λ^{∞}_m。

(3) 了解离子独立运动定律。

(4) 掌握电导率仪的使用方法。

二、预习提要

预习题

① 请简述离子独立运动定律的基本内容。

② 电导率的单位 $\mu S \cdot cm^{-1}$ 和 $S \cdot m^{-1}$ 之间的换算关系是什么?

③ 溶液的电导率受哪些因素影响？实验中应注意哪些问题？

④ 摩尔电导率 λ_m 的单位是什么？使用公式 $\lambda_m = \kappa \dfrac{1}{c}$ 计算 λ_m 时，κ 和 c 的单位分别是什么？

⑤ 使用玻璃恒温水浴进行恒温时，水浴的高度如何选择？

⑥ 如何用作图法获得无限稀释摩尔电导率 λ_m^∞ 的值？

三、实验原理

把含有 1 mol 电解质的溶液置于相距 1 m 的两个电极之间，该溶液所具有的电导称为摩尔电导率 λ_m。当溶液的浓度用物质的量浓度 c 表示时，λ_m 与电解质的电导率 κ 的关系可表示为：

$$\lambda_m = \kappa \frac{1}{c} \qquad\qquad (3-8-1)$$

λ_m 与溶液浓度有关，溶液浓度降低，λ_m 增加。对强电解质稀溶液，其摩尔电导率 λ_m 与浓度 c 之间的关系可用下式表示：

$$\lambda_m = \lambda_m^\infty - A\sqrt{c} \qquad\qquad (3-8-2)$$

式中：A 为常数；λ_m^∞ 为无限稀溶液的摩尔电导率，称为无限稀释摩尔电导率。

当溶液无限稀时，离子可以独立运动，不受其他离子的影响，每一种离子对电解质的摩尔电导率都有一定的贡献。故无限稀释摩尔电导率 λ_m^∞ 是表征电解质性质的一个物理量，对它的测定有实际意义。

本实验用 DDS-11A 型电导率仪测定不同浓度的 KCl、LiCl、KNO_3、$LiNO_3$ 溶液的电导率，求出相应的摩尔电导率，再以 λ_m 对 $\sqrt{c}$ 作图，外推至 $c=0$ 处，由截距求出上述四种强电解质的 λ_m^∞，并由此说明离子独立运动定律。

四、仪器和试剂

1. 仪器

DDS-11A 型电导率仪、玻璃恒温水浴槽、DJS-1 型光亮铂电极、DJS-1 型铂黑电极、150 mL 锥形瓶（加塞）7 只、100 mL 容量瓶 6 只、50 mL 移液管 1 支、10 mL 移液管 5 支、电吹风 1 只、蒸馏水洗瓶 1 只。

2. 试剂

0.10 mol·L^{-1} KCl 溶液、0.10 mol·L^{-1} LiCl 溶液、0.10 mol·L^{-1} KNO_3 溶液、0.10 mol·L^{-1} $LiNO_3$ 溶液、无水乙醇、乙醚（AR）、蒸馏水。

五、实验步骤

(1) 移取 50 mL 0.10 mol·L^{-1} KCl 溶液于 100 mL 容量瓶中用蒸馏水定容，配成 0.05 mol·L^{-1} 的 KCl 溶液。再各移取 10 mL 0.10 mol·L^{-1} 和 0.05 mol·L^{-1} 的 KCl 溶液于 2 个 100 mL 容量瓶中用蒸馏水定容配成 0.01 mol·L^{-1} 和 0.005 mol·L^{-1} 的 KCl 溶液。再各移取 10 mL 0.01 mol·L^{-1} 和 0.005 mol·L^{-1} 的 KCl 溶液于 2 个 100 mL 容量瓶中，用蒸馏水定容配成 0.001 mol·L^{-1} 和 0.000 5 mol·L^{-1} 的 KCl 溶液。再移取 10 mL 0.001 mol·L^{-1} 的 KCl 溶液于 100 mL 容量瓶中，用蒸馏水定容配成

0.000 1 mol・L⁻¹ 的 KCl 溶液。

（2）调节玻璃水浴恒温槽的温度在 25℃。

（3）在 6 只 150 mL 的锥形瓶中分别放入 0.05 mol・L⁻¹、0.01 mol・L⁻¹、0.005 mol・L⁻¹、0.001 mol・L⁻¹、0.000 5 mol・L⁻¹ 和 0.000 1 mol・L⁻¹ 的 KCl 溶液 100 mL，塞上塞子，在 25℃ 的水浴中恒温 20 min。

（4）选择合适的 DJS 型铂电极，从稀到浓依次测定上述 6 种 KCl 溶液的电导率。测定前需用被测溶液淋洗电极 3 次。

（5）将上述 6 个 100 mL 容量瓶依次用自来水、蒸馏水洗干净，以备下用。将 6 只锥形瓶、5 支 10 mL 移液管、1 支 50 mL 移液管用自来水洗干净后，先用淋洗乙醇、再用淋洗乙醚淋洗后，用电吹风吹干以备下用（换测不同溶液均需这样处理）。

（6）同法配制成 0.05 mol・L⁻¹、0.01 mol・L⁻¹、0.005 mol・L⁻¹、0.001 mol・L⁻¹、0.000 5 mol・L⁻¹ 和 0.000 1 mol・L⁻¹ 的 6 种 LiCl 溶液各 100 mL，在 25℃ 的水浴中恒温 20 min，依次测定电导率。

（7）同法配制成 0.05 mol・L⁻¹、0.01 mol・L⁻¹、0.005 mol・L⁻¹、0.001 mol・L⁻¹、0.000 5 mol・L⁻¹ 和 0.000 1 mol・L⁻¹ 的 6 种 KNO₃ 溶液各 100 mL，在 25℃ 的水浴中恒温 20 min，依次测定电导率。

（8）同法配制成 0.05 mol・L⁻¹、0.01 mol・L⁻¹、0.005 mol・L⁻¹、0.001 mol・L⁻¹、0.000 5 mol・L⁻¹ 和 0.000 1 mol・L⁻¹ 的 6 个 LiNO₃ 溶液各 100 mL，在 25℃ 的水浴中恒温 20 min，依次测定电导率。

（9）充分洗净一个 150 mL 锥形瓶，加入配制溶液使用的蒸馏水适量，在 25℃ 的水浴中恒温 20 min，测定其电导率（注意：滴管、电极等应先用蒸馏水充分洗涤）。

（10）所有容量瓶、锥形瓶、移液管洗净，并用乙醇、乙醚淋洗后吹干。所有电极浸入蒸馏水中保存。

六、数据记录与处理

（1）将测得的电导率数据，换算成以 S・m⁻¹ 为单位，并填入下表中。

室温：_____　　　大气压：_____　　　蒸馏水电导率：_____　　　实验温度：_____

c/mol・L⁻¹	$\kappa_{溶液}$/S・m⁻¹				$\kappa_{电解质}$/S・m⁻¹ *			
	KCl	LiCl	KNO₃	LiNO₃	KCl	LiCl	KNO₃	LiNO₃
0.0001								
0.0005								
0.001								
0.005								
0.01								
0.05								

* 注：$\kappa_{电解质} = \kappa_{溶液} - \kappa_{蒸馏水}$。

(2) 由式(3-8-1)计算每种溶液中电解质的摩尔电导率 λ_m，并以 λ_m 对$\sqrt{c}$作图，外推至 $c=0$，求出 KCl、LiCl、KNO$_3$、LiNO$_3$ 的 λ_m^∞ 值，并填入下表中($\lambda_m \sim \sqrt{c}$图贴在实验报告中相应位置)。

c / mol·m^{-3}	λ_m/S·m^2·mol^{-1}			
	KCl	LiCl	KNO$_3$	LiNO$_3$
0.1				
0.5				
1				
5				
10				
50				
λ_m^∞/S·m^2·mol^{-1}				

(3) 查阅 25℃ 时 KCl、LiCl、KNO$_3$、LiNO$_3$ 的 λ_m^∞ 文献值，求出测量值的相对误差。

(4) 根据测量所得 KCl、LiCl、KNO$_3$、LiNO$_3$ 的 λ_m^∞ 值，填写下表，并说明由此得到的结论。

电解质 1	λ_m^∞/S·m^2·mol^{-1}	电解质 2	λ_m^∞/S·m^2·mol^{-1}	$\Delta\lambda_m^\infty$/S·m^2·mol^{-1}
KCl		KNO$_3$		
LiCl		LiNO$_3$		
KCl		LiCl		
KNO$_3$		LiNO$_3$		

注：$\Delta\lambda_m^\infty = \lambda_m^\infty$(电解质 1)$-\lambda_m^\infty$(电解质 2)

七、问题与思考

1. 该实验中，应该如何选择测量电极？

2. 如果用 DJS-10 型铂黑电极，应如何测量溶液的电导率？

3. 在较低浓度时，随着溶液物质的量浓度 c 的增大，溶液电导率 κ 和摩尔电导率 λ_m 分别如何变化？

4. 本实验中，如果不把蒸馏水的电导率从溶液电导率中减去，所得 λ_m^∞ 的值会有何变化？

5. 电导率与温度、溶液浓度关系很大，测量时应注意哪些方面？

实验指导

1. 外推法是物理化学实验中经常使用的一种方法，当所需求解的值的相应条件在实际中无法达到时，常常用外推法。如本实验中，无限稀释摩尔电导率 λ_m^∞ 是指电解质浓度无限稀时,即物质的量浓度 c 趋于 0 时,溶液的摩尔电导率;但事实上,浓度为 0 的条件是不能达到的,因为此时已经不是该电解质的溶液而是纯粹的蒸馏水了。

此时,可先测量获得低浓度条件下一系列物质的量浓度 c 时电解质的摩尔电导率 λ_m,依据 $\lambda_m = \lambda_m^\infty - A\sqrt{c}$ 可知,以 λ_m 对 $\sqrt{c}$ 作图在低浓度时可得一条直线,沿该直线的趋势将直线延伸至 $\sqrt{c}=0$ 处,直线在此处的纵坐标值即为该电解质的无限稀释摩尔电导率 λ_m^∞。如果用 Origin 6.0 程序作图,注意横坐标 $\sqrt{c}$ 的起始点应该设为 0,并且作图时应该以"Scatter"方式作图,而外推的直线是人为画上去的。

2. 电导率仪的原理及使用方法见第 6 章 6.3 节。

实验九　电势-pH 曲线的测定及其应用

一、实验目的

(1) 掌握电极电势、电池电动势及 pH 的测定原理和方法。

(2) 了解电势-pH 图的意义及应用。

(3) 测定 Fe^{3+}/Fe^{2+}-EDTA 溶液在不同 pH 条件下的电极电势,绘制电势-pH 曲线。

二、预习提要

(1) 了解电极电势、电池电动势及 pH 的测定原理。

(2) 了解如何测定 Fe^{3+}/Fe^{2+}-EDTA 溶液在不同 pH 条件下的电极电势,如何绘制电势-pH 曲线。

三、实验原理

很多氧化还原反应不仅与溶液中离子的浓度有关,而且与溶液的 pH 有关,即电极电势与浓度和酸度成函数关系。如果指定溶液的浓度,则电极电势只与溶液的 pH 有关。在改变溶液的 pH 时测定溶液的电极电势,然后以电极电势对 pH 作图,这样就可得到等温、等浓度的电势-pH 曲线。

对于 Fe^{3+}/Fe^{2+}-EDTA 配合体系在不同的 pH 范围内,其络合产物不同,以 Y^{4-} 代表 EDTA 酸根离子。我们将在三个不同 pH 的区间来讨论其电极电势的变化。

(1) 高 pH 时电极反应为:

$$Fe(OH)Y^{2-} + e \Longrightarrow FeY^{2-} + OH^-$$

根据能斯特(Nernst)方程,其电极电势为:

$$\varphi = \varphi^\ominus - \frac{RT}{F}\ln\frac{a_{FeY^{2-}} \cdot a_{OH^-}}{a_{Fe(OH)Y^{2-}}} \tag{3-9-1}$$

稀溶液中水的活度积 K_W 可看作水的离子积,又根据 pH 定义,则上式可写成:

$$\varphi = \varphi^{\ominus} - b_1 - \frac{RT}{F}\ln\frac{m_{FeY^{2-}}}{m_{Fe(OH)Y^{2-}}} - \frac{2.303RT}{F}pH \qquad (3-9-2)$$

在 EDTA 过量时,生成的络合物的浓度可近似看作为配制溶液时亚铁离子的浓度,即 $m_{FeY^{2-}} \approx m_{Fe^{2+}}$。在 $m_{Fe^{2+}}/m_{Fe^{3+}}$ 不变时,φ 与 pH 呈线性关系。如图 3-20 中的 cd 段。

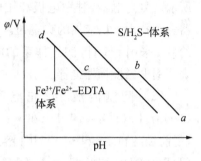

图 3-20　Fe^{3+}/Fe^{2+}-EDTA 配合体系的电势-pH 曲线

(2) 在特定的 pH 范围内,Fe^{2+} 和 Fe^{3+} 能与 EDTA 生成稳定的络合物 FeY^{2-} 和 FeY^-,其电极反应为:

$$FeY^- + e \rightleftharpoons FeY^{2-}$$

其电极电势为:

$$\varphi = \varphi^{\ominus} - \frac{RT}{F}\ln\frac{a_{FeY^{2-}}}{a_{FeY^-}} \qquad (3-9-3)$$

式中:$\varphi^{\ominus}$ 为标准电极电势;a 为活度,$a = \gamma \cdot m$(γ 为活度系数,m 为质量摩尔浓度)。则式(3-9-3)可改写成:

$$\varphi = \varphi^{\ominus} - \frac{RT}{F}\ln\frac{\gamma_{FeY^{2-}}}{\gamma_{FeY^-}} - \frac{RT}{F}\ln\frac{m_{FeY^{2-}}}{m_{FeY^-}} = \varphi^{\ominus} - b_2 - \frac{RT}{F}\ln\frac{m_{FeY^{2-}}}{m_{FeY^-}} \qquad (3-9-4)$$

式中,$b_2 = \frac{RT}{F}\ln\frac{\gamma_{FeY^{2-}}}{\gamma_{FeY^-}}$,当溶液离子强度和温度一定时,$b_2$ 为常数。在此 pH 范围内,该体系的电极电势只与 $m_{FeY^{2-}}/m_{FeY^-}$ 的值有关,曲线中出现平台区(图 3-20 中 bc 段)。

(3) 低 pH 时电极反应为:

$$FeY^- + H^+ + e \rightleftharpoons FeHY^-$$

则可求得:

$$\varphi = \varphi^{\ominus} - b_3 - \frac{RT}{F}\ln\frac{m_{FeHY^-}}{m_{FeY^-}} - \frac{2.303RT}{F}pH \qquad (3-9-5)$$

在 $m_{Fe^{2+}}/m_{Fe^{3+}}$ 不变时,φ 与 pH 呈线性关系,如图 3-20 中的 ab 段。

四、仪器与试剂

1. 仪器

数字电压表、数字式 pH 计、500 mL 五颈瓶(带恒温套)、电磁搅拌器、分析天平、甘汞电极、复合电极、铂电极、温度计、50 mL 容量瓶、滴管。

2. 试剂

$(NH_4)_2Fe(SO_4)_2 \cdot 6H_2O$、HCl、NaOH、EDTA、$N_2(g)$。

五、实验步骤

(1) 按图接好仪器装置。仪器装置如图 3 - 21 所示。复合电极、甘汞电极和铂电极分别插入反应器三个孔内。反应器的夹套通以恒温水。测量体系的 pH 采用 pH 计,测量体系的电势采用数字电压表。用电磁搅拌器搅拌。

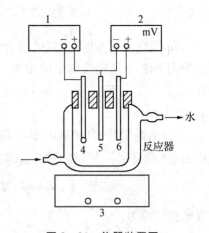

图 3 - 21 仪器装置图
1-酸度计;2-数字电压表;3-电磁搅拌器;
4-复合电极;5-饱和甘汞电极;6-铂电极

(2) 配制溶液。预先配置 0.1 mol·L^{-1} $(NH_4)_2Fe(SO_4)_2$、0.1 mol·L^{-1} $(NH_4)Fe(SO_4)_2$ (配前加两滴 4 mol·L^{-1} HCl 溶液)、0.5 mol·L^{-1} EDTA(配前加 1.5 g NaOH)、4 mol·L^{-1} HCl、2 mol·L^{-1} NaOH 溶液各 50 mL。然后按下列次序加入:50 mL 0.1 mol·L^{-1} $(NH_4)_2Fe(SO_4)_2$ 溶液、50 mL 0.1 mol·L^{-1} $(NH_4)Fe(SO_4)_2$ 溶液、60 mL 0.5 mol·L^{-1} EDTA 溶液、50 mL 蒸馏水,并迅速通 N_2。

(3) 将复合电极、甘汞电极、铂电极分别插入反应容器盖子上的三个孔,浸于液面下。

(4) 将复合电极的导线接到 pH 计上,测定溶液的 pH,然后将铂电极、甘汞电极接在数字电压表的"+"、"−"两端,测定两极间的电动势,此电动势是相对于饱和甘汞电极的电极电势。用滴管从反应容器的第四个孔(即氮气出气口)滴入少量 4 mol·L^{-1} NaOH 溶液,改变溶液 pH,每次约改变 0.3,同时记录电极电势和 pH,直至溶液 pH=8 时,停止实验。收拾整理仪器。

六、数据记录与处理

1. 数据记录

室温:_____   大气压:_____

pH	$\varphi_{测}/V$	φ_{SCE}/V	$\varphi/V=\Phi_{SCE}/V-\varphi_{测}/V$

2. 数据处理

以表格形式正确记录数据,并将测定的电池电动势换算成相对参比电极的电势。然后绘制电势- pH 曲线,由曲线确定 FeY^- 和 FeY^{2-} 稳定的 pH 范围。

$$E_{电池} = \varphi_{Pt} - \varphi_{SCE}$$

$$\varphi_{SCE}/V = 0.2415 - 7.61 \times 10^{-4}(T-298)$$

七、问题与思考

(1) 写出 Fe^{3+}/Fe^{2+}-EDTA 络合体系在电势平台区、低 pH 和高 pH 时,体系的基本电极反应及其所对应的电极电势公式的具体表示式,并指出每一项的物理意义。

(2) 在实验过程中,为什么要往反应瓶中通 N_2?

(3) 影响本实验的主要影响因素有哪些?

实验指导

1. 搅拌速度必须加以控制,防止由于搅拌不均匀造成加入 NaOH 时,溶液上部出现少量的 $Fe(OH)_3$ 沉淀。

2. 甘汞电极使用时应注意 KCl 溶液需浸没水银球,但液体不可堵住加液小孔。

 **实验扩展**

电势- pH 图的应用

电势- pH 图对解决在水溶液中发生的一系列反应及平衡问题(例如元素分离、湿法冶金、金属防腐等方面),得到广泛应用。本实验讨论的 Fe^{3+}/Fe^{2+}-EDTA 体系,可用于消除天然气中的有害气体 H_2S。利用 Fe^{3+}-EDTA 溶液可将天然气中 H_2S 氧化成元素硫除去,溶液中 Fe^{3+}-EDTA 络合物被还原为 Fe^{2+}-EDTA 配合物,通入空气可以使 Fe^{2+}-EDTA 氧化成 Fe^{3+}-EDTA,使溶液得到再生,不断循环使用,其反应如下:

$$2FeY^- + H_2S \xrightarrow{脱硫} 2FeY^{2-} + 2H^+ + S\downarrow$$

$$2FeY^{2-} + \frac{1}{2}O_2 + H_2O \xrightarrow{再生} 2FeY^- + 2OH^-$$

在用 EDTA 络合铁盐脱除天然气中硫时,Fe^{3+}/Fe^{2+}-EDTA 络合体系的电势- pH 曲线可以帮助我们选择较适宜的脱硫条件。例如,低含硫天然气 H_2S 含量约 $1 \times 10^{-4} \sim 6 \times 10^{-4}$ kg·m^{-3},在 25℃时相应的 H_2S 分压为 7.29~43.56 Pa。

根据电极反应:

$$S + 2H^+ + 2e \rightleftharpoons H_2S(g)$$

在 25℃时的电极电势 φ 与 H_2S 分压 p_{H_2S} 的关系应为:

$$\varphi(V) = -0.072 - 0.029611\, p_{H_2S} - 0.0591\, pH$$

由电势- pH 图可见,对任何一定 $m_{Fe^{3+}}/m_{Fe^{2+}}$ 比值的脱硫液而言,此脱硫液的电极电势与反应 $S + 2H^+ + 2e \rightleftharpoons H_2S(g)$ 的电极电势之差值,在电势平台区的 pH 范围内,随着 pH 的增大而增大,到平台区的 pH 上限时,两电极电势差值最大,超过此 pH,两电极电势值不再增大而为定值。这一事实表明,任何具有一定的 $m_{Fe^{3+}}/m_{Fe^{2+}}$ 比值的脱硫液,在它的电势平台区的上限时,脱硫的热力学趋势达最大,超过此 pH 后,脱硫趋势保持定值而不再随 pH 增大而增加,由此可知,根据 φ-pH 图,从热力学角度看,用 EDTA 络合铁盐法脱除天然气中的 H_2S 时,脱硫液的 pH 选择在 6.5~8 之间或高于 8 都是合理的,但 pH 不宜大于 12,否则会有 $Fe(OH)_3$ 沉淀出来。

实验十 黏度法测定高聚物的相对分子质量

一、实验目的

(1) 测定聚乙二醇的黏均相对分子质量。
(2) 掌握用乌贝路德(Ubbelohde)黏度计测定黏度的方法。

二、预习提要

理解黏度法测定高聚物相对分子质量的基本原理和公式,了解乌贝路德黏度计结构的特点,了解黏度法测定聚合物的黏均相对分子质量操作步骤及注意事项。

预习题

① 与其他测定相对分子质量的方法比较,黏度法有什么优点?
② 测定过程如何保证浓度准确?
③ 使用乌氏稀释黏度计时要注意什么问题?

三、实验原理

聚合物的稀溶液,仍有较大的黏度,其黏度与相对分子质量有关。因此可利用这一特性测定聚合物的相对分子质量。在所有聚合物相对分子质量的测定方法中,黏度法尽管是一种相对的方法,但因其仪器设备简单,操作方便,相对分子质量适用范围大,又有相当好的实验精确度,所以成为人们最常用的实验技术,在生产和科研中得到广泛的应用。

高聚物稀溶液的黏度主要反映了液体分子之间因流动或相对运动所产生的内摩擦阻力。在测高聚物溶液黏度求相对分子质量时,常用到下面一些名词:

纯溶剂黏度 η_0:溶剂分子与溶剂分子间的内摩擦表现出来的黏度。

溶液黏度 η:溶剂分子与溶剂分子之间、高分子与高分子之间和高分子与溶剂分子之间,三者内摩擦的综合表现。

相对黏度 η_r:$\eta_r = \eta/\eta_0$,为溶液黏度对溶剂黏度的相对值。

增比黏度 η_{sp}:$\eta_{sp} = (\eta - \eta_0)/\eta_0 = \eta/\eta_0 - 1 = \eta_r - 1$,为高分子与高分子之间、纯溶剂分子与高分子之间的内摩擦效应。

比浓黏度 η_{sp}/c:单位浓度下所显示出的黏度。

特性黏度 $[\eta]$:$\lim\limits_{c \to 0} \dfrac{\eta_{sp}}{c} = [\eta]$,反映高分子与溶剂分子之间的内摩擦。

如果高聚物分子的相对分子质量愈大,则它与溶剂间的接触表面也愈大,摩擦就大,表现出的特性黏度也大。特性黏度和相对分子质量之间的经验关系式为:

$$[\eta] = K\overline{M}^{\alpha} \qquad (3-10-1)$$

式中:$\overline{M}$ 为黏均相对分子质量;K 为比例常数;α 是与分子形状有关的经验参数。K 和 α 值与温度、聚合物、溶剂性质有关,也和相对分子质量大小有关。K 值受温度的影响较明显,而 α 值主要取决于高分子线团在某温度下、某溶剂中舒展的程度,其数值介于 $0.5\sim1$ 之间。

在无限稀释条件下:

$$\lim_{c \to 0}\frac{\eta_{sp}}{c} = \lim_{c \to 0}\frac{\ln\eta_r}{c} = [\eta] \qquad (3-10-2)$$

因此我们获得 $[\eta]$ 的方法有两种:一种是以 η_{sp}/c 对 c 作图,外推到 $c \to 0$ 的截距值;另一种是以 $\ln\eta_r/c$ 对 c 作图,也外推到 $c \to 0$ 的截距值,如图 3-22 所示,两条线应会合于一点,这也可校核实验的可靠性。

一般这两条直线的方程表达式为下列形式:

$$\frac{\eta_{sp}}{c} = [\eta] + K^T[\eta]^2 c \qquad (3-10-3)$$

$$\frac{\ln\eta_r}{c} = [\eta] + \beta[\eta]^2 c$$

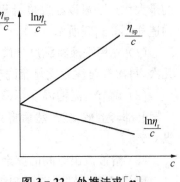

图 3-22　外推法求 $[\eta]$

在测定高聚物分子的特性黏度时,以毛细管流出法的黏度计最为方便。若液体在毛细管黏度计中,因重力作用流出时,可通过泊肃叶(Poiseuille)公式计算黏度:

$$\frac{\eta}{\rho} = \frac{\eta h g r^4 t}{8LV} - m\frac{V}{8\pi Lt} \qquad (3-10-4)$$

式中:η 为溶液的黏度;ρ 为溶液的密度;L 为毛细管的长度;r 为毛细管的半径;t 为流出的时间;h 为流过毛细管溶液的平均液柱高度;V 为流经毛细管的溶液体积;m 为毛细管末端校正的参数(一般在 $r/L \ll 1$ 时,可以取 $m=1$)。

对于某一只指定的黏度计而言,(3-10-4) 式可以写成下式:

$$\frac{\eta}{\rho} = At - \frac{B}{t} \qquad (3-10-5)$$

式中:$B < 1$,当流出的时间 t 在 2 min 左右(大于 100 s),该项(亦称动能校正项)可以忽略。又因通常测定是在稀溶液中进行($c < 1 \times 10^{-2}$ g·cm^{-3}),所以溶液的密度和溶剂的密度近似相等,因此可将 η_r 写成:

$$\eta_r = \frac{\eta}{\eta_0} = \frac{t}{t_0} \qquad (3-10-6)$$

式中:t 为溶液的流出时间;t_0 为纯溶剂的流出时间。所以通过溶剂和溶液在毛细管中的流出时间,可从(3-10-6)式求得 η_r,再由图3-22求得 $[\eta]$ 。

四、仪器和试剂

1. 仪器

恒温槽、乌贝路德黏度计、10 mL移液管2只、5 mL移液管1只、停表、洗耳球1只、螺旋夹、橡皮管(约5 cm长)2根。

2. 试剂

聚乙二醇、蒸馏水。

五、实验步骤

本实验用的乌贝路德黏度计,又叫气承悬柱式黏度计。它的最大优点是可以在黏度计里逐渐稀释从而节省许多操作,其构造如图3-23所示。

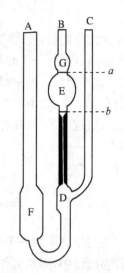

图 3-23　乌贝路德黏度计

(1)先用洗液将黏度计洗净,再用自来水、蒸馏水分别冲洗几次,每次都要注意反复流洗毛细管部分,洗好后烘干备用。

(2)调节恒温槽温度至(30.0±0.1)℃,在黏度计的B管和C管上都套上橡皮管,然后将其垂直放入恒温槽,使水面完全浸没G球。

(3)溶液流出时间的测定

用移液管分别吸取已知浓度的聚乙二醇溶液10 mL,由A管注入黏度计中,在C管处用洗耳球打气,使溶液混合均匀,浓度记为 c_1 ,恒温10 min,进行测定。测定方法如下:将C管用夹子夹紧使之不通气,在B管用洗耳球将溶液从F球经D球、毛细管、E球抽至G球2/3处,先拿走洗耳球后,再解去夹子,让C管通大气,此时D球内的溶液即回入F球,使毛细管以上的液体悬空。毛细管以上的液体下落,当液面流经 a 刻度时,立即按停表开始记时间,当液面降至 b 刻度时,再按停表,记录刻度 a 、 b 之间的液体流经毛细管所需时间。重复这一操作至少三次,当相差不大于0.3 s,取三次的平均值为 t_1 。

然后依次由A管用移液管加入5 mL、5 mL、10 mL、10 mL蒸馏水,将溶液稀释,使溶液浓度分别为 c_2 、 c_3 、 c_4 、 c_5 ,用同法测定每份溶液流经毛细管的时间 t_2 、 t_3 、 t_4 、 t_5 。应注意每次加入蒸馏水后,要充分混合均匀,并抽洗黏度计的E球和G球,使黏度计内溶液各处的浓度相等。

(4)溶剂流出时间的测定

用蒸馏水洗净黏度计,尤其要反复流洗黏度计的毛细管部分。由A管加入约15 mL蒸馏水。用同法测定溶剂流出的时间 t_0 。

实验完毕后,黏度计一定要用蒸馏水洗干净。

六、数据记录与处理

(1) 将所测的实验数据及计算结果填入下表中。

原始溶液浓度 c_0：_____(g·cm^{-3})；恒温温度：_____℃

$c/\text{g} \cdot \text{cm}^{-3}$	t_1/s	t_2/s	t_3/s	$\bar{t}/\text{s}$	η_r	$\ln\eta_r$	η_{sp}	η_{sp}/c	$\ln\eta_r/c$

(2) 作 η_{sp}/c - c 及 $\ln\eta_r/c$ - c 图，并外推到 $c \rightarrow 0$，由截距求出 $[\eta]$。

七、问题与思考

(1) 乌贝路德黏度计中支管 C 有何作用？除去支管 C 是否可测定黏度？

(2) 黏度计的毛细管太粗或太细有什么缺点？

(3) 为什么用 $[\eta]$ 来求算高聚物的相对分子质量？它和纯溶剂黏度有无区别？

实验指导

1. 黏度计必须洁净，高聚物溶液中若有絮状物不能将它移入黏度计中。

2. 本实验溶液的稀释是直接在黏度计中进行的，因此每加入一次溶剂进行稀释时必须混合均匀，并抽洗 E 球和 G 球。

3. 实验过程中恒温槽的温度要恒定，溶液每次稀释恒温后才能测量。

4. 黏度计要垂直放置。实验过程中不要振动黏度计。

实验十一　电导率法测定表面活性剂的临界胶束浓度

一、实验目的

(1) 电导率法测定水溶液中十六烷基三甲基溴化铵的临界胶束浓度。

(2) 学会电导率仪的使用。

(3) 了解温度对表面活性剂临界胶束浓度的影响。

(4) 掌握超级水浴恒温槽的使用方法。

二、预习提要

预习表面活性剂的相关知识，了解表面活性剂的特点及应用，了解电导率法测定表面活性剂的临界胶束浓度的原理。熟悉电导率仪的原理及使用方法。

预习题

① 什么是表面活性剂？查阅相关资料，写出两种常用表面活性剂的名称和化学式。

② 什么是表面活性剂的临界胶束浓度(CMC)？用电导率法测定 CMC,适用的体系是什么？

③ 电导率仪的电极应如何选择？测量和校正时"高周"和"低周"如何选择？电导率的单位是什么？

④ 如待测溶液出现结晶，应如何处理？

⑤ 十六烷基三甲基溴化铵属于哪一类表面活性剂？

⑥ 如何用作图法求取表面活性剂的 CMC？

三、实验原理

　　表面活性剂是能显著降低水的表面张力的一类具有两亲性质的有机化合物,即分子间同时含有亲水的极性基团和憎水的非极性基团。按离子的类型分类,表面活性剂可分为三大类:① 阴离子型表面活性剂,如硬脂酸盐(肥皂)、烷基硫酸盐(十二烷基硫酸钠)等,其亲水基团是连接于分子上的阴离子(如—SO_3^{2-});② 阳离子型表面活性剂,主要是胺盐,如十二烷基二甲基叔胺,其亲水基团是阳离子(如—NH_3^+);③ 非离子型表面活性剂,如聚氧乙烯类。

　　将表面活性剂加入水中,根据相似相溶规则,表面活性剂分子的极性部分倾向于留在水中,而非极性部分倾向于伸出水面或朝向非极性的有机相(若无,则表面活性剂的非极性部分发生聚集)。当表面活性剂在溶液中的浓度较稀时,其部分分子将自动聚集到溶液表面,使溶液和空气的接触面减小,溶液的表面张力显著降低;另一部分分子则分散在溶液中,以单分子或简单聚集体的形式存在,如图 3-24(a)所示。当表面活性剂的浓度足够大时,溶液表面会铺满一层定向排列的表面活性剂分子,形成饱和吸附,这时溶液的表面张力达到最小值,溶液内部的分子为了稳定,其亲油基团将相互靠在一起,以减少亲油基与水的接触面积,从而形成具有一定形状的小胶束,如图 3-24(b)所示。继续增大表面活性剂的浓度,由于溶液表面已达到饱和吸附,只能使溶液内部胶束的数量增多,如图3-24(c)。表面活性剂形成胶束的最小浓度即称为临界胶束浓度(critecal micelle concentration),简称为 CMC,单位是 mol·L^{-1}。

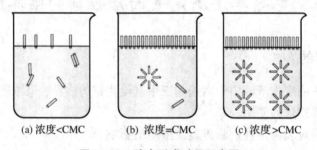

(a) 浓度<CMC　　　　(b) 浓度=CMC　　　　(c) 浓度>CMC

图 3-24　胶束形成过程示意图

　　表面活性剂的各种功能如作为去污剂、乳化剂、起泡剂等要想发挥作用,前提是其浓度要达到一定值,在溶液中形成胶束。因而临界胶束浓度(CMC)是衡量表面活性剂性能优劣的一个重要参数。

　　表面活性剂溶液达到临界胶束浓度以后,溶液的性质,如表面张力、电导率等会发生突变,因而可以根据这些性质的变化求出其临界胶束浓度。对于所有的表面活性剂,理论上可以用表面张力法进行测量,而本实验用的电导率法测量,只适合于离子型表面活性剂。

　　在水中加入离子型表面活性剂后,溶液的电导率随加入量的增加而直线增加,达到临界胶束浓度(CMC)后,电导率增加的速率开始发生突变,以电导率对浓度作图,将所得的两条直线外推,交点所对应的浓度即为 CMC 值,如图 3-25 所示。本实验用电导率法测定十六烷基三甲基溴化铵水溶液的临界胶束浓度。

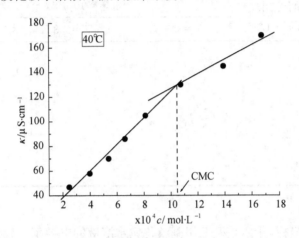

图 3-25　电导率随着浓度的变化关系图

四、仪器和试剂

1. 仪器

DDS-11A 型电导率仪、铂黑电极 1 支、50 mL 锥形瓶 8 只、恒温槽、250 mL 容量瓶 8 只。

2. 试剂

8 种不同浓度的十六烷基三甲基溴化铵水溶液。

五、实验步骤

　　(1) 从 8 只编好号码的容量瓶中分别倒出不同浓度的十六烷基三甲基溴化铵水溶液约 40 mL 于 8 只编好号码的锥形瓶中。

　　(2) 调节 CS-501 型超级恒温槽的温度为 30℃,将 8 只锥形瓶加塞后放入恒温槽恒温 20 min。

　　(3) 在溶液恒温的同时,将 DDS-11A 电导率仪调零,将"校正/测量"开关扳向"校正",接通电源预热。然后选择、安装电极,调节电解池常数,选择"高周/低周"。

　　(4) 测量时,按溶液浓度从低到高的顺序进行。将电极用已恒温的少量待测溶液淋洗 3 次,再将电极浸入锥形瓶中的该溶液中。依次进行校正、测量和读数。每次测量前均需用恒温的少量待测溶液淋洗电极 3 次,且每次测量均需先进行校正(注意高低周的转换)。

（5）在锥形瓶中补充相应浓度的十六烷基三甲基溴化铵溶液至约 40 mL。调节水浴恒温槽温度至 35℃,将各溶液恒温 20 min。测量各溶液的电导率。

（6）将水浴恒温槽温度调到 40℃,重复步骤(5)测量各溶液的电导率。

六、数据记录与处理

（1）数据记录。

室温:＿＿＿＿＿＿　　　大气压:＿＿＿＿＿＿

十六烷基三甲基溴化铵水	电导率 $\kappa \times 10^4$ / S·m^{-1}		
溶液浓度 $c \times 10^4$ / mol·L^{-1}	$T=303$ K	$T=308$ K	$T=313$ K

（2）数据处理

以浓度 c 为横坐标,十六烷基三甲基溴化铵水溶液的电导率 κ 为纵坐标在坐标纸上作图,将所得两直线外推相交,交点的浓度即为十六烷基三甲基溴化铵的临界胶束浓度。

分别求出 30℃、35℃、40℃下的十六烷基三甲基溴化铵在水中的临界胶束浓度。

（3）根据上面数据处理的结果填写下表,并说明温度对水中十六烷基三甲基溴化铵的 CMC 的影响。

	$T=303$ K	$T=308$ K	$T=313$ K
CMC			
温度对 CMC 的影响			

七、问题与思考

（1）何谓表面活性剂的临界胶束浓度?

（2）为什么测定溶液的电导率可以确定临界胶束浓度?

（3）测定电导率为何要恒温? 为何电极要淋洗干净?

（4）如何选择电极? 如何选择"高周/低周"? 如何校正电导率仪?

实验指导

1. 实验注意事项:

（1）在 8 只 2 000 mL 的容量瓶中配制十六烷基三甲基溴化铵水溶液的浓度分别大

约为 2×10^{-4} mol·L^{-1}, 4×10^{-4} mol·L^{-1}, 5×10^{-4} mol·L^{-1}, 6×10^{-4} mol·L^{-1}, 8×10^{-4} mol·L^{-1}, 10×10^{-4} mol·L^{-1}, 14×10^{-4} mol·L^{-1}, 16×10^{-4} mol·L^{-1}, 具体数值从实验教师处获得。

（2）8 只 250 mL 的容量瓶和 8 只 50 mL 锥形瓶均需编号，且两者要对应使用，不能弄错。

（3）实验后锥形瓶需充分洗净，放入烘箱烘干，以备下一批实验使用。

（4）若室温较低，几个浓度较大的溶液会出现结晶，需在实验前放入热水浴中使其全部溶解。

（5）超级恒温槽中水深要恰当，以免恒温不到位或锥形瓶浮起翻掉。

（6）用待测液淋洗电极时，滴管不能碰到铂黑，以防电解池常数发生改变而使电导率测量不准。电极使用结束必须浸在盛有蒸馏水的烧杯中。

（7）测量时被测液仍应处于恒温状态，即将电导率仪的电极浸入恒温槽内的被测液液面之下进行测量。若电导率仪的指针由于周围电场的干扰而发生晃动，可在读数的瞬间临时关闭搅拌器、恒温槽等。

（8）测量电导率时，电极下端两块铂黑片必须浸没在待测溶液中。

（9）电导率仪的量程倍数旋钮极易松动，且松动后易混淆倍数识别，使用时要当心，如松动后最好找螺丝刀固定后再进行测量。

2. 电导率单位换算：1 μS·cm^{-1} = 1×10^{-4} S·m^{-1}。

3. 电导率仪的原理及使用方法见第 6 章 6.3 节。

 实验扩展

表面活性剂是一类结构较特殊的化学物质，在工业、农业以及人们日常生活的方方面面有广泛的应用。表面活性剂有渗透、润湿、乳化、去污、分散、增溶和起泡等作用，广泛应用于石油、煤炭、机械、化工、冶金、材料及轻工业、农业生产中。研究表面活性剂溶液的物理化学性质（如吸附）和内部性质（如胶束形成）有着重要意义。而临界胶束浓度（CMC）可以作为表面活性剂的表面活性的一种量度。因为 CMC 越小表示这种表面活性剂形成胶束所需浓度越低，达到表面（界面）饱和吸附的浓度越低。因而改变表面性质起到润湿、乳化、增溶和起泡等作用所需的浓度越低。另外，临界胶束浓度又是表面活性剂溶液性质发生显著变化的一个"分水岭"。因此，表面活性剂的大量研究工作都与各种体系中的 CMC 测定有关。

测定 CMC 的方法很多，常用的有表面张力法、电导法、比色法、浊度法、光散射法等。这些方法原理上都是从溶液的物理化学性质随浓度变化关系出发求得。其中表面张力和电导法比较简便准确。

1. 表面张力法

表面张力法也是测定 CMC 最常用的方法。表面活性剂溶液的表面活性随着溶液浓度的增大而显著降低，在 CMC 处发生转折。因此可用表面张力对表面活性剂溶液浓度作图，根据转折点求 CMC。此法对离子型和非离子型表面活性剂均适用，且不受无机盐的干扰,对高表面活性和低表面活性的表面活性剂都具有相似的灵敏度。表面张力的测定方法有多种,如最大气泡法、毛细管法、圈环法、滴重法等。表面张力法除了可求得CMC之外,还可以求出表面吸附量,参见本书实验二十。

2. 比色法

比色法又称染料吸附法。该法利用的是某些染料在水中和在胶束中的颜色有明显差别的性质。实验时先在大于CMC的表面活性剂溶液中,加入很少的染料,染料被加溶于胶束中,呈现某种颜色;然后用水滴定稀释此溶液,直至溶液颜色发生显著变化,此时的浓度即为CMC。

3. 浊度法

浊度法又称增溶法。该法利用的是表面活性剂对烃类物质的增溶作用,而引起溶液浊度的变化来测定CMC。在小于CMC的表面活性剂稀溶液中,烃类物质的溶解度很小,而且基本上不随浓度而变,但当浓度超过CMC后,形成大量胶束,使不溶的烃类物质溶于胶束中,即产生增溶作用。根据浊度的变化,可测出表面活性剂的CMC。

4. 光散射法

光散射法的原理是当光线通过表面活性剂溶液时,如果溶液中有胶束存在,则一部分光线将被胶束粒子散射,因此光线强度即浊度可反映溶液中表面活性剂胶束的形成。以溶液浊度对表面活性剂浓度作图,在达到CMC时,浊度将急剧上升,曲线转折点即为CMC。

实验十二　旋光度法测定蔗糖水解反应的速率常数

一、实验目的

(1) 根据物质的光学性质研究蔗糖水解反应,测定反应速率常数和半衰期。
(2) 掌握旋光仪的使用方法。
(3) 了解一级反应的特点。

二、预习提要

掌握一级反应的速率方程;了解旋光度的概念;了解旋光度与浓度的关系;了解旋光仪的工作原理及使用方法。

预习题

① 反应速率常数 k_1 与哪些因素有关? 蔗糖稀溶液水解反应是几级反应? 其 k_1 的单位是什么?

② 通常情况下旋光度与哪些因素有关? 为什么本实验中旋光度 α 只与蔗糖的浓度有关?

③ 本实验中为求 k_1 需测定哪些数据?

④ 本实验中是否要校正旋光仪零点? 如何从旋光仪上读数?

⑤ 如何测定蔗糖水解溶液的 α_∞?

⑥ 蔗糖稀溶液初始浓度的大小与反应速率常数 k_1 有无关系? 为什么在测定过程中蔗糖水解溶液必须始终加盖?

⑦ 蔗糖溶液与 HCl 溶液恒温后应如何混合? HCl 溶液起什么作用? 该反应的 k_1 与 HCl 溶液浓度

有无关系? 如何记录反应开始时间?

三、实验原理

蔗糖稀溶液在氢离子催化作用下按下式进行水解:

$$C_{12}H_{22}O_{11}(蔗糖)+H_2O \underset{H^+}{\longleftrightarrow} C_6H_{12}O_6(果糖)+C_6H_{12}O_6(葡萄糖)$$

由于反应过程中水是大量的,其浓度可以看作不变,因此在一定的酸度下,反应速率只与蔗糖浓度的一次方成正比,反应可视为一级反应。反应速率公式为:

$$-\frac{dc}{dt}=k_1c \tag{3-12-1}$$

积分式为:

$$\ln\frac{c_0}{c}=k_1t \tag{3-12-2}$$

该反应的半衰期为:

$$t_{\frac{1}{2}}=\frac{\ln2}{k_1}=\frac{0.693}{k_1} \tag{3-12-3}$$

蔗糖及其水解产物均为旋光物质,即都能使透过它们的偏振光的偏振面旋转一定的角度,此角度称为旋光度,以 α 表示。本反应中反应物及产物的旋光能力不同,故可用系统反应过程中旋光度的变化来度量反应的进程。物质的旋光能力可用"比旋光度"$[\alpha]_D^{20}$ 来度量,$[\alpha]_D^{20}$ 是指在 20℃ 及钠光 D 线的波长下,一个 1 dm 长、每 1 cm³ 溶液中含 1 g 旋光物质所产生的旋光度,即:

$$[\alpha]_D^{20}=\frac{\alpha}{l \cdot c} \tag{3-12-4}$$

$$\alpha=[\alpha]_D^{20} \cdot l \cdot c \tag{3-12-5}$$

当 $[\alpha]_D^{20}$ 以及光路的长度 l 一定时,溶液的旋光度 α 与旋光物质的浓度 c 成正比,即 $\alpha=Kc$,K 为比例常数,与物质的旋光能力、溶剂性质、溶液厚度等有关。

蔗糖是右旋性物质,$[\alpha]_D^{20}=66.6°$,葡萄糖也是右旋性物质,$[\alpha]_D^{20}=52.5°$,果糖是左旋性物质,$[\alpha]_D^{20}=-91.90°$(以上 $[\alpha]_D^{20}$ 的值是以水为溶剂)。由于旋光度与浓度成正比,且具有加和性,所以反应开始时,系统旋光度为正值,随着反应的进行,系统的旋光度不断变小。且由正值变为负值,系统的旋光性亦由右旋逐渐变为左旋。

设蔗糖的初浓度为 c_0、t 时刻浓度为 c,反应系统起始旋光度为 α_0、t 时刻旋光度为 α_t,反应终止时旋光度为 α_∞,则

$$\alpha_0=K_{蔗}c_0 \tag{3-12-6}$$

$$\alpha_t=K_{蔗}c+(K_{葡}+K_{果})(c_0-c) \tag{3-12-7}$$

$$\alpha_\infty=(K_{葡}+K_{果})c_0 \tag{3-12-8}$$

联立上三式,可解得：

$$c_0 = \frac{\alpha_0 - \alpha_\infty}{K_{蔗} - (K_{葡} + K_{果})} \qquad (3-12-9)$$

$$c = \frac{\alpha_t - \alpha_\infty}{K_{蔗} - (K_{葡} + K_{果})} \qquad (3-12-10)$$

代入(3-12-2)式,可得：

$$\ln(\alpha_t - \alpha_\infty) = -k_1 t + \ln(\alpha_0 - \alpha_\infty) \qquad (3-12-11)$$

以 $\ln(\alpha_t - \alpha_\infty)$ 对 t 作图可得一直线,直线斜率的相反数即为反应速率常数 k_1,进而可求反应半衰期 $t_{\frac{1}{2}}$。

本实验用旋光仪测定 α_t 及 α_∞。

四、仪器和试剂

1. 仪器

旋光仪、恒温槽、停表、台式天平、锥形瓶(150 mL 带塞)3 只、移液管(25 mL)2 支、烧杯(50 mL)2 只、量筒(100 mL)1 只、滤纸、纱布、玻璃棒、吸耳球。

2. 试剂

HCl 溶液(2 mol·L^{-1})、蔗糖(CP)、蒸馏水。

五、实验步骤

(1) 调节 30℃ 和 60℃ 恒温水浴槽各一套。

(2) 在台天平上称取 15 g 蔗糖于 100 mL 烧杯中,加入 60 mL 蒸馏水,搅拌至完全溶解。

(3) 用专用移液管移取 25 mL 蔗糖溶液于一锥形瓶中,再用另一专用移液管移取 25 mL HCl 溶液于另一锥形瓶中,分别置于 30℃ 水浴中恒温 15 min。在另一锥形瓶中移入 25 mL 蔗糖溶液及 25 mL HCl 溶液,摇匀后置于 60℃ 水浴中,恒温 45 min。同时打开旋光仪电源开关进行预热。

(4) 待两锥形瓶中溶液恒温 15 min 后,取下塞子,迅速将 HCl 溶液加入蔗糖溶液中,并在 HCl 溶液加入一半时(注意溶液应迅速加入,且不要洒出锥形瓶外),开动停表作为反应的开始时间,并将混合液来回倒 2~3 次。用少量反应液荡洗旋光管 2~3 次,然后注满旋光管,盖好玻璃片,旋上套盖,并检查有无漏液和有无气泡。

(5) 如旋光管外有套管进行水浴恒温,则可直接测量旋光管内溶液的旋光度;如无恒温,则应先将盛有溶液的旋光管置于 30℃ 水浴恒温槽中恒温约 5 min 后再开始测量。

测量前先用纱布擦净旋光管外面,用滤纸擦干 2 个小玻璃片。如有小气泡,则将其赶入旋光管突出部,并将该端朝上放进旋光仪套筒中,测量时间 t 时溶液的旋光度 α_t。

首先应调节旋光仪的三分视野图,在暗视野中调节出三分视野消失的图像后,立刻记录时间(精确到秒),然后将旋光管置于 30℃ 水浴恒温槽中继续恒温(如有套管进行流动水浴恒温,则可不必),再读取旋光仪上左右两刻度盘上的刻度(可读至小数点后第 2 位,第 2 位为 0 或 5),记录并取平均值。

（6）开始测定的 1 h 内，每隔约 5 min 测一次，以后每隔 10 min 测一次，共测 15 次，每次测量时要注意记录准确时间（即旋光仪三分视野图调好的具体时间）。

（7）将经 60℃水浴加热 45 min 的反应液冷却，再在 30℃水浴中恒温 15 min，测其旋光度即为 α_∞（60℃条件下蔗糖水解的速度较快，认为 45 min 时已反应完全）。

由于混合反应液中酸度较大，因此测量时旋光管外面一定要擦干。实验结束后，同样应立即洗净，擦干旋光管，以免被腐蚀。用去污粉把锥形瓶洗净，放入烘箱。

六、数据记录和处理

（1）按下表记录实验数据。

室温：_____　　　大气压：_____　　　$\alpha_\infty = $_____

$t\,/\,\text{min}$	$\alpha_t\,/\,°$			$(\alpha_t - \alpha_\infty)\,/\,°$	$\ln(\alpha_t - \alpha_\infty)$
	左	右	平均		

（2）以 $\ln(\alpha_t - \alpha_\infty)$ 对时间 t 作图，得一直线，求出直线斜率。

（3）由直线斜率求出 30℃蔗糖水解反应的速率常数 k_1，并求出反应半衰期 $t_{\frac{1}{2}}$。

七、问题与思考

（1）蔗糖水解反应的速率常数 k_1 与盐酸浓度有关，为使盐酸浓度恒定，实验中要注意哪些问题？

（2）本反应的速率常数 k_1 除与盐酸浓度有关外，还与哪些因素有关？

（3）配制蔗糖溶液为何不需精密称重？测 α_∞ 时如配制的蔗糖溶液不够，能否重配？

（4）混合溶液时，能否将蔗糖溶液倒入酸液中去？为什么？

（5）本实验中是否需要校正旋光仪零点？

（6）如何判断某一旋光物质是左旋还是右旋？

（7）如何从实验中求得 α_0？

实验指导

1. 本实验旋光管中溶液的恒温相当重要。温度不仅影响反应速率系数,也影响溶液的旋光度。所以实验过程中,应保证盛有蔗糖反应液的旋光管尽量处于恒温的状态(保证得出的反应速率系数 k_1 是 30℃条件下的反应速率系数),同时由于测量时旋光管不得不脱离恒温,管内溶液温度会发生变化,因此测量速度应尽量快,以防止溶液温度变化太大(也就是说,要保证测出的旋光度是 30℃条件下的旋光度)。

2. 因为 c_{HCl} 需固定为 1 mol · L^{-1} 不能变化,所以糖液与酸液量取要正确;锥形瓶加塞以防水分蒸发。

3. 实验中 c_0 是相同的,故测 α_∞ 与测 α_t 的糖液的 c_0 必须相同,即必须用一次配好的溶液。

4. 因为需要的是 $\alpha_t - \alpha_\infty$,所以无须校正旋光仪的零点。

5. 计时零点:酸液加入到糖液且加入一半时。反应中停表不能关掉。

6. 测 α_t 时必须在暗视野中三分视野相同(暗、均匀,且看不出三分视野的分界线)为准,测定前 10 min 开启旋光仪钠光灯预热。

7. 旋光管两端的小玻璃片在操作中要小心放好,以防丢失。

8. 测 α_t 时,先调暗视野中三分视野相同,并立即计时,再读 α_t 数值。

9. 置于 60℃水浴中恒温的混合溶液也要加塞后再恒温,由于温度变化较大,橡胶塞可能由于瓶内气体膨胀而被喷出,恒温过程中要经常察看,并经常振荡瓶中溶液,促使其反应完全。

实验十三　络合盐磁化率的测定

一、实验目的

(1) 测定顺磁性络合盐的磁化率,计算摩尔磁化率并估算未成对电子个数。

(2) 掌握古埃(Gouy)磁天平测定磁化率的原理和方法。

二、预习提要

预习磁化率的相关知识及磁化率测定的原理。

预习题

① 什么叫物质的顺磁性、反磁性和铁磁性?

② 简述用古埃法测定物质磁化率的原理。

③ 理论上黄血盐、$FeSO_4 · 7H_2O$、$CuSO_4 · 5H_2O$ 络合物的键型是怎样的? 黄血盐和 $FeSO_4 · 7H_2O$ 空间立体几何结构有什么不同?

④ 测定中样品管底部应如何安放?

⑤ 如何调节磁场强度?

三、实验原理

1. 物质顺、反磁性的原因

物质的磁性与组成物质的原子、离子或分子的微观结构,尤其是未成对电子个数有关。当原子、离子或分子中有未成对电子时,该物质具有永久磁矩;反之,则无永久磁矩。

对具有永久磁矩的物质,这些原子、分子的磁矩像小磁铁一样,在外磁场中总是趋向顺着磁场方向定向排列,但原子、分子的热运动又使这些磁矩趋向混乱,在一定温度下这两个因素达成平衡,使原子、分子磁矩部分顺着磁场方向定向排列,显示顺磁性。

凡是原子、分子中没有未成对电子的,一般是反磁性的物质。其原因是物质内部电子的轨道运动受外磁场作用,感应出"分子电流"而产生与外磁场方向相反的诱导磁矩。一般说来,原子、分子中含电子数目较多、电子活动范围较大时,其反磁化率就较大。

2. 摩尔磁化率 χ_M 与未成对电子数 n 的关系

摩尔磁化率 χ_M 是指 1 mol 物质由于其顺、反磁性导致的使外磁场强度改变的能力,对于顺磁性物质,一般来说,有

$$\chi_M \approx \frac{N_A \mu_m^2}{3kT} \tag{3-13-1}$$

式中:N_A 为阿伏伽德罗常数;k 为波尔兹曼常数;T 为热力学温度;μ_m 是分子的永久磁矩。式中的"$\approx$"是忽略了电子轨道运动的"感应磁场"产生的反磁性,因为通常来说该反磁性远小于永久磁矩产生的顺磁性。

物质分子的永久磁矩 μ_m 与它所包含的未成对电子数 n 的关系为:

$$\mu_m = \sqrt{n(n+2)} \mu_B \tag{3-13-2}$$

式中:μ_B 为波尔磁子,其值为 9.273×10^{-24} J·T^{-1},T 为特斯拉,是磁感应强度的单位。

3. 摩尔磁化率 χ_M 的测定

通常可用 Gouy 磁天平测定物质的摩尔磁化率 χ_M,其测量原理如图 3-26 所示。

将盛有顺磁性物质的样品管底部置于磁场中央,会有一个力 f 把样品拉入磁场,f 的大小为:

$$f = \frac{1}{2} K H^2 A \tag{3-13-3}$$

式中:K 为物质的体积磁化率($K = \rho \cdot \chi_M$);H 为磁场中心的磁场强度;A 为圆柱形样品的截面积。

为使天平平衡,可在天平的另一臂上加减砝码。所加砝码的质量与样品管处于磁场外部时的质量之差,与样品管所受磁场力之间的关系为:

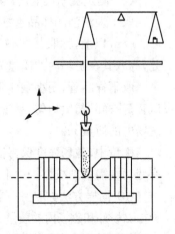

图 3-26　古埃磁天平原理

$$f=\frac{1}{2}KH^2A=g\cdot\Delta m_{样品}=g\cdot(\Delta m_{管+样品}-\Delta m_{管}) \qquad (3-13-4)$$

将 $K=\rho\cdot\chi_M$，$\rho=m/(hA)$（m、h 分别为样品管中样品的质量和高度）代入(3-13-4)式可得：

$$\chi_M=\frac{2(\Delta m_{管+样品}-\Delta m_{管})gh}{H^2 m_{样品}} \qquad (3-13-5)$$

H 可由已知摩尔磁化率的莫尔盐 $[(NH_4)_2SO_4\cdot FeSO_4\cdot 6H_2O]$ 来标定，其摩尔磁化率与温度 T 有关：

$$\chi_M=\frac{9\,500}{T+1}\times10^{-2} \qquad (3-13-6)$$

当待测样品和标定用样品分别在同一样品管中装填高度相同并在同一磁场下进行测量时，(3-13-5)式可简化为：

$$\chi_{M,样品}=\chi_{M,标}\cdot\frac{\Delta m_{样品}}{\Delta m_{标}}\cdot\frac{m_{标}}{m_{样品}} \qquad (3-13-7)$$

四、仪器和试剂

1. 仪器

Gouy 磁天平 1 套、软质玻璃样品管、研钵、角匙、小漏斗、玻璃棒、直尺(20 cm)。

2. 试剂

莫尔氏盐 $(NH_4)_2SO_4\cdot FeSO_4\cdot 6H_2O$(AR)、$FeSO_4\cdot 7H_2O$(AR)、黄血盐 $K_4Fe(CN)_6\cdot 3H_2O$(AR)、$CuSO_4\cdot 5H_2O$。

五、实验步骤

(1) 将莫尔氏盐与待测固样分别在研钵中研细，装在广口瓶中备用。

(2) 测定莫尔氏盐的 Δm，标定磁场强度。

取干燥清洁的样品管挂在磁天平托盘下的挂钩上，调节连线，使样品管底部在磁极中心 15 cm 以上，称取其在磁场外的质量 $m_{管}$。调节样品管位置，使其底部位于磁场中心处，称取其在磁场内的质量 $m'_{管}$。

取下样品管，用小漏斗将研细的莫尔氏盐装入样品管中，边加边振动并用玻璃棒将其压实，使样品装填均匀、紧密。样品高度约 10 cm。同样称取其在磁场外的质量 $m_{管+标}$ 和磁场内的质量 $m'_{管+标}$。

称量中，磁场强度保持恒定；样品管不得与磁极有任何摩擦，以保证磁极间距固定，如有变动则需重新校正。以上四个质量均需称量三次，取其平均值。

(3) 同样方法称取另一空管和装填样品($FeSO_4\cdot 7H_2O$、黄血盐或 $CuSO_4\cdot 5H_2O$)后的管在磁场外和磁场内的质量 $m_{管}$、$m'_{管}$、$m_{管+样品}$、$m'_{管+样品}$。每个质量称量三次，取平均值。

(4) 实验完毕后将试样导入回收瓶，洗净样品管。

六、数据记录与处理

(1) 将实验数据记录入表中。

室温：_____　　大气压：_____

样品	高度 h/cm	$m_{管}/\text{g}$	$m'_{管}/\text{g}$	$\Delta m_{管}/\text{g}$	$m_{管+样品}/\text{g}$	$m'_{管+样品}/\text{g}$	$\Delta m_{管+样品}/\text{g}$
$(NH_4)_2SO_4 \cdot FeSO_4 \cdot 6H_2O$	1						
	2						
	3						
	平均						
$FeSO_4 \cdot 7H_2O$	1						
	2						
	3						
	平均						
$K_4Fe(CN)_6 \cdot 3H_2O$	1						
	2						
	3						
	平均						
$CuSO_4 \cdot 5H_2O$	1						
	2						
	3						
	平均						

(2) 根据公式(3-13-6)计算莫尔盐的摩尔磁化率 χ_M，并由其实验数据计算磁场强度 H。

(3) 由各样品的数据,根据公式(3-13-1)、(3-13-2)、(3-13-7)计算样品的摩尔磁化率 χ_M、分子磁矩 μ_m 和未成对电子数 n,并将 n 值与理论值相比较。将计算结果列于下表中。

磁场强度 H _____

	$(NH_4)_2SO_4 \cdot FeSO_4 \cdot 6H_2O$	$FeSO_4 \cdot 7H_2O$	$K_4Fe(CN)_6 \cdot 3H_2O$	$CuSO_4 \cdot 5H_2O$
$\Delta m_{样品}/\text{g}$				
$\chi_M/\text{J} \cdot \text{T}^{-2} \cdot \text{mol}^{-1}$				
$\mu_m/\text{J} \cdot \text{T}^{-1}$				
n				
$n_{理论}$				

（4）根据未成对电子数 n，讨论络合物的配键类型。

七、问题与思考

（1）实验结果 n 的误差主要来自哪些方面？如何减小误差的产生？
（2）用本实验方法判别共价配键还是电价配键有否局限性？
（3）如何根据所测数据来推断 $FeSO_4 \cdot 7H_2O$ 的结构？

 实验指导

1. 由于理论推导中考虑到样品的密度，因此装填样品必须紧密且均匀，每加入约 1 cm 药品，应振动并用玻璃棒压实。

2. 称量时要轻拿轻放，防止天平受损，应等样品管静止后再开启天平称量。

3. 称量磁场中样品质量时，置样品底部于磁极的中心线上，即最强磁场处。样品管应足够长，使其上端所处的磁场强度可以忽略不计。

4. 样品管的磁化率应予校正。但如果采用中央封闭，下部真空，上部装样品的特制样品管，并置于中央最强磁场位置，样品所受作用力可视为互相抵消，便无须进行样品管磁化率的校正。

5. 避免空气对流的影响，有条件时可采用真空系统。

6. 选用合适的标准样品，需根据测量目的选用，一般选取易得的、稳定性好、纯度高、重现性好的标准样品，且希望标准样品的磁化率和密度尽可能和测试样品相近。其磁化率的温度校正也应遵循居里规则且其温度系数小的物质，有利于减少误差。

一般用水作为标定低磁化率的标准样品。在精度的标定中，必须除去溶解在水中的气泡，更应注意别让器壁上沾有小气泡。对较高磁化率范围的标定，可采用氯化镍溶液作为标准样品，30% $NiCl_2$ 溶液的摩尔磁化率在 20℃ 时为 $(4\ 433 \pm 12) \times 10^{-6}$ cm^3 · mol^{-1}。在高磁化率范围内，通常采用莫尔盐为标准样品，用莫尔盐时必须注意装样的均匀性。

7. 防止铁磁性物质的混入，不可使用含铁、镍的角匙或镊子。

实验扩展

测定物质的磁矩可判断化合物是共价配键还是电价配键。例如对于 d^6 电子组态的 Fe^{2+}，若实验得到其未成对电子数 $n=4$，则表明最外层电子结构为：

基本上保持自由离子的电子结构，属于电价络合物。若实验得到其未成对电子数 $n=0$，则其最外层电子结构为：

表明中心 Fe^{2+} 将采用 d^2sp^3 杂化,构成以 Fe^{2+} 为中心的指向正八面体各个顶角的 6 个空轨道,以此来容纳配体提供的电子,形成 6 个共价配键。

实验十四 分子偶极矩的测定

一、实验目的

(1) 用溶液法测定乙酸乙酯的偶极矩。
(2) 了解偶极矩与分子电性质的关系。

二、预习提要

预习分子偶极矩的相关知识及偶极矩测定的原理。

预习题

① 本实验中要测定哪些物理量? 基本方法是怎样的?

② 频率不太高的电场中,极性分子的摩尔极化度包含哪些部分? 非极性分子呢?

③ 高频电场中(紫外或可见光)中,分子的摩尔极化度主要由什么贡献? 如何测量?

④ 测定分子的偶极矩有什么意义?

三、实验原理

1. 分子在电场中的极化

分子极性大小常用偶极矩来度量,其定义为:

$$\vec{\mu}=qd \qquad (3-14-1)$$

式中:q 是正负电荷中心所带的电荷;d 为正、负电荷中心间距离;$\vec{\mu}$ 为向量,其方向规定为从正到负,偶极矩的数量级为 10^{-30} C·m。

极性分子具有永久偶极矩。若将极性分子置于频率小于 10^{10} s^{-1} 的低频电场或静电场下,则偶极矩在电场的作用下会趋向电场方向排列。这时我们称这些分子被极化了。极化的程度可用摩尔定向极化度 $P_{转向}$ 来衡量。$P_{转向}$ 与永久偶极矩平方成正比,与热力学温度 T 成反比:

$$P_{转向}=\frac{4}{3}\pi L\ \frac{\mu^2}{3kT}=\frac{4}{9}\pi N_A\ \frac{\mu^2}{kT} \qquad (3-14-2)$$

式中:k 为玻尔兹曼常数;N_A 为阿伏伽德罗常数。

实际在外电场中,不仅仅因分子定向排列会产生极化度,还会发生电子云对分子骨架的相对移动,以及分子骨架的变形,这两种现象对于极性分子和非极性分子都存在,称为诱导极化或变形极化,用摩尔诱导极化度 $P_{诱导}$ 来衡量。显然,总的摩尔极化度 P 为:

$$P=P_{转向}+P_{诱导}=P_{转向}+P_{电子}+P_{原子} \qquad (3-14-3)$$

一般来说,分子骨架变形产生的摩尔极化度 $P_{原子}$ 很小,可以忽略不计。因此,如果可以测定总的摩尔极化度 P 和电子云对分子骨架的相对移动导致的诱导极化度 $P_{诱导}$($\approx P_{电子}$),则可以得到 $P_{转向}$,进而计算出分子的偶极矩 $\vec{\mu}$。

2. 总的摩尔极化度 P 的测定

Clausius-Mosotti-Debye 曾在假定分子间无相互作用(这和理想气体的情况类似)的基础上,从电磁理论推得摩尔极化度 P 与介电常数 ε 之间的简单关系,但由于测定气相介电常数和密度在实验上困难较大,所以提出溶液法来解决这一问题。在无限稀释的非极性溶剂的溶液中,溶质分子所处的状态和气相时相近,于是无限稀释溶液中溶质的摩尔极化度 P_2^∞ 就可看作为(3-14-3)式中的 P,即:

$$P = P_2^\infty = \lim_{x_2 \to 0} P_2 = \frac{3\alpha\varepsilon_1}{(\varepsilon_1+2)^2} \cdot \frac{M_1}{\rho_1} + \frac{\varepsilon_1-1}{\varepsilon_1+2} \cdot \frac{M_2-\beta M_1}{\rho_1} \tag{3-14-4}$$

式中:ε_1、M_1、ρ_1 为溶剂的介电常数、摩尔质量和密度;M_2 为溶质的摩尔质量;α、β 为常数,可由下面两个稀溶液的近似公式求出:

$$\varepsilon_{溶液} = \varepsilon_1(1+\alpha x_2) \tag{3-14-5}$$

$$\rho_{溶液} = \rho_1(1+\beta x_2) \tag{3-14-6}$$

式中:x_2 为溶液中溶质的摩尔分数。

因此,测定溶剂的介电常数 ε_1 和密度 ρ_1,再配制一系列摩尔分数 x_2 的溶液,测定溶液的介电常数 $\varepsilon_{溶液}$ 和密度 $\rho_{溶液}$,根据式(3-14-5)、式(3-14-6)可计算出 α、β,再代入式(3-14-4),即可计算出溶质的总摩尔极化度 P。

3. 电子极化度 $P_{电子}$ 的测定

根据光的电磁理论,在同一频率的高频电磁波(紫外或可见光)作用下,透明物质的介电常数 ε 与折光率 n 的关系为:

$$\varepsilon = n^2 \tag{3-14-7}$$

常用摩尔折射度 R_2 来表示高频区测得的极化度,即 $R_2 = P_{电子}$。

同样测定不同浓度溶液的摩尔折射度 R_2,外推至无限稀释,就可求出该溶质的电子极化度。

$$P_{电子} = R_2^\infty = \lim_{x_2 \to 0} R_2 = \frac{n_1^2-1}{n_1^2+2} \cdot \frac{M_2-\beta M_1}{\rho_1} + \frac{6n_1^2 M_1 \gamma}{(n_1^2+2)^2 \rho_1} \tag{3-14-8}$$

式中:n_1 为溶剂摩尔折光率;α、β 与式(3-14-5)、式(3-14-6)中相同;γ 为常数,由下式求出:

$$n_{溶液} = n_1(1+\gamma x_2) \tag{3-14-9}$$

因此,测定溶剂和一系列摩尔分数(x_2)溶液的折光率(n_1 和 $n_{溶液}$),可根据式(3-14-

9)计算出 γ 值,进而代入式(3-14-8),可求出电子极化度 $P_{电子}$。

4. 偶极矩的计算

综上,由介电常数的测量得到 P_2^{∞}(即 P),再由旋光度的测量得到 R_2^{∞}(即 $P_{电子}$ 或近似为 $P_{诱导}$),结合式(3-14-2)、式(3-14-3)可推导出求解偶极矩的公式如下:

$$P_{转向} = P_2^{\infty} - R_2^{\infty} = \frac{4\pi N_A \mu^2}{9kT} \qquad (3-14-10)$$

四、仪器和试剂

1. 仪器

精密电容测定仪 1 台、密度管 1 只、阿贝折光仪 1 台、恒温槽 1 台、电吹风 1 只、干燥器及吸水树脂、容量瓶(25 mL)5 只、注射器(5 mL)1 支,烧杯(10 mL)5 只、移液管(5 mL)1 支、滴管 5 根。

2. 试剂

乙酸乙酯(AR)、四氯化碳(AR)。

五、实验步骤

1. 溶液的配制

用称重法配制含乙酸乙酯摩尔分数分别为 0.020、0.040、0.060、0.080、0.100 的四氯化碳溶液。注意防止挥发而导致的浓度变化,同时还要防止溶液吸收极性较大的水汽,所以溶液配好后应迅速盖上瓶盖,并置于干燥器中。

2. 密度的测定

用密度管测定。或用比重瓶(可用 5 mL 或 10 mL 容量瓶代替),即测定同样体积的已知密度的标准物(如水)和待测液的质量,再计算出密度。

(1) 烘干比重瓶,冷却至室温,称重 W_0。

(2) 加水至刻度线,称重 W_1。

(3) 加各个溶液,称重 W_2(注意:加溶液前,一定要吹干)。

则被测液体的密度为:

$$\rho_{溶液} = \frac{W_2 - W_0}{W_1 - W_0} \rho_{H_2O} \qquad (3-14-11)$$

以 $\rho_{溶液} - x_2$ 作图,由直线斜率求得 β。

3. 介电常数的测定

介电常数是通过测定电容,计算而得到。按定义:

$$\varepsilon = \frac{C}{C_0} \qquad (3-14-12)$$

式中:C_0是以真空为介质的电容;C是充以介电常数为 ε 的介质时的电容。实验中通常以空气为介质时的电容为 C_0,因为空气相对于真空的介电常数为 1.000 6,与真空作介质的情况相差甚微。由于小电容测量仪测定电容时,除电容池两极间的电容 C_x 外,整个测试系统中还有分布电容 C_d 的存在,即

$$C'_x = C_x + C_d \qquad (3-14-13)$$

式中:C'_x 为实验所测值;C_x 为真实的电容。

对于同一台仪器和同一电容池,在相同的实验条件下,C_d 基本上是定值,故可用一已知介电常数的标准物质(如 CCl_4)进行校正,以求得 C_d。测定方法如下:

$$\varepsilon_{CCl_4} = 2.238 - 0.002\,0(t-20) \qquad (3-14-14)$$

本实验采用电桥法。校正方法如下:

$$C'_{空} = C_{空} + C_d, C'_{标} = C_{标} + C_d, \varepsilon_{标} = C_{标}/C_{空}\,(C_{空} \approx C_0)$$

故

$$C_d = (\varepsilon_{标} C'_{空} - C'_{标})/(\varepsilon_{标} - 1) \qquad (3-14-15)$$

(1) C_d 的测定

测量空气和 CCl_4 的电容 $C'_{空}$ 和 C'_{CCl_4},由式(3-14-14)算出实验温度时 CCl_4 的介电常数 $\varepsilon_{标}$,代入式(3-14-15)求得 C_d。测定方法如下:

用吸耳球将电容池样品室吹干,并将电容池与电容测定仪连接线接上,在量程选择键全部弹起的状态下,开启电容测定仪工作电源,预热 10 min,用调零旋钮调零,然后按下(20 pF)键,待数显稳定后记录,此即 $C'_{空}$。

用移液管量取 1 mL CCl_4 注入电容池样品室,然后用滴管逐滴加入样品,至数显稳定后记录,此即 C'_{CCl_4}。(注意样品不可多加,样品过多会腐蚀密封材料渗入恒温腔,实验无法正常进行)然后用注射器抽去样品室内样品,再用吸耳球吹扫,至数显数字与 $C'_{空}$ 的值相差无几(<0.02 pF),否则需再吹。

(2) 溶液电容的测定

按上述方法分别测定各浓度溶液的 $C'_{溶液}$,每次测 $C'_{溶液}$ 后均需复测 $C'_{空}$,以检验样品室是否还残留样品。

① 测 $C'_{溶液}$,则 $C_{溶液} = C'_{溶液} - C_d$。

② 求介电常数 $\varepsilon_{溶液}$。

$$\varepsilon_{溶液} = \frac{C_{溶液}}{C_0} \approx \frac{C_{溶液}}{C_{空}} = \frac{C_{溶液}}{C'_{空} - C_d} \qquad (3-14-16)$$

③ 以 $\varepsilon_{溶液} - x_2$ 作图,从其斜率求出 α。

4. 折射率的测定

在(25±0.1)℃条件下,用阿贝折光仪测定纯 CCl_4 及配制的五种浓度溶液的折射率。以 $n_{溶液} - x_2$ 作图,从直线的斜率求 γ。

六、数据记录和处理

（1）将测量所得的密度、电容、折射率等数值记录表中，并计算其平均值以及各溶液的介电常数。

室温：＿＿＿＿　　大气压：＿＿＿＿　　$C_空$：＿＿＿＿　　C_d：＿＿＿＿

样品	$\rho_溶液/\mathrm{g \cdot cm^{-3}}$	介电常数测量			折射率 n
		C'	C	$\varepsilon_溶液$	
CCl₄	1				
	2				
	3				
	平均				
	0.020	1			
		2			
		3			
		平均			
	0.040	1			
		2			
		3			
		平均			
乙酸乙酯的CCl₄溶液	0.060	1			
		2			
		3			
		平均			
	0.080	1			
		2			
		3			
		平均			
	0.100	1			
		2			
		3			
		平均			

（2）分别用溶液介电常数 $\varepsilon_溶液$、密度 $\rho_溶液$、折光率 $n_溶液$ 对溶液摩尔分数 x_2 作图，根据斜率求解常数 α、β、γ。将相应数据分别代入式（3－14－4）、式（3－14－8）、式（3－14－10），计算乙酸乙酯的偶极矩。将相关数据结果填入表中。

α	β	γ	P_2^{∞}	R_2^{∞}	$P_{转向}$	$\vec{\mu}$

七、问题与思考

（1）准确测定溶质摩尔极化度和摩尔折射度时，为什么要外推至无限稀释？

（2）试分析实验中引起误差的因素，如何改进？

实验指导

1. 四氯化碳、乙酸乙酯易挥发，配制溶液时动作应迅速，以免影响浓度。
2. 本实验溶液中防止含有水分，所配制溶液的器具需干燥，溶液应透明不发生浑浊。
3. 测定电容时，应防止溶液的挥发及吸收空气中极性较大的水汽，影响测定值。
4. 电容池各部件的连接应注意绝缘。

实验十五　X射线多晶衍射法测定晶胞参数

一、实验目的

（1）了解 X 射线多晶衍射仪的基本原理、简单结构和操作方法。

（2）掌握 X 射线衍射法的实验原理，测定晶胞参数的方法。

（3）学习 X 射线粉末图的分析和应用。

二、预习提要

了解晶体的相关知识，了解 X 射线衍射仪的基本原理和操作方法。

预习题

① 晶体是怎么定义的，具有什么特点？

② 什么是晶胞参数，根据不同的晶胞特点，可以划分为哪几种晶系？

③ X 射线通过晶体能够产生衍射的条件是什么？

④ X 射线衍射仪的工作原理是什么？

三、实验原理

1. X 射线的产生

在抽至真空的 X 射线管中，钨丝阴极通电受热发射电子，电子在几万伏的高压下加速运动，打在由金属 Cu（Fe、Mo）制成的阳靶上，在阳极产生 X 射线。

X 射线是一种波长比较短的电磁波。由 X 射线管产生的 X 射线，根据不同的实验条件有两种类型：

（1）连续 X 射线（白色 X 射线）：和可见光的白光类似，由一组不同频率不同波长的

X射线组成,产生机理比较复杂。一般可认为高速电子在阳靶中运动,因受阻力速度减慢,从而将一部分电子动能转化为 X 射线辐射能。

（2）特征 X 射线（标识 X 射线）:是在连续 X 射线基础上叠加的若干条波长一定的 X 射线。当 X 光管的管压低于元素的激发电压时,只产生连续 X 射线;当管压高于激发电压时,在连续 X 射线基础上产生标识 X 射线;当管压继续增加,标识 X 射线波长不变,只是强度相应增加。标识 X 射线有很多条,其中强度最大的两条分别称为 K_α 和 K_β 线,其波长只与阳极所用材料有关。

X射线产生的微观机理:从微观结构上看,当具有足够能量的电子将阳极金属原子中的内层电子轰击出来,使原子处于激发态,此时较外层的电子便会跃迁至内层填补空位,多余能量以 X 射线形式发射出来。阳极金属核外电子层 K－L－M－N…,如轰击出来的是 K 层电子(称为 K 系辐射),由 L 层电子跃迁回 K 层填补空穴,就产生特征谱线 K_α,或由 M 层电子跃迁回 K 层填补空穴,就产生特征谱线 K_β。

当然,往后还有 L 系、M 系辐射等,但一般情况下这些谱线对我们的用处不大。

在 XRD 实验中,通常需要获得单色 X 射线,滤去 K_β 线,保留 K_α 线。通常需要在光路中放置一种物质(称为滤光片或单色器),这种物质的吸收限波长正好处于特征 X 射线 K_α 和 K_β 波长之间,从而能将绝大部分 K_β 线滤去,而透过的 K_α 线强度损失很小,得到基本上是单色的 K_α 辐射。我们实验中的阳极选用 Cu 靶,Cu 靶产生的特征 K_α 线的波长 $\lambda=1.5418$ Å,K_β 线的波长 $\lambda=1.3922$ Å,因此可以选用 Ni (其吸收限波长 $\lambda=1.4880$ Å)作滤波片滤去 Cu 靶中产生的 K_β 辐射,得到单色 K_α 线。

2. Bragg 方程

晶体是由具有一定结构的原子、原子团(或离子团)按一定的周期在三维空间重复排列而成的。反映整个晶体结构的最小平行六面体单元称晶胞。晶胞的形状和大小可通过夹角 α、β、γ 的三个边长 a、b、c 来描述。因此,α、β、γ 和 a、b、c 称为晶胞参数。

一个立体的晶体结构可以看成是由其最邻近两晶面之间距离为 d 的这样一簇平行晶面所组成,也可以看成是由另一簇面间距为 d' 的晶面所组成……其数无限。当某一波长的单色 X 射线以一定的方向投射晶体时,晶体内这些晶面像镜面一样发射入射 X 光线。只有那些面间距为 d,与入射的 X 射线的夹角为 θ 且两邻近晶面反射的光程差为波长 λ 的整数倍 n 的晶面簇在反射方向的散射波,才会相互叠加而产生衍射,如图 3-27 所示。

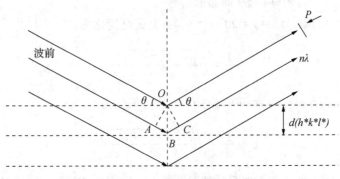

图 3-27　Bragg 反射示意图

光程差 $\Delta=AB+BC=n\lambda$,而 $AB=BC=d\sin\theta$,则

$$2d\sin\theta=n\lambda \qquad\qquad (3-15-1)$$

上式即为布拉格(Bragg)方程。

如果样品与入射线夹角为 θ,晶体内某一簇晶面符合 Bragg 方程,那么其衍射方向与入射线方向的夹角为 2θ。对于多晶体样品(粒度约 0.01 mm),在试样中的晶体存在着各种可能的晶面取向,与入射 X 线成 θ 的面间距为 d 的晶簇面不止一个,而是无穷个,且分布在以半顶角为 2θ 的圆锥面上,见图 3-28。在单色 X 射线照射晶体时,满足 Bragg 方程的晶面簇不止一个,而是有多个衍射圆锥相应于不同面间距 d 的晶面簇和不同的 θ。当 X 射线衍射仪的计数管和样品绕试样中心轴转动时(试样转动 θ,计数管转动 2θ),就可以把满足 Bragg 方程的所有衍射线记录下来。衍射峰位置 2θ 与晶面间距(即晶胞大小和形状)有关,而衍射线的强度(即峰高)与该晶胞内(原子、离子或分子)的种类、数目以及它们在晶胞中的位置有关。

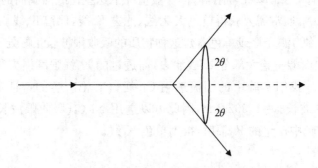

图 3-28　半顶角为 2θ 的衍射圆锥

由于任何两种晶体其晶胞形状、大小和内含物总存在差异,所以 2θ 和相对强度(I/I_0)可以作物相分析依据。

3. 晶胞大小的测定

以晶胞参数 $\alpha=\beta=\gamma=90°$,$a\neq b\neq c$ 的正交系为例,由几何结晶学可推出:

$$\frac{1}{d}=\sqrt{\frac{h^{*2}}{a^2}+\frac{k^{*2}}{b^2}+\frac{l^{*2}}{c^2}} \qquad\qquad (3-15-2)$$

式中:h^*、k^*、l^* 为密勒指数(即晶面符号)。

对于四方晶系,因 $\alpha=\beta=\gamma=90°$,$a=b\neq c$,上式可简化为:

$$\frac{1}{d}=\sqrt{\frac{h^{*2}+k^{*2}}{a^2}+\frac{l^{*2}}{c^2}} \qquad\qquad (3-15-3)$$

对于立方晶系因 $\alpha=\beta=\gamma=90°$,$a=b=c$,故可简化为

$$\frac{1}{d}=\sqrt{\frac{h^{*2}+k^{*2}+l^{*2}}{a^2}} \qquad\qquad (3-15-4)$$

至于六方、三方、单斜和三斜晶系的晶胞参数、面间距与密勒指数间的关系可参考任

何 X 射线结构分析的书籍。

从衍射谱中各衍射峰所对应的 2θ，通过 Bragg 方程求得的只是相对应的各 $\dfrac{n}{d}$ $\left(=\dfrac{2\sin\theta}{\lambda}\right)$ 值。因为我们不知道某一衍射是第几级衍射，为此，如将以上三式的两边同乘以 n，则

对正交晶系：

$$\frac{n}{d}=\sqrt{\frac{n^2h^{*2}}{a^2}+\frac{n^2k^{*2}}{b^2}+\frac{n^2l^{*2}}{c^2}}=\sqrt{\frac{h^2}{a^2}+\frac{k^2}{b^2}+\frac{l^2}{c^2}} \qquad (3-15-5)$$

对四方晶系：

$$\frac{n}{d}=\sqrt{\frac{n^2h^{*2}+n^2k^{*2}}{a^2}+\frac{n^2l^{*2}}{c^2}}=\sqrt{\frac{h^2+k^2}{a^2}+\frac{l^2}{c^2}} \qquad (3-15-6)$$

对于立方晶系：

$$\frac{n}{d}=\sqrt{\frac{n^2h^{*2}+n^2k^{*2}+n^2l^{*2}}{a^2}}=\sqrt{\frac{h^2+k^2+l^2}{a^2}} \qquad (3-15-7)$$

式中：h、k、l 称衍射指数，它和密勒指数的关系：

$$h=nh^*,\ k=nk^*,\ l=nl^* \qquad (3-15-8)$$

两者的差别为密勒指数不带有公约数。

因此，若已知入射 X 射线的波长 λ，从衍射谱中直接读出各衍射峰的 θ，通过 Bragg 方程可求得所对应的各 $\dfrac{n}{d}$ 值；如又知道各衍射峰所对应的衍射指数，则立方（或四方、正交）晶胞的晶胞参数就可确定。这一寻找对应各衍射峰指数的步骤称"指标化"。

对于立方晶系，指标化最简单，由于 h、k、l 为整数，所以各衍射峰的 $\left(\dfrac{n}{d}\right)^2$ 或 $\sin^2\theta$，以其中最小的 $\dfrac{n}{d}$ 值除之，得：

$$\frac{\left(\dfrac{n}{d}\right)_1^2}{\left(\dfrac{n}{d}\right)_1^2}:\frac{\left(\dfrac{n}{d}\right)_2^2}{\left(\dfrac{n}{d}\right)_1^2}:\frac{\left(\dfrac{n}{d}\right)_3^2}{\left(\dfrac{n}{d}\right)_1^2}:\frac{\left(\dfrac{n}{d}\right)_4^2}{\left(\dfrac{n}{d}\right)_1^2}:\cdots$$

上述所得数列应为一整数数列。如为 $1:2:3:4:5\cdots$ 则按 θ 增大的顺序，标出各衍射指数 (h,k,l) 为 100、110、111、200、$\cdots$

在立方晶系中，有素晶胞(P)、体心晶胞(I)和面心晶胞(F)三种形式。在素晶胞中衍射指数无系统消光；但在体心晶胞中，只有 $(h+k+l)$ 值为偶数的粉末衍射线；而在面心晶胞中，却只有 h、k、l 全为偶数时或全为奇数的粉末衍射线，其他的粉末衍射线因散射线相互干扰而消失（称为系统消光）。

对于立方晶系所能出现的 $(h^2+k^2+l^2)$ 值：素晶胞 $1:2:3:4:5:6:8:\cdots$（缺 7、

15、23 等),体心晶胞 2：4：6：8：10：12：14：16：18：…＝1：2：3：4：5：6：7：8：9：…,面心晶胞 3：4：8：11：12：16：19：…

因此,可由衍射谱的各衍射峰的 $\left(\dfrac{n}{d}\right)^2$ 或 $\sin^2\theta$ 来确定所测物质的晶系、晶胞的点阵形式和晶胞参数。

如不符合上述任何一个数值,则说明该晶体不属于立方晶系,需要用对称性较低的四方、六方……由高到低的晶系逐一分析、尝试来确定。

知道了晶胞参数,就知道了晶胞体积,在立方晶系中,每个晶胞的内含物(原子、离子、分子)的个数 n,可按下式求得:

$$n=\frac{\rho a^3}{M/N_A} \qquad\qquad (3-15-9)$$

式中:M 为待测样品的摩尔质量;N_A 为阿伏伽德罗常数;ρ 为该样品的晶体密度。

四、仪器和试剂

1. 仪器

日本 Rigaku 公司 D/max-2200 型 X 射线粉末衍射仪、玛瑙研钵、粉末样品板、卷纸 1 卷。

2. 试剂

NaCl(CP)。

五、实验步骤

1. 制样

测量粉末样品时,把待测样品于研钵中研磨至粉末状,样品颗粒不能大于 200 目;把研细的样品倒入粉末样品板,至稍有堆起;在其上用玻璃板压紧,样品的表面必须与样品板平。

2. 装样

先按 Door Open 按钮,待听到断续的蜂鸣声,方可轻轻地打开衍射仪的门。打开圆柱形样品室的盖子,将粉末样品板插入架槽中,样品侧向外,盖好盖子,然后将门轻轻关上。小角测量系统没有圆柱形样品室,可直接将样品架插入架槽中即可。安装样品要轻插、轻拿,以免样品由于震动而脱落在测试台上。

3. 开机

按照仪器操作说明,依次打开总电源、冷却水、主机电源以及操作软件。

4. 设置实验条件

点击 Main Menu 中的 Measurement(right),再点击其中的 Standard Measurement,在弹出的对话框中设置用户名、文件名、扫描角度范围、步进、扫描速度、工作电压和电流等。将 XG Condition 置于 Keep 状态。

5. 测量

点击 Measure 图标,测量开始,扫描完成后,保存数据文件。

6. 测量结束

取出装样品的样品板,倒出样品,洗净,晾干。根据需要,将仪器处于待机或关机状态。待机时只需点击 XG Control 中的放射性符号(三叶扇形)图标,将电压、电流降为 0 kV,0 mA 即可。

六、数据记录与处理

(1) 根据 X 射线粉末衍射图中各衍射峰的 2θ 及峰高值,由 2θ 求出其 $\frac{n}{d}$ 值(或 $\sin\theta_i$)和面间距 d_{hkl} 值,并以最高的衍射峰为 $100(I_{max})$,算出各衍射峰的相对衍射强度(I_i/I_{max}),由前面讲的指标化的具体方法求出每个衍射峰的 $\frac{\sin^2\theta_i}{\sin^2\theta_1}$ 和衍射指标平方和($h^2+k^2+l^2$),通过查阅(Powder Diffraction File)卡片集,确定样品和标准卡片上衍射峰的对应程度。通过立方点阵衍射指标规律判断 NaCl 属于什么晶胞类型。$\bar{a}$ 是把每个衍射峰求算出的晶胞参数 a 求取平均。将有关数据填写到下表中。

序号	$2\theta/°$	$d_{hkl}/\text{Å}$	$\dfrac{\sin^2\theta_i}{\sin^2\theta_1}$	I_i	$\dfrac{100I_i}{I_{max}}$	$h^2+k^2+l^2$	$a/\text{Å}$	$\bar{a}/\text{Å}$
1								
2								
3								
4								
5								
6								
7								
8								
9								
10								

(2) NaCl 的相对分子质量为 $M_r=58.5$,晶体密度为 2.164 g·cm^{-3},试根据式(3-15-9)求每个立方晶胞中 NaCl 的分子数 n。

七、问题与思考

(1) 多晶体衍射能否用含有多种波长的多色 X 射线? 为什么?

(2) 如若 NaCl 晶体中有少量 Na$^+$ 被 K$^+$ 所替代,其衍射图有何变化? 又若 NaCl 晶体中混有 KCl 晶体,其衍射图又如何?

(3) 布拉格方程并未对衍射级数和晶面间距 d 作任何限制,但实际应用中为什么只用到数量非常有限的一些衍射线?

实验指导

(1) 因为是大型仪器操作,实验中人干涉的过程比较少,所以压片的好坏成为影响实验结果好坏最直接的因素。用于测定的粉末样品,一定要磨细,一来便于压片,二来保证晶面取向随机分布。压片时一定要厚薄均一,勿出现空隙。有些难以压片的样品,可适当掺杂一定量的水,但可能会对衍射峰强度造成影响。在样品架上取放样品时,注意尽量不要污染样品架,出现洒落应立即用毛笔扫净样品架。

(2) 晶体衍射所用单色 X 射线一般选用波长范围为 $0.5\sim2.5$ Å,是因为:

① 该波长范围与晶体点阵面间距大致相当。

② 随着波长的增加,样品和空气对 X 射线的吸收越来越大,因此波长大于 2.5 Å 的 X 射线对晶体衍射一般不使用。

③ 波长太短,衍射峰过分集中在低角度区,一些相隔较近的衍射峰不易辨认,因此波长小于 0.5 Å 的 X 射线一般也不采用。

(3) X 射线是高能粒子,随着实验的进行,样品温度会发生变化,而晶胞体积与温度正相关,因此当精确测定晶胞常数时还应当注明测试温度和可能有的温度偏差。

(4) 关于实验误差分析

要得到精确的 d 值和晶胞参数 a,必须借助 θ 的精确测量。

一种办法是适当加快走纸机的走纸速度,另外就是尽量采用高角度的衍射峰。

由 Bragg 方程可以得到:$\dfrac{\Delta a}{a} = \dfrac{\Delta d}{d} = -\cot\theta \cdot \Delta\theta$,在 θ 趋向 $90°$ 时,结果误差较小,所以高角度的 d 值和 a 值比较可靠。

(5) 由于 X 射线具有很强的辐射能力,取放样品前,一定要检查一下光栅是否处于 CLOSE 状态,防止辐射伤害。

 **实验扩展**

1. XRD 物相分析的优点:分析比较直接,样品用量少,不破坏样品,一般可回收(本次实验中样品 NaCl 实验后变黄,因此均未回收)。局限性:PDF 卡片有限(现在可用数据库检索,如 Philips X'Pert Pro);混合物分析有检出限问题。

XRD 是一种物相分析手段,但不是唯一最佳的手段,所以一般不直接用来进行混合物鉴定,需要其他化学分析手段配合,如光电子能谱 XPS、扫描电镜 SEM、电感耦合等离子发射光谱 ICP 等化学分析和光谱分析手段。

2. 目前用 X 射线衍射进行结构分析可分为单晶法和多晶粉末法。单晶法是全面提供晶体立体结构信息最有效的方法,适用面广。无论晶体对称性高低,都可以进行处理和解释,且晶胞参数比较容易获得。但单晶法的缺陷是制备单晶样品比较困难,现成的又非常贵。而多晶粉末样品制备就相对容易多了,其缺陷在于一般粉末法衍射线比较拥挤,且衍射图指标化比较繁琐。因此,多晶粉末法,主要应用于结构比较简单、制备单晶比较困难的样品。

第4章 综合型实验

实验十六 氨基甲酸铵分解反应
平衡常数及热力学函数的测定

一、实验目的

(1) 学习用静态法测定氨基甲酸铵在不同温度下的分解压力的方法。
(2) 掌握分解反应平衡常数的计算方法及其与热力学函数间的关系。
(3) 了解等压计的构造及压力的测量。

二、预习提要

预习分解反应的特点、平衡常数的计算方法,了解用静态法测定氨基甲酸铵的分解压力的方法,熟悉实验装置图,了解做好实验的关键步骤。

预习题

① 什么叫分解压? 怎样测定氨基甲酸铵的分解压力?
② 如何检查系统是否漏气?
③ 开启和关闭真空泵应注意哪几点?
④ 如果氨基甲酸铵已经受潮,实验时有何现象?

三、实验原理

氨基甲酸铵(NH_2COONH_4)是合成尿素的中间产物,白色固体,不稳定,加热易发生如下的分解反应:

$$NH_2COONH_4(s) \rightleftharpoons 2NH_3(g) + CO_2(g) \qquad (4-16-1)$$

该反应是可逆的多相反应。若将气体看成理想气体,并不将分解产物从系统中移走,则很容易达到平衡,标准平衡常数 $K^\ominus$ 可表示为:

$$K^\ominus = \left(\frac{p(NH_3)}{p^\ominus}\right)^2 \times \left(\frac{p(CO_2)}{p^\ominus}\right) \qquad (4-16-2)$$

式中:$p(NH_3)$ 和 $p(CO_2)$ 分别为 $NH_3(g)$ 和 $CO_2(g)$ 的平衡压力,$p^\ominus = 100$ kPa。设分解反应系统的总压力为 $P_总$,由氨基甲酸铵的分解反应式(4-16-1)知:

$$p(NH_3) = \frac{2}{3}p_总, \quad p(CO_2) = \frac{1}{3}p_总$$

代入式(4-16-2)得:

$$K^{\ominus} = \left(\frac{2}{3}\frac{p_{\text{总}}}{p^{\ominus}}\right)^2 \times \left(\frac{1}{3}\frac{p_{\text{总}}}{p^{\ominus}}\right) = \frac{4}{27}\left(\frac{p_{\text{总}}}{p^{\ominus}}\right)^3 \quad (4-16-3)$$

实验时,将固体氨基甲酸铵放入一个抽成一定真空的容器里,在一定的温度下使其发生分解并达平衡,测出系统总压力 $p_{\text{总}}$,就可以按式(4-16-3)计算氨基甲酸铵分解反应的标准平衡常数 $K^{\ominus}$。

对于化学反应 $a\text{A} + b\text{B} \Longrightarrow y\text{Y} + z\text{Z}$,其标准平衡常数随温度的变化规律符合范特荷夫(van't Hoff)方程:

$$\frac{\text{d}\ln K^{\ominus}}{\text{d}T} = \frac{\Delta_r H_m^{\ominus}}{RT^2} \quad (4-16-4)$$

当温度变化范围不大时,$\Delta_r H_m^{\ominus}$ 可视为常量,积分式(4-16-4)得:

$$\ln K^{\ominus} = -\frac{\Delta_r H_m^{\ominus}}{RT} + B \quad (4-16-5)$$

式中:B 为积分常量。由式(4-16-5)可以看出,以 $\ln K^{\ominus}$ 对 $1/T$ 作图应为直线,斜率为$-\dfrac{\Delta_r H_m^{\ominus}(T)}{R}$,由此可求出反应的标准摩尔焓 $\Delta_r H_m^{\ominus}$。根据下面两式可计算出 $\Delta_r S_m^{\ominus}$ 和 $\Delta_r G_m^{\ominus}$。

$$\Delta_r G_m^{\ominus} = -RT\ln K^{\ominus} \quad (4-16-6)$$

$$\Delta_r S_m^{\ominus} = \frac{\Delta_r H_m^{\ominus} - \Delta_r G_m^{\ominus}}{T} \quad (4-16-7)$$

静态法测氨基甲酸铵分解压力装置如图4-1所示。等压计中的封闭液通常选用邻苯二甲酸二壬酯、硅油或石蜡油等蒸气压小且不与系统中任何物质发生化学作用的液体。本实验中采用数字式低真空测压仪测定系统总压。

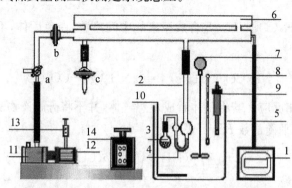

图4-1　静态法测定氨基甲酸铵分解压装置简图

1-数字式低真空测压仪;2-等压计;3-氨基甲酸铵瓶;4-油封;5-恒温槽;6-稳压管;7-搅拌器;8-温度计;9-调节温度计;10-加热器;11-真空泵;12-真空泵电机;13-电机开关;14-加热用调压器;a-三通活塞;b-抽气阀;c-压力调节阀

四、仪器和试剂

1. 仪器

真空装置一套、等压计、恒温槽、调压器一台、放大镜一只、数字式低真空测压仪。

2. 试剂

氨基甲酸铵、硅油或石蜡油。

五、实验步骤

(1) 将氨基甲酸铵放入瓶 3 中并按图 4－1 连接好等压计 2,开启恒温槽使槽温恒定在 25℃。

(2) 检漏。检查活塞和气路,开启真空泵,抽气至系统达到一定真空度,关闭所有活塞,停止抽气。观察数字式真空测压仪的读数,判断是否漏气,如果在数分钟内压力计读数基本不变,表明系统不漏气。若有漏气,则应从泵至系统分段检查,并用真空油脂封住漏口,直至不漏气为止,才可进行下一步实验。

(3) 将三通活塞 a 置于位置 A、打开抽气阀 b、关闭压力调节阀 c,开动真空泵抽真空,使测压仪的压力在 500 kPa,观察等压计内通过油封有气泡冒出,持续抽真空 15 min以上。

(4) 关闭抽气阀 b,将三通活塞 a 置于 B 位,停止抽气,切断真空泵电源。此时氨基甲酸铵将在 298 K 温度下分解。

(5) 微微开启压力调节阀 c,将空气放入系统中,直至等压计 U 型管的两臂油封液面保持在同一水平且在 10 min 内不变。读取测压仪的压差、大气压力计压力及恒温槽温度,计算分解压。

(6) 检查氨基甲酸铵瓶内的空气是否排净。关闭二通阀 b 和 c,三通活塞 a 置于 A位,抽真空 2 min,然后开启抽气阀 b 继续排气 5 min,关闭阀 b,停泵。重新测量 298 K 下氨基甲酸铵的分解压并与(4)中测的相比较,若两次测量结果相差小于 200 Pa,可以进行下一温度下分解压的测量。

(7) 依次将恒温槽温度升至 35℃、40℃和 45℃,测量每一温度下的分解压。在升温过程中应该注意通过压力调节阀 c 十分缓慢地向系统中放入适量空气,保持等压计的两臂油封液面水平,既不要使氨基甲酸铵瓶里的气体通过油封冒出,更不要让放入的空气通过油封进入氨基甲酸铵瓶。

(8) 结束实验。关闭恒温槽搅拌电机及继电器的电源;缓慢地从压力调节阀 c 向系统中放入空气,使空气以不连续鼓泡的速度通过等压计的油封进入氨基甲酸铵瓶中。

六、数据记录与处理

(1) 自己编制数据记录表,将上述测量数据填入表中,计算氨基甲酸铵在不同温度下分解压并按式(4－16－3)计算氨基甲酸铵分解反应的标准平衡常数 $K^{\ominus}$。

(2) 作 $\ln K^{\ominus}$－$1/T$ 图,由式(4－16－5)的斜率计算氨基甲酸铵分解反应的平均摩尔反应焓 $\Delta_r H_m^{\ominus}$。

(3) 分别用式(4-16-6)、式(4-16-7)计算 303 K 时氨基甲酸铵分解反应的 $\Delta_r G_m^\ominus$ 和 $\Delta_r S_m^\ominus$。

(4) 将测量值与文献值进行比较,讨论影响测量准确度的可能原因。

七、问题与思考

(1) 在实验装置中安装稳压管的作用是什么?

(2) 如何判断氨基甲酸铵分解已达平衡?

(3) 为什么一定要排净小球中的空气? 若系统中有少量空气,对实验结果有何影响?

(4) 根据哪些原则选用等压计中的密封液?

(5) 当使空气通入系统时,若通得过多有何现象出现? 如何克服?

实验指导

1. 恒温槽不必正好30℃,只要控制一个接近30℃的温度即可,但一定要保证温度波动较小。因为体系的温度变化会较大程度地改变氨基甲酸铵的分解压。

2. 实验过程中放进空气的操作要缓慢,以避免空气穿过等压管液体进入平衡体系中发生空气倒吸现象,这也是保证实验顺利进行的重要操作之一。无论在哪一步发生空气倒吸现象,均应重新赶气,直至达到要求。

3. 为检查30℃时是否真正达到平衡,也为了检查小球内空气是否置换完全,要求第一次做好后,放入空气,再次抽气并调节至平衡,重复测定一次,两次测定结果压力差应小于 200 Pa。

4. 进气与抽气,均应缓慢进行,一次快速进气会使平衡管中液封液体反冲入样品管中,将样品覆盖,影响实验测量。

 实验扩展

固体氨基甲酸铵很不稳定,遇水很快分解,立即生成碳酸铵或碳酸氢铵,故不易保存,也无市售商品供应,一般是需要时临时制备。其制备方法是将氨气及二氧化碳气体分别通过各自的干燥塔后,再一起通入一种温度较低的液体(如无水乙醇)中使其生成氨基甲酸铵。也可将上述干燥后的气体通入干燥的塑料袋中,直接在气相中反应,生成氨基甲酸铵。其中部分黏附于袋壁上的氨基甲酸铵,只要稍加搓揉即可掉下,便于收集样品。其制备步骤如下:

(1) 制备氨气。氨气可由蒸发氨水或将 NH_4Cl 与 NaOH 溶液加热得到,这样制得的氨气含有大量水蒸气,应依次经 CaO、固体 NaOH 脱水。

(2) 制备 CO_2。CO_2 可由大理石($CaCO_3$)与工业浓盐酸在启普发生器中反应制得,气体依次经 $CaCl_2$、浓硫酸脱水。

(3) 合成反应在 3 000 mL 洁净干燥的塑料瓶中进行,在塑料瓶中插入 1 支进 NH_3 管,1 支进 CO_2 气管,另有 1 支废气导管,合成反应保持在 0℃左右进行。

(4) 合成反应开始时先通入 CO_2 气体于塑料瓶中,约 10 min 后再通入氨气,通气2 h,

可在塑料瓶内壁上生成固体氨基甲酸铵。

（5）反应完毕,取下塑料瓶,轻轻敲击瓶壁,就可把固体氨基甲酸铵收集起来,放入密封容器内保存。

实验十七　电池电动势测定的应用

一、实验目的

（1）掌握测定溶液 pH 的电池改造方法。
（2）掌握用醌氢醌电极测定溶液 pH 的方法。
（3）掌握用电化学方法测定化学反应的热力学函数变化值的原理和方法。
（4）加深对可逆电池、可逆电极等概念的理解。

二、预习提要

预习电动势法测溶液 pH、热力学函数值的基本原理及其公式的应用,预习本实验的过程及关键步骤。

预习题

① 电位差计、标准电池、检流计及工作电池在实验中各有什么作用?

② 写出由醌氢醌电极和饱和甘汞电极测定 pH 的电池符号,写出当 pH<7.1 和 pH>7.1 时,pH 的计算公式。对 pH>8.5 的溶液,醌氢醌电极能否用来测定 pH? 为什么?

③ 如何根据实验测得电池的电动势求缓冲溶液的 pH?

④ 如果待测电池正负极接反了,会有什么后果? 工作电池、标准电池中任何一个没有接通,会出现什么结果?

⑤ 测定电池反应的 ΔH、ΔS、ΔG,对所测定的电池有何要求?

⑥ 为什么本实验测定的电动势 E,即为标准电动势 $E^{\ominus}$?

⑦ 如何求得本实验设计电池在 298.15 K 时的电动势的温度系数 $\left(\dfrac{\partial E^{\ominus}}{\partial T}\right)_p$?

⑧ 本实验中计算得到的 ΔH 的含义是什么? $T\Delta S$（Q_r）的含义是什么?

三、实验原理

1. **电动势法测溶液 pH**

醌氢醌[$C_6H_4O_2 \cdot C_6H_4(OH)_2$,简写 QH₂Q]在水中溶解度很小,在水中依下式分解:

$$C_6H_4O_2 \cdot C_6H_4(OH)_2 \Longleftrightarrow \underset{\text{醌}}{C_6H_4O_2} + \underset{\text{氢醌}}{C_6H_4(OH)_2}$$

如将少量的醌氢醌加入到含有 H^+ 的待测溶液中,并插入一光亮铂电极就构成了醌氢醌电极,其电极反应为:

$$C_6H_4O_2 + 2H^+ + 2e \longrightarrow C_6H_4(OH)_2$$

其电极电势:

$$\varphi=\varphi^{\ominus}-\frac{RT}{2F}\ln\frac{a_{QH_2}}{a_Q \cdot a_{H^+}^2} \tag{4-17-1}$$

因为醌和氢醌的浓度相等,稀溶液下活度系数均近似为1,即活度相等,因此:

$$\varphi=\varphi^{\ominus}+\frac{RT}{2F}\ln a_{H^+}^2=\varphi^{\ominus}+\frac{RT}{F}\ln a_{H^+}=\varphi^{\ominus}-2.303\frac{RT}{F}pH \tag{4-17-2}$$

将醌氢醌电极和饱和甘汞电极组成下列电池:

$$Hg-Hg_2Cl_2 \mid KCl(饱和溶液) \parallel 待测液(为\ QH_2Q\ 饱和溶液) \mid Pt$$

此电池电动势为:

$$E=\varphi_{QH_2Q}-\varphi_{甘汞}=\varphi_{QH_2Q}^{\ominus}-2.303\frac{RT}{F}pH-\varphi_{甘汞} \tag{4-17-3}$$

所以

$$pH=\frac{\varphi_{QH_2Q}^{\ominus}-\varphi_{甘汞}-E}{\dfrac{2.303RT}{F}} \tag{4-17-4}$$

其中:

$$\varphi_{QH_2Q}^{\ominus}=0.699\ 4-7.4\times10^{-4}(t-25) \tag{4-17-5}$$

$$\varphi_{甘汞}=0.241\ 5-7.6\times10^{-4}(t-25) \tag{4-17-6}$$

其中 t 为摄氏温度。

2. 电动势法测定热力学函数变化值

化学反应的 $\Delta_r H_m$、$\Delta_r G_m$、$\Delta_r S_m$ 等热力学函数变化值可以用热力学实验方法来测量,也可以用电化学方法来得到。由于电池的电动势可以测得很准确,所得数据较热力学方法可靠,故许多化学反应的热力学数据来自电化学法。

如果原电池内进行的化学反应是可逆的,且电池在可逆条件下进行,根据可逆电池热力学有以下关系式:

$$\Delta G=-nEF \tag{4-17-7}$$

$$\Delta S=nF\left(\frac{\partial E}{\partial T}\right)_p \tag{4-17-8}$$

$$\Delta H=-nEF+nFT\left(\frac{\partial E}{\partial T}\right)_p \tag{4-17-9}$$

在定压(通常是标准压力)下测定一定温度时的电池电动势,即可根据(4-17-7)式求得该温度下电池反应的 $\Delta_r G_m$。从不同温度时的电池电动势的值可求出 $\left(\frac{\partial E}{\partial T}\right)_p$,根据(4-17-8)式可求出该电池反应的 $\Delta_r S_m$,根据(4-17-9)式可求出电池反应的 $\Delta_r H_m$。

本实验欲测定 $HgCl_2(s) + 2Ag(s) = Hg(l) + 2AgCl(s)$ 反应的 $\Delta_r H_m$、$\Delta_r S_m$、$\Delta_r G_m$。将上述反应设计成可逆电池：

$$Ag\text{-}AgCl \mid KCl\ 溶液(0.1\ mol \cdot L^{-1}) \mid Hg_2Cl_2\text{-}Hg$$

由于电池反应中各物质活度均为 1，所以该电池的电动势 E 即为标准电极电动势 $E^\ominus$，根据上面公式即可求得化学反应的 $\Delta_r H_m$、$\Delta_r S_m$、$\Delta_r G_m$。

本实验用对消法测定所设计电池的电动势，电池中甘汞电极为 $0.1\ mol \cdot L^{-1}$ KCl 甘汞电极，溶液用浓度为 $0.1\ mol \cdot L^{-1}$ 的 KCl 溶液，而不用饱和 KCl 溶液，这样可以避免浓 KCl 溶液对 Ag-AgCl 电极上 AgCl 的溶解作用，以保护 Ag-AgCl 电极。

四、仪器和试剂

1. 仪器

UJ-25 型电势差计及其附件、饱和甘汞电极、铂电极、饱和 KCl 盐桥、半电池管 2 只、10 mL 移液管 2 只、水浴恒温槽、H 管、Ag-AgCl 电极、甘汞电极（$0.1\ mol \cdot L^{-1}$）、玻璃搅拌棒。

2. 试剂

HAc 溶液（$0.2\ mol \cdot L^{-1}$）、NaAc 溶液（$0.2\ mol \cdot L^{-1}$）、KCl 溶液（$0.1\ mol \cdot L^{-1}$）、KCl 溶液（饱和）、醌氢醌固体。

五、实验步骤

1. 电动势法测溶液 pH

（1）在一只半电池管中吸取 $0.2\ mol \cdot L^{-1}$ HAc 溶液和 $0.2\ mol \cdot L^{-1}$ NaAc 溶液各 10 mL，加入少量（约 1/5 勺）的醌氢醌固体，充分搅拌，使其溶解达到饱和（溶液仍有少量固体存在），然后插入铂电极构成醌氢醌电极。

（2）在另一半电池管中加入饱和 KCl 溶液，插入饱和甘汞电极，并与醌氢醌电极用饱和 KCl 盐桥组成电池。

（3）用 UJ-25 型电势差计测定上述电池的电动势。初测量时，可能出现数值不稳定现象，故必须多测几次，直到电动势在 10 min 后，变化不大于 0.005 V 才算稳定，最后取三个稳定数据的平均值。

2. 电动势法测定热力学函数变化值

（1）装配好水浴恒温槽，然后将水浴温度恒温在比室温高 1℃～2℃。将待测电池小心放入恒温槽中，恒温 20 min。

（2）接好对消法测定电动势的线路，根据室温计算出标准电池的电动势。测定时，电动势数值读到小数点后第 5 位，连续测定三个数据，求平均值。测定温度要读到小数点后第 2 位。

（3）将恒温槽温度升高 4℃～5℃重复以上步骤，一共测定 5 个温度下的电动势，每次均需在测定温度恒温 20 min 后才可测定电动势。

（4）实验结束，按要求拆下线路，Ag-AgCl 电极和甘汞电极按规定放置好，H 管用去污粉彻底洗净后放入烘箱烘干。

六、数据记录与处理

1. 电动势法测溶液 pH

(1) 记录下上述电动势的三个数据,并取平均值。

(2) 计算 $0.2\ mol \cdot L^{-1}\ HAc - 0.2\ mol \cdot L^{-1}\ NaAc$ 溶液的 pH。

(3) $0.2\ mol \cdot L^{-1}\ HAc - 0.2\ mol \cdot L^{-1}\ NaAc$ 溶液 pH 的理论值为 4.74,计算实验的相对误差。

2. 电动势法测定热力学函数变化值

(1) 将测得数据填入下表。

标准电池电动势与温度 t 的关系式为:$E_N = 1.0186 - 4.06 \times 10^{-5}(t-20) - 9.5 \times 10^{-7}(t-20)^2$。

室温:_____　　大气压:_____

t /℃					
T / K					
E_1 / V					
E_2 / V					
E_3 / V					
$\bar{E}$ / V					
$\Delta_r S_m$ / J $\cdot$ mol^{-1} $\cdot$ K^{-1}					
$\Delta_r H_m$ / J $\cdot$ mol^{-1}					
$\Delta_r G_m$ / J $\cdot$ mol^{-1}					

(2) 作 E-T 曲线,在 298.15 K 处作切线,求出该点斜率 $\left(\dfrac{\partial E}{\partial T}\right)_p$ 的数值,计算电池反应在 298.15 K 时的 $\Delta_r H_m$、$\Delta_r S_m$、$\Delta_r G_m$ 填入上表。

七、问题与思考

(1) 弱碱性溶液的 pH 能否用醌氢醌电极测定?

(2) 测定电池的正、负极是否随待测液 pH 的变化而变化?

(3) 写出测热力学函数变化值的电池中正、负极的电极反应以及电池反应。

(4) 上述电池的电动势与 KCl 溶液浓度是否有关?为什么?

(5) 为什么用对消法测定电池反应的热力学函数变化值时,电池内进行的化学反应必须是可逆的?电动势又必须用对消法测定?

实验指导

1. $0.2\ mol \cdot L^{-1}\ HAc$ 溶液的配制:用刻度吸量管吸取 0.3 mL 溶液于 25 mL 容量

瓶中定容即可。$0.2\ mol \cdot L^{-1}$ NaAc 溶液的配制：用电子天平称取 $0.41\ g$ 醋酸钠(不含结晶水)或 $0.68\ g$ 含结晶水的醋酸钠，于小烧杯中用少量水溶解后转移到 $25\ mL$ 容量瓶中定容即可。

2. 将 QH_2Q 电极与饱和甘汞电极组成测定 pH 的电池：

$$Hg - Hg_2Cl_2 \mid KCl(饱和溶液) \parallel 待测液(为\ QH_2Q\ 饱和溶液) \mid Pt$$

$$E = \varphi_{QH_2Q} - \varphi_{甘汞} = \varphi^{\ominus}_{QH_2Q} - 2.303 \frac{RT}{F} pH - \varphi_{甘汞}，即$$

$$pH = \frac{\varphi^{\ominus}_{QH_2Q} - \varphi_{甘汞} - E}{\dfrac{2.303RT}{F}}(pH < 7.1)。$$

3. 当待测液 $pH > 7.1$ 时，$\varphi_{QH_2Q} < \varphi_{甘汞}$；$pH < 7.1$ 时，$\varphi_{QH_2Q} > \varphi_{甘汞}$。所以，待测液 $pH < 7.1$ 时，$E = \varphi_{QH_2Q} - \varphi_{甘汞}$，pH 计算公式如上。

而当 $pH > 7.1$ 时，$E = \varphi_{甘汞} - \varphi_{QH_2Q}$，测量时正负极要对调。$pH = \dfrac{\varphi^{\ominus}_{QH_2Q} - \varphi_{甘汞} + E}{\dfrac{2.303RT}{F}}$

$(pH > 7.1)$。

但当待测液 $pH > 8.5$ 时，H_2Q 会大量酸式离解：$H_2Q \Longrightarrow Q^{2-} + 2H^+$，使 $a_Q \neq a_{H_2Q}$，从而使 pH 产生较大误差，所以不适用于测定 $pH > 8.5$ 的碱性溶液。

4. 电极要用蒸馏水淋洗干净，并用滤纸吸干后才能放入溶液。

实验十八　表面活性剂对蔗糖一级水解反应的影响

一、实验目的

(1) 测定蔗糖在表面活性剂溶液中酸催化水解反应的速率常数，并计算反应的活化能。

(2) 进一步熟练掌握旋光仪的原理及使用方法。

(3) 了解表面活性剂对蔗糖水解反应速率的催化作用。

二、预习提要

预习表面活性剂的相关知识，进一步了解有关反应速率常数、活化能测定的相关知识，预习相关实验步骤。

预习题

① 蔗糖水解反应的速率系数 k 可能会受到哪些因素影响？实验中应如何操作？

② 如何根据实验求解化学反应的活化能 E_a？

③ 阿累尼乌斯公式中，指前因子 A 和活化能 E_a 分别代表什么含义？两者如何影响反应速率系数 k？

④ 从 E_a 和 A 的变化可得到哪些与化学反应有关的信息？

三、实验原理

表面活性剂型胶束对化学反应速率的影响一直是物理化学领域感兴趣的课题之一。研究表明,表面活性剂胶束可以催化化学反应,改变反应活化能,提高(也可能降低)化学反应速率。本实验应用旋光法研究阴离子型表面活性剂十二烷基硫酸钠(SDS)对蔗糖酸催化下水解反应的影响。

表面活性剂水溶液浓度达到临界胶束浓度(CMC)后,会形成胶束,SDS 为离子型,所以胶束带有电荷,它能与反应的初始态和活化过渡态作用从而改变反应的活化能,当离子型表面活性剂胶束与反应的过渡态作用时,可使过渡态的电荷分散,导致过渡态能量降低,从而使反应速率常数增大。

1. 反应速率常数的测定

参见基础型实验十二,可用旋光仪测定恒温状态的旋光管中的蔗糖反应液的旋光度和时间的对应关系($\alpha_t - t$),以及反应终止时体系的旋光度 α_∞(采用一个较高的温度,恒温使其反应完全,再恒温于测 α_t 时同样的温度)。然后依据式(3-12-11),以 $\ln(\alpha_t - \alpha_\infty)$ 对 t 作图可得一直线,直线斜率的相反数即为反应速率常数 k_1。

2. 反应活化能 E_a 的计算

催化剂、介质等因素确定时,化学反应的速率系数 k 与温度 T 满足阿累尼乌斯经验方程:

$$k = A\exp\left(-\frac{E_a}{RT}\right) \tag{4-18-1}$$

或
$$\ln k = \ln A - \frac{E_a}{RT} \tag{4-18-2}$$

式中:E_a 是反应的活化能,单位 J·mol^{-1},近似等于反应物分子形成活化过渡态所需克服的能垒,一般 E_a 越大,反应越难进行;A 称为指前因子,与 k 单位相同,一般可近似认为 E_a 与 A 及温度无关。根据(4-18-2)式,可测定一系列温度 T 下反应的速率系数 k,以 $\ln k$ 对 $1/T$ 作图可得一条直线,直线的斜率为 $-E_a/R$,据此可求得反应的活化能。

若测定温度不够多,或 $\ln k$ 对 $1/T$ 直线关系不好,也可用下式:

$$\ln\left(\frac{k_2}{k_1}\right) = \frac{E_a}{R}\left(\frac{T_2 - T_1}{T_2 T_1}\right) \tag{4-18-3}$$

以 k 和 T 对应的数据,两两代入,求得的活化能再取平均值,从而得到反应的活化能。

四、仪器与试剂

1. 仪器

旋光仪、恒温槽、停表、电子天平、电吹风。

2. 试剂

盐酸(2 mol·L^{-1})、蔗糖水溶液(约 200 g / 1 000 mL 水)、十二烷基硫酸钠(SDS)

(CP)、淋洗乙醇、淋洗乙醚、纱布 1 块、玻璃棒、吸耳球、滤纸、称量纸、锥形瓶(150 mL 带塞)3 只、移液管(25 mL)2 支。

五、实验步骤

测量体系如表 1 所示：

表 1　实验体系条件及编号

SDS 浓度/温度	30℃(①)	35℃(②)	40℃(③)	45℃(④)
0(A)	A①	A②	A③	A④
0.5CMC(B)	B①	B②	B③	C④
1CMC(C)	C①	C②	C③	C④
2CMC(D)	D①	D②	D③	D④

共需做 20 组实验。SDS 的临界胶束浓度(CMC)为 8.63×10^{-3} mol·L^{-1},结合试剂瓶上 SDS 的相对分子质量,计算 50 mL 溶液中各体系所需加入 SDS 的质量,精确至小数点后第 4 位。

表 2　SDS 浓度与质量对照

SDS 浓度	0.5CMC(B)	1CMC(C)	2CMC(D)
需 SDS 质量			
称量质量			

1. 30℃下无表面活性剂时(A①)蔗糖水解反应速率常数的测定

(1) 调节恒温槽温度为 30℃。

(2) 用专用移液管移取 25 mL 蔗糖溶液于一锥形瓶中,再用另一移液管移取 25 mL HCl 溶液于另一锥形瓶中,均塞上橡胶塞,置于 30℃ 水浴中恒温 15 min。在另一锥形瓶中移入 25 mL 蔗糖溶液及 25 mL HCl 溶液,摇匀后于 60℃ 水浴中加热 45 min。同时打开旋光仪电源开关进行预热。

(3) 待 30℃ 水浴中两锥形瓶中溶液恒温 15 min 后,取下塞子,将 HCl 溶液加入蔗糖溶液,并在 HCl 溶液加入一半时,开动停表记录反应时间,并将混合液来回倒 2～3 次。用少量反应液荡洗旋光管 2～3 次,然后注满旋光管,盖好玻璃片,旋上套盖,并检查有无漏液和有无气泡。将盛有溶液的旋光管置于 30℃ 水浴恒温槽中恒温约 5 min 后再开始测量。

测量前先用纱布擦净旋光管外面,用滤纸擦干两个小玻璃片。如有小气泡,则将其赶入旋光管突出部,并将该端朝上放进旋光仪套筒中。先调节旋光仪的三分视野图,在暗视野中调节出三分视野消失的图像后,立刻记录时间(精确到秒),然后将旋光管置于 30℃ 水浴恒温槽中继续恒温,再读取旋光仪上左右两刻度盘上的刻度(可读至小数点后第 2 位,第 2 位为 0 或 5),记录并求平均值。大约每 5 min 测定一次,共测 10 次。

(4) 将盛放蔗糖溶液和 HCl 溶液的两只锥形瓶用自来水、蒸馏水彻底洗净后,再用淋洗乙醇、淋洗乙醚依次淋洗后用电吹风吹干以备下用。

(5) 将经 60℃ 水浴加热 45 min 的反应液冷却，再在 30℃ 水浴中恒温 15 min，先取少量溶液润洗旋光管后，测其旋光度即为 α_∞（60℃ 条件下蔗糖水解的速度较快，认为 45 min 时已反应完全）。测定后，将溶液倒回锥形瓶中，加塞，备用。

2. 其他体系反应速率常数的测定

(1) 调节恒温槽至相应温度。

(2) 用专用的移液管移取蔗糖溶液 25 mL 于一锥形瓶中，用电子天平精密称量所需表面活性剂，加入蔗糖溶液中，用洁净玻璃棒搅拌至完全溶解。再用另一个移液管移取 25 mL HCl 溶液于另一锥形瓶中。将两锥形瓶加塞，置于相应温度的水浴中恒温15 min。其余同 1 中步骤(3)、(4)。

对于 60℃ 水浴中反应 45 min 后的混合液，每一个测量温度下，都需恒温 15 min 后测量 α_∞。

所有实验结束后，用自来水清洗旋光管，用纱布擦干旋光管和旋光仪套管，将旋光管放入旋光仪套管中（洗涤中要谨防旋光管小玻璃片丢失）。所用锥形瓶彻底洗净后放入烘箱。

六、数据记录和处理

1. 按下表的格式记录各组实验数据。

室温：_____   大气压：_____   实验编号：_____
SDS 浓度：_____   测量温度：_____ $\alpha_\infty =$ _____

| t / min | α_t /° | | | $(\alpha_t - \alpha_\infty)$ /° | $\ln(\alpha_t - \alpha_\infty)$ |
	左	右	平均		

2. 以 $\ln(\alpha_t - \alpha_\infty)$ 对时间 t 作图，得一直线，求出直线斜率，由直线斜率求出各体系的反应速率常数 k，将所作图贴在实验报告中，所有 k 值记录下表。并作图表示出温度、SDS 浓度对反应速率系数 k 的影响，同样贴在实验报告中。

温度 k /min^{-1} SDS 浓度	30℃（①）	35℃（②）	40℃（③）	45℃（④）
0（A）				
0.5CMC（B）				
1CMC（C）				
1.5CMC（D）				
2CMC（E）				

3. 对上表中每一横行的 k 值，根据式（4-18-2）或式（4-18-3），求解每一种 SDS 浓度（或无 SDS 时）下蔗糖水解反应的活化能，并记录入下表。作图表示出 SDS 浓度对反应活化能的影响，并将图贴在实验报告中。

SDS 浓度	0	0.5CMC	1CMC	2CMC
$E_a/\text{kJ} \cdot \text{mol}^{-1}$				

4. 讨论表面活性剂存在对蔗糖水解反应速率的影响。

七、问题与思考

（1）蔗糖水解反应的速率常数 k 与哪些因素有关？

（2）表面活性剂对蔗糖水解反应速率的影响表现在哪里？

（3）本实验所用的十二烷基硫酸钠的浓度有何限制条件？

（4）蔗糖的浓度是否需要准确知道？对 k 值有否影响？为什么蔗糖溶液与 HCl 溶液恒温时均需加塞？

实验指导

1. 本实验如果课时不足时，需要学生小组间协作完成，如安排四小组，每一小组完成一种 SDS 浓度的水解实验，最后将处理后的数据合并讨论 SDS 浓度对反应速率的影响。但小组协作时，实验结果的不确定性增大，结果讨论可能出现较大误差。

2. 温度对本实验的影响比较大，尤其是较高温度反应时。因此，测量要迅速，尽量使反应体系处在恒温情况下。较高温度反应时，每次测量的时间间隔可以适当缩短，不能短到影响恒温。

 实验扩展

如果课时允许，本实验可以进一步扩展成不同种类的表面活性剂对蔗糖水解反应的速率常数的影响。可以分别选择阴离子型、阳离子型及两性表面活性剂作为催化剂，研究其对蔗糖水解反应速率的影响。鼓励学生查阅相关文献，进一步了解表面活性剂可以加速或抑制相关反应的机理。

实验十九　电导率法研究乙酸乙酯皂化反应动力学

一、实验目的

(1) 用电导率法测定乙酸乙酯皂化反应速率常数。

(2) 求反应的半衰期和反应的活化能。

(3) 进一步理解二级反应的特点。

二、预习提要

了解电导率法测定乙酸乙酯皂化反应速率常数的原理,预习溶液配制、恒温处理及电导率仪的使用方法。

预习题

① 本实验要测定哪几个动力学参数?

② 为什么要使乙酸乙酯和 NaOH 的浓度相等?

③ 为什么本实验要在恒温条件下进行?

④ 如何配制 $0.075\ mol \cdot L^{-1}$ 的乙酸乙酯溶液?

⑤ 本实验求出的反应速率常数 k 的单位是什么?

三、实验原理

乙酸乙酯皂化反应是二级反应:

$$CH_3COOC_2H_5 + NaOH \longrightarrow CH_3COONa + C_2H_5OH$$

设乙酸乙酯与氢氧化钠初浓度相同,则速率方程为:

$$-\frac{dc}{dt} = kc^2$$

积分后可得反应速率常数表达式:

$$k = \frac{1}{tc_0}\frac{c_0 - c}{c} \tag{4-19-1}$$

式中:c_0 为反应物初始浓度;c 为 t 时刻反应物浓度。为求某温度下的 k 值,需知该温度下 t 时刻的浓度 c,本实验采用电导率法测定。

皂化反应中,Na^+ 浓度始终不变,它对溶液的电导有固定的贡献,乙酸乙酯和乙醇的电导非常小可忽略不计,而导电能力强的 OH^- 逐渐被导电能力弱的 CH_3COO^- 所取代,使溶液电导逐渐变小。本实验用电导率仪(电导率是 $1\ m^3$ 体积溶液的电导)测定反应过程中电导率随时间的变化,从而达到测定反应物浓度随时间变化的目的。

在强电解质稀溶液中,电导率与浓度成正比关系:

$$\kappa = Kc$$

式中:K 为比例常数,不同物质 K 不同。

$t=0$ 时,则

$$\kappa_0 = K_{NaOH} c_0 \qquad (4-19-2)$$

t 时刻,则

$$\kappa_t = K_{NaOH} c + K_{CH_3COONa}(c_0 - c) \qquad (4-19-3)$$

$t \to \infty$ 时,则

$$\kappa_\infty = K_{CH_3COONa} c_0 \qquad (4-19-4)$$

由式(4-19-2)、式(4-19-3)、式(4-19-4)可得:

$$c_0 = \frac{1}{K_{NaOH} - K_{CH_3COONa}}(\kappa_0 - \kappa_\infty) \qquad (4-19-5)$$

$$c = \frac{1}{K_{NaOH} - K_{CH_3COONa}}(\kappa_t - \kappa_\infty) \qquad (4-19-6)$$

将式(4-19-5)和式(4-19-6)代入式(4-19-1)得:

$$k = \frac{1}{tc_0}\frac{\kappa_0 - \kappa_t}{\kappa_t - \kappa_\infty} \text{或} \kappa_t = \frac{1}{kc_0}\frac{\kappa_0 - \kappa_t}{t} + \kappa_\infty \qquad (4-19-7)$$

故以 κ_t 对 $\dfrac{\kappa_0 - \kappa_t}{t}$ 作图可得一直线,斜率为 $\dfrac{1}{kc_0}$,从而可求得皂化反应速率常数 k。

四、仪器和试剂

1. 仪器

DDS-11A 型电导率仪、DJS-1 型铂黑电极、水浴恒温槽、羊角管反应器 3 只、反应器架 2 只、秒表、温度计、10 mL 移液管 3 支、刻度吸量管 1 支、50 mL 容量瓶 1 只、滴管。

2. 试剂

0.075 mol·L^{-1} NaOH 溶液、CH$_3$COOC$_2$H$_5$(CP)、滤纸。

五、实验步骤

(1) 配制溶液:在 50 mL 容量瓶中加入蒸馏水 1/2 体积,准确称量,再用滴管滴入 5 滴 CH$_3$COOC$_2$H$_5$,摇匀后称量,估计每滴的质量,控制加入 CH$_3$COOC$_2$H$_5$ 的滴数,使总加入量在 0.33～0.34 g 之间,摇匀后准确称量,加水到刻度,再摇匀。准确计算所加 CH$_3$COOC$_2$H$_5$ 配成 0.075 mol·L^{-1} 所需之体积,不足之数用刻度吸量管吸取蒸馏水补足,并摇匀(乙酸乙酯摩尔质量为 88.106 g·mol^{-1})。

(2) 将恒温水浴槽温度恒温至 25℃。

(3) 在羊角管反应器的(a)管中移入 10 mL 蒸馏水和 10 mL 0.075 mol·L^{-1} 的 NaOH,加塞后,放在反应器架上置于 25℃恒温水浴中恒温 15 min,同时打开电导率仪电源预热 15 min。

（4）将电导率仪的"高周/低周"开关打向高周，"测量/校正"旋钮打向测量，"量程"开关打向最大量程，再将DJS-1型铂黑电极插入羊角管反应器的(a)管中，然后用"调正"旋钮将指针拨向满刻度，此数值即为反应开始前的电导率 κ_0，在本实验中只需知道电导率的变化值，故 κ_0 可随意调节，而不必进行仪器的校正。

（5）于另一羊角管反应器的(b)管中加入 10 mL 0.075 mol·L^{-1} 的 NaOH，(a)管中加入 10 mL 0.075 mol·L^{-1} 乙酸乙酯，加塞后，放在反应器架上在25℃恒温水浴中恒温15 min，快速混合（一混合即按下秒表），并来回倒几次，插入电极于(a)管中。

（6）到达 1 min 时立即准确读出电导仪上的电导率，每隔 1 min 读一次数据，共读 4次，以后每隔 2 min 读一次数据，共读 4 次，再以后每隔 4 min 读一次数据，共读 3 次，总共24 min 可停止实验。

（7）将水浴槽温度升到 30℃，重复上述实验。

（8）实验完毕将铂黑电极用蒸馏水淋洗干净并浸泡在蒸馏水中，将羊角反应器及容量瓶洗净后放入烘箱内。

六、数据记录与处理

（1）实验数据记录。

室温：_____　　　大气压：_____　　　$\kappa_0 =$ _____ s·m^{-1}（1 μS·cm^{-1} = 10^{-4} s·m^{-1}）

	25℃			30℃	
t/min	κ_t/s·m^{-1}	$\dfrac{\kappa_0 - \kappa_t}{t}$/s·m^{-1}·min^{-1}	t/min	κ_t/s·m^{-1}	$\dfrac{\kappa_0 - \kappa_t}{t}$/s·m^{-1}·min^{-1}
1			1		
2			2		
3			3		
4			4		
6			6		
8			8		
10			10		
12			12		
16			16		
20			20		
24			24		

（2）将 25℃、30℃时的 κ_t 对 $\dfrac{\kappa_0 - \kappa_t}{t}$ 作图，由直线的斜率求出反应速率常数 k。

（3）求出反应在 25℃、30℃时的半衰期 $t_{1/2}$。

（4）利用阿累尼乌斯公式求出反应的活化能。

七、问题与思考

（1）为什么 0.037 5 mol·L⁻¹ 的 NaOH 溶液的电导率能表示反应开始前溶液的电导率？

（2）被测溶液的电导率是哪些离子贡献的？反应过程中溶液的电导如何变化？

（3）为什么乙酸乙酯与 NaOH 溶液的浓度必须足够稀？

（4）本实验中测定电导率为什么不需要校正？

（5）反应进行过程中电导率将如何变化？为什么？

实验指导

1. 0.037 5 mol·L⁻¹ 的 NaOH 溶液的电导率为初始电导率。

2. 开始测量时电导率仪打向最大量程，并将指针调向满刻度。

3. 测量过程中严格控制恒温条件。

4. 反应开始时迅速按下秒表，读取时间时秒表不要按停。

实验二十　表面活性剂溶液表面吸附量的测定

一、实验目的

（1）掌握用气泡最大压力法测定表面张力的实验原理及方法。

（2）掌握表面吸附量 Γ 的计算方法。

（3）熟悉微差压精密数字压力计的使用方法。

二、预习提要

预习气泡最大压力法测定表面张力的实验原理和表面吸附量的计算方法。

预习题

① 什么是溶液的表面吸附量，正吸附和负吸附分别是什么意思？

② 表面吸附量和溶质的特性有什么关系？

③ 表面活性剂溶液表面产生的是正吸附还是负吸附？相对于水而言，其表面张力是增大还是减小？

④ 本实验中仪器测定的是正压、负压还是压差？

⑤ 如何求解 σ 对 $\lg c$ 曲线的斜率？

三、实验原理

在指定的温度下，纯液体的表面张力是一定的，一旦在液体中加入溶质形成溶液时情况就不同了，溶液的表面张力不仅与温度有关，而且也与溶质的种类、溶液浓度有关。这是由于溶液中部分分子进入到溶液表面（或相反），使表面层的分子组成发生了改变，分子间引力起了变化，因此表面张力也随之改变，根据实验结果，加入溶质以后在表面张力发生改变的同时还发现溶液表面层的浓度与内部浓度有所差别,有些溶液表面层浓度大于溶液内部浓度,有些恰恰相反,这种现象称为溶液的表面吸附作用。

按吉布斯吸附等温式:

$$\Gamma = -\frac{c}{RT}\frac{\mathrm{d}\sigma}{\mathrm{d}c} = -\frac{1}{2.303RT}\frac{\mathrm{d}\sigma}{\mathrm{d}\lg c} \qquad (4-20-1)$$

式中:Γ代表溶液浓度为c时溶液表面上溶质的吸附量($\mathrm{mol \cdot m^{-2}}$);$c$代表平衡时溶液浓度($\mathrm{mol \cdot m^{-3}}$);$R$为摩尔气体常数($8.314\ \mathrm{J \cdot mol^{-1} \cdot K^{-1}}$);$T$为吸附时的温度(K)。

从(4-20-1)式可看出,在一定温度时,溶液表面吸附量与平衡时溶液浓度c和表面张力随浓度变化率$\mathrm{d}\sigma/\mathrm{d}c$成正比关系。

当$\mathrm{d}\sigma/\mathrm{d}c<0$时,$\Gamma>0$,表示溶液表面张力随浓度增加而降低,此时溶液表面发生正吸附,则溶液表面层浓度大于溶液内部浓度。

当$\mathrm{d}\sigma/\mathrm{d}c>0$时,$\Gamma<0$,表示溶液表面张力随浓度增加而增加时,溶液表面发生负吸附,则溶液表面层浓度小于溶液本体浓度。

我们把能产生显著正吸附的物质(即能显著降低溶液表面张力的物质)称为表面活性物质。本实验用表面活性物质十六烷基三甲基溴化铵配制成一系列不同浓度的水溶液,分别测定这些溶液的表面张力σ,然后以σ对$\lg c$作图得一曲线。求曲线上某一点的斜率$\mathrm{d}\sigma/\mathrm{d}\lg c$可计算出相当于该点浓度时溶液的表面吸附量。

本实验测定各溶液的表面张力采用气泡最大压力法,此法原理是当毛细管与液面接触时,往毛细管内加压(或在溶液体系内减压)则可以在液面的毛细管出口处形成气泡。如果毛细管半径很小,则形成的气泡基本呈球形,而气泡在形成过程中是在变化的。当开始形成气泡时,表面几乎是平的,即这时的曲率半径最大,随着气泡的形成,曲率半径逐渐变小,直到形成半球形。这时曲率半径r与毛细管半径R'相等,曲率半径达最小值。此时附加压力为产生气泡的最大压力。即

$$\Delta p = \frac{2\sigma}{r} = \frac{2\sigma}{R'} \qquad (4-20-2)$$

式中:Δp为最大附加压力;R'为毛细管半径(此时等于气泡的曲率半径r);σ为表面张力。最大压力差可用数字式压力差仪直接读出。而R'称为毛细管常数,可用已知表面张力的物质来确定。

在一定温度下,体系在平衡状态时,吸附量Γ和浓度c之间的关系与固体对气体的吸附很相似,也可用和朗缪尔单分子层吸附等温式相似的经验公式来表示,即

$$\Gamma = \Gamma_\infty \frac{kc}{1+kc} \qquad (4-20-3)$$

式中:k为经验常数,与溶质的表面活性大小有关。由上式可知,当浓度很小时,Γ与c成直线关系;当浓度较大时,Γ与c成曲线关系;当浓度足够大时,则呈现一个吸附量的极限值,即$\Gamma = \Gamma_\infty$。此时若再增加浓度,吸附量不再改变。所以Γ_∞称为饱和吸附量。Γ_∞可以近似地看作是在单位表面上定向排列呈单分子层吸附时溶质的物质的量。求出Γ_∞

值,即可算出每个被吸附的表面活性物质分子的横截面积 A_s。

将(4-20-3)式整理得:

$$\frac{c}{\Gamma} = \frac{1}{\Gamma_\infty}c + \frac{1}{k\Gamma_\infty} \qquad (4-20-4)$$

以 c/Γ 对 c 作图可得到一条直线,其斜率的倒数为 Γ_∞,则每个分子的截面积为:

$$A_s = \frac{1}{\Gamma_\infty N_A} \qquad (4-20-5)$$

式中:N_A 为阿伏伽德罗常数。

因此,如测得不同浓度溶液的表面张力,从 $\sigma - c$ 曲线可求得不同浓度的斜率 $d\sigma/dc$,即可求出不同浓度的吸附量 Γ,再从 $c/\Gamma - c$ 直线上求出 Γ_∞,便可计算出溶质分子的横截面积 A_s。

四、仪器和试剂

1. 仪器

表面张力测定仪 1 套(包括带支管的大试管、毛细管和滴液减压器)、微差压精密数字压力计 1 台、恒温槽 1 台、吸耳球 1 个、10 mL 移液管 1 支、1 mL 移液管 1 支、250 mL 容量瓶 1 个、50 mL 容量瓶 9 个、500 mL 烧杯 1 个、洗瓶、滴管。

2. 试剂

十六烷基三甲基溴化铵(AR)、蒸馏水、铬酸洗液。

五、实验步骤

1. 配制溶液

用称量法精确配制 250 mL 0.50 mol·L⁻¹十六烷基三甲基溴化铵(CTAB)溶液。再用这一浓溶液配制下列浓度的稀溶液各 50 mL:0.02 mol·L⁻¹、0.04 mol·L⁻¹、0.06 mol·L⁻¹、0.08 mol·L⁻¹、0.10 mol·L⁻¹、0.12 mol·L⁻¹、0.16 mol·L⁻¹、0.20 mol·L⁻¹、0.24 mol·L⁻¹。并将配好溶液的容量瓶浸入 25℃的恒温水浴中恒温。

2. 仪器准备与检漏

用洗液仔细洗净测定管及毛细管内外壁,然后用自来水和蒸馏水冲洗数次。按图 4-2 安装好实验仪器。检查系统是否漏气,检查方法:在恒温条件下,将一定量的蒸馏水

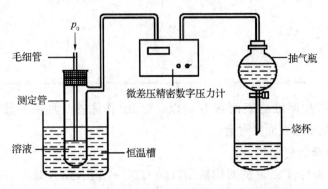

图 4-2　最大气泡压力法测定表面张力实验装置

装入测定管中,将毛细管插入测定管中,调节液面的高度,使测定管内液体刚好与毛细管端面相切。打开滴液瓶活塞缓缓放水抽气,使系统内压力降低,数字压力计读数由小增大至一相当大的数值时,关闭滴液瓶活塞,若数字压力计读数在1~2 min内基本稳定,表明系统的气密性良好,可以进行实验,否则应检查各玻璃磨口处或其他接口。

3. 测定毛细管常数

在测定管中注入蒸馏水,使管内液面刚好与毛细管口相接触,慢慢打开滴液瓶活塞,严格控制滴液速度,使毛细管端口5~10 s出一个气泡,由数字压力计读出瞬间最大压差(大约在700~800 Pa之间),记录最大值,重复3次,取平均值。

4. 测量CTAB溶液的表面张力

按步骤3,分别测量不同浓度CTAB溶液的表面张力,从稀到浓依次进行。每次测量前必须用少量被测液洗涤测定管,尤其毛细管部分,确保毛细管内外溶液的浓度一致。

六、数据记录与处理

1. 毛细管常数 R' 的测定

室温:_____   大气压:_____

	Δp/kPa			$\sigma_{水}$/N·m^{-1}	R'/m
1	2	3	平均		

2. 溶液表面吸附量 Γ 的测定

c/mol·dm^{-3}	lg$c$	Δp/kPa	σ/N·m^{-1}

试计算不同浓度溶液的表面张力 σ,以 σ 对 lg$c$ 作图得一曲线。计算溶液浓度 $c=0.1$ mol·L^{-1}时的溶液表面吸附量。

3. 分子横截面积的求算

列出 c、$(\mathrm{d}\sigma/\mathrm{d}c)_T$、$\Gamma$、$c/\Gamma$ 的对应数据,以 c/Γ 对 c 作图,从直线的斜率求出 Γ_∞,并计算出CTAB分子的截面积 A_s。

七、问题与思考

(1) 最大气泡法测定表面张力时为什么要读最大压力差?

(2) 如何控制出泡速度? 若出泡速度太快对表面张力测定值有何影响?

(3) 测定溶液表面张力时,为何要使毛细管端面刚好与液面相接触?

(4) 试述溶液表面吸附量的物理意义。

实验指导

1. 在测定有效数据之前一定要检查系统的气密性,否则数据不真实。

2. 连接压力计与毛细管及滴液瓶用的乳胶管中不应有水等阻塞物,否则压力无法传递至毛细管,将没有气泡自毛细管口逸出。

3. 测定时毛细管及测定管应洗涤干净,以玻璃不挂水珠为好,否则,气泡可能不呈单泡逸出,而使压力计读数不稳定,如发生此种现象,毛细管应重洗。

4. 测定时毛细管一定要与液面保持垂直,端面刚好与液面相切,切忌毛细管末端插入到溶液内部。

5. 控制好滴液瓶的放液速度,水的流速每次均应保持一致,尽可能使气泡呈单泡逸出,以利于读数的准确性。

6. 溶液要准确配制,使用过程中防止挥发损失。测定溶液表面张力时按从稀到浓依次进行,毛细管及测定管一定要用待测液润洗,否则测定的数据不真实。毛细管的清洗方法:将毛细管在下次被测溶液中沾一下,溶液在毛细管中上升一液柱,然后用吸耳球将溶液吹出,重复 3~4 次。

7. 温度应保持恒定,否则对表面张力的测定影响较大。

实验二十一 电导率测定的应用

一、实验目的

(1) 利用 Ostwald 稀释定律测定醋酸解离平衡常数。

(2) 掌握电导池常数的校正方法。

(3) 掌握电导滴定测定弱酸浓度的方法。

(4) 掌握电导、电导率、摩尔电导率、无限稀释摩尔电导率等物理化学概念。

二、预习提要

了解电导、电导率、摩尔电导率、无限稀释摩尔电导率等物理化学概念;了解 Ostwald 稀释定律的原理和电导滴定的原理;复习电导率的使用方法;预习有关实验步骤。

预习题

① 电解质溶液的电导、电导率、摩尔电导率各与哪些因素有关? 研究溶液的导电性质为什么必须定义电导率和摩尔电导率?

② 测定溶液电导为什么不能用直流电？

③ 为什么要测电导池常数？如何得到该常数？

三、实验原理

1. 电导率的测定和电导池常数的校正

电导率仪检测的信号为所选电极的测量池中电解质溶液的电导 G,若需知道该溶液的电导率 κ,还需知晓该电极的电导池常数 $K_{cell}(=\frac{l}{A}$,单位:m^{-1} 或 cm^{-1}),三者之间的关系为:

$$\kappa = K_{cell}G \qquad\qquad (4-21-1)$$

通常需要用已知电导率 κ 的标准溶液(如 KCl 溶液)对电极的电导池常数进行校正,即用该电极测定标准溶液的电导 G,用(4-21-1)式计算电极的电导池常数 K_{cell};再用同样电极测定其他溶液的电导,用(4-21-1)式计算其电导率。

2. Ostwald 稀释定律测定醋酸的解离平衡常数

对弱电解质而言,无限稀释时的摩尔电导率 Λ_m^∞ 反映了该电解质全部电离且离子之间无相互作用时的导电能力,而一定浓度下的摩尔电导率 Λ_m 反映的是部分电离的离子(且离子间有一定相互作用力)的导电能力。如果弱电解质解离度较小,产生的离子浓度较低,使得离子之间的作用力可以忽略不计,则 Λ_m 与 Λ_m^∞ 的差别就可近似看作由部分电离与全部电离产生的离子数目不同所致,所以电解质的电离度可表示为:

$$\alpha = \Lambda_m/\Lambda_m^\infty \qquad\qquad (4-21-2)$$

对于 1-1 价型或 2-2 价型弱电解质,电解质浓度为 c,电离平衡常数为:

$$K_c = \frac{c\alpha^2}{1-\alpha} \qquad\qquad (4-21-3)$$

将(4-21-1)式代入(4-21-2)式,则有

$$K_c = \frac{c\Lambda_m^2}{\Lambda_m^\infty(\Lambda_m^\infty - \Lambda_m)} \qquad\qquad (4-21-4)$$

将上式重排,可得:

$$\frac{1}{\Lambda_m} = \frac{1}{\Lambda_m^\infty} + \frac{c\Lambda_m}{K_c(\Lambda_m^\infty)^2} = \frac{1}{\Lambda_m^\infty} + \frac{\kappa}{K_c(\Lambda_m^\infty)^2} \qquad\qquad (4-21-5)$$

则可测定一系列浓度下弱电解质溶液的电导率,计算出 Λ_m,以 $\frac{1}{\Lambda_m}$ 对 κ 作图,可得一条直线,根据直线的斜率和截距可求得 K_c 和 Λ_m^∞。

3. 电导滴定

利用滴定过程中体系电导的变化转折指示滴定终点,称为电导滴定。用 NaOH 溶液滴定 HAc 溶液时,反应式为:

$$HAc + NaOH == NaAc + H_2O$$

考虑电导的变化,滴定过程实际就是由完全电离的 NaAc 代替部分电离的 HAc 的过程,体系电导逐渐升高;超过滴定终点后,由于 NaOH 导电性比 NaAc 强,则电导上升速度变快,电导变化出现转折点,如图 4 - 3 所示。根据转折点对应的 NaOH 含量,可计算 HAc 浓度。

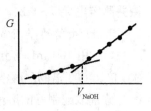

图 4 - 3　电导滴定示意图

四、仪器和试剂

1. 仪器

DDS - 11A 型电导率仪、DJS - 1 型铂黑电极、玻璃水浴恒温槽(带托板)、电子天平、电吹风、碱式滴定管 1 支、移液管 50 mL 1 支 、10 mL 3 支、5 mL 1 支、吸量管 2 mL 1 支、容量瓶 100 mL 9 个、锥形瓶 150 mL 9 个、烧杯 250 mL 1 只、烧杯 100 mL 2 只、胶头滴管 1 支、称量瓶、玻璃棒、吸耳球、洗瓶、称量纸、滤纸(小块)。

2. 试剂

KCl(优极纯)、NaOH 溶液(约 0.35 mol·L^{-1},2 000 mL)、冰醋酸(AR)、淋洗乙醇、淋洗乙醚、蒸馏水。

五、实验步骤

1. 电导池常数的校正

(1) 将玻璃恒温水浴调节至 25℃。

(2) 采用减量法用电子天平准确称量 0.745 5 g 优级纯 KCl,用容量瓶配制成100 mL 溶液;用干燥移液管取 10 mL,于另一 100 mL 容量瓶中配制 0.01 mol·L^{-1} KCl 标准溶液。取出约 40 mL KCl 标准溶液于锥形瓶中,置于 25℃水浴中恒温 15 min。

(3) 电导率仪的电导池常数值设定为 1,测量恒温后的 KCl 溶液的电导,根据 KCl 溶液的电导率,计算电极的电导池常数。

2. 电导滴定确定醋酸溶液的浓度

(1) 用移液管取 2 mL HAc 于 100 mL 容量瓶中,加蒸馏水配制成 100 mL 的醋酸溶液,作为初始溶液。用另一移液管移取 10 mL 初始醋酸溶液于 100 mL 容量瓶中,加蒸馏水定容,即初始溶液稀释 10 倍。用移液管移取 50 mL 稀释 10 倍后的溶液,置于 150 mL 锥形瓶(干燥)中,加塞,置于 25℃水浴中恒温 15 min,待测。

(2) 将碱式滴定管洗涤干净,用少量 NaOH 标准溶液润洗 2～3 次后,再注满 NaOH 标准溶液,调整最高液面在 0 刻度线。

(3) 为电导率仪选择合适的电极,用蒸馏水冲洗后,用滤纸吸干电极表面的水,将电极浸没在待测 HAc 溶液中,测量溶液的初始电导。另取一干净、干燥的玻璃棒置于锥形瓶中备用。

(4) 用 NaOH 标准溶液滴定 HAc 溶液,每滴下约 1 mL NaOH 溶液,用玻璃棒轻轻搅拌均匀,再将锥形瓶移至水浴中恒温 2 min 后,测定并记录一次溶液的电导,同时记录相应 NaOH 溶液的准确体积。继续滴加 NaOH 溶液,并测量电导,同时记录滴定 NaOH 溶液的体积。观察溶液电导的增大速率,若增速变快(出现转折),则继续滴加 NaOH 溶液并测定电导 5～6 次。

3. HAc 解离平衡常数的测定

（1）用 100 mL 容量瓶和相应移液管配制由初始醋酸溶液稀释 2 倍、20 倍、100 倍、200 倍、1 000 倍的醋酸溶液，连同开始配制的两份溶液，共 7 份溶液，按浓度大小编号。

分别取配制好的溶液各约 40 mL 于干净、干燥的锥形瓶中（编号），加塞，置于 25℃水浴中恒温 15 min。

（2）按照浓度由小到大的顺序依次测定 HAc 溶液的电导。

若所测数据分布不均或线性不好，则可自由选择稀释倍数重复实验，但若重新配制醋酸，则新配初始溶液的浓度需要再用电导滴定的方式重新确定。

（3）测量在 25℃水浴中恒温 15 min 后的蒸馏水的电导率。

六、数据记录与处理

1. 电导池常数校正

室温：_____   大气压：_____

KCl 质量 m/g	KCl 浓度 $c/mol \cdot m^{-3}$	KCl 电导 $G/\mu S$	KCl 理论电导 $G/\mu S$	电导池常数 K_{cell}/m^{-1}

2. 电导滴定

（1）记录滴定过程中电导、NaOH 溶液的体积：

V_{NaOH}/mL	$G/\mu S$	V_{NaOH}/mL	$G/\mu S$

（2）以 HAc 溶液的电导 G 对 V_{NaOH} 作图，找出电导变化的转折点，确定 HAc 初始溶液的浓度。

3. HAc 解离平衡常数

（1）记录实验数据。

纯水的电导 $G_水$ _____　　　电导池常数：_____

编号	c_{HAc} /mol·m^{-3}	$G_溶液$ /μS	G_{HAc} /μS	κ_{HAc} /S·m^{-1}	$\Lambda_{m,HAc}$ /S·m^2·mol^{-1}	$\dfrac{1}{\Lambda_{m,HAc}}$	$c\Lambda_{m,HAc}$ /S·m^{-1}
初始							
1							
2							
3							
4							
5							

（2）以 $\dfrac{1}{\Lambda_{m,HAc}}$ 对 κ 作图，外推至 $\kappa=0$ 处，求解 $\Lambda_{m,HAc}^{\infty}$，再根据斜率求解 K_c，并将两值与理论值比较，分析误差来源。

七、问题与思考

（1）电导滴定和分析化学中的一般滴定方法有何不同？优势和劣势分别是什么？操作上有什么区别？

（2）用 Ostwald 稀释定律求解酸的解离平衡常数时，对酸的浓度有何要求？

（3）电导率测定实验中为什么恒温很重要？除了恒温，还需注意哪些方面？

（4）溶液的电导率与哪些因素有关？测定过程中要注意什么？

实验指导

1. 电极不用时，应把两铂黑电极浸在蒸馏水中，以免因干燥致使表面发生改变。

2. 实验中温度要恒定，测量必须在同一温度下进行。恒温槽的温度要控制在（25.0±0.1）℃或（30.0±0.1）℃。

3. 测定前，必须将电导电极及电导池洗涤干净，以免影响测定结果。

实验二十二　过氧化氢催化分解反应速率常数的测定

一、实验目的

（1）了解用体积法研究动力学的基本原理。

（2）掌握实验测定反应活化能的原理和方法。

（3）了解催化剂在催化反应中的作用特征。

二、预习提要

预习实验测定反应速率的基本原理及其公式的应用,了解反应活化能的测定方法,预习本实验的实验过程及关键步骤。

预习题

① 反应中 KI 起催化作用,它的浓度与实验测得的表观反应速率常数 k_1 的关系如何?

② 实验中放出氧气的体积与已分解了的 H_2O_2 溶液浓度成正比,其比例常数是什么?试计算 5 mL 3% H_2O_2 溶液全部分解后放出的氧气体积(25℃,101.325 kPa,设氧气为理想气体,3% H_2O_2 溶液密度可视为 1.00 g·cm^{-3})。

③ 若实验在开始测定 V_0 时,已经先放掉了一部分氧气,这样做对实验结果有没有影响?为什么?

三、实验原理

对于反应:$aA+bB \Longrightarrow yY+zZ$,其反应速率与反应物物质的量浓度的关系可通过实验测定得到。多数反应的反应速率方程的形式为:

$$v_A = k_A c_A^\alpha c_B^\beta \tag{4-22-1}$$

若实验确定某反应物 A 的消耗速率与反应物 A 的浓度的一次方成正比,则该反应对 A 为一级反应。其反应速率方程为:

$$-dc_A/dt = k_A c_A \tag{4-22-2}$$

过氧化氢在没有催化剂时,分解反应进行得很慢,加入催化剂能促进其分解。过氧化氢分解的化学计量式如下:

$$H_2O_2 \longrightarrow H_2O + 1/2O_2 \tag{4-22-3}$$

很多物质都能对这一反应起催化作用,如铂、银、铅、二氧化锰、三氯化铁以及三氯化铁和氯化铜的混合物等。本实验是以 KI 作催化剂,研究 H_2O_2 分解反应的动力学。过氧化氢分解反应的速率受过氧化氢的浓度、反应温度、pH、催化剂种类及浓度等因素的影响。

在本实验条件下,过氧化氢的分解是一级反应。反应速率与 H_2O_2(A)浓度的关系符合式(4-22-2),将其积分得:

$$\ln(c_A/c_{A,0}) = -k_A t \tag{4-22-4}$$

式中:k_A 为反应速率常数;c_A 为反应时刻为 t 时 H_2O_2 的浓度;$c_{A,0}$ 为反应开始前 H_2O_2 的浓度。若在反应过程中的不同时刻测得过氧化氢的相应浓度,代入式(4-22-4)即可求出反应速率常数 k_A。

测定各反应时刻指定物质的浓度可用化学分析法(简称化学法),也可用物理分析方法(简称物理法)。化学法是指在反应过程中每隔一定时间取出一部分反应混合物,并使其迅速停止反应,记录时间,然后分析与此时刻相对应的指定物质的浓度。物理法是测量反应系统在指定时刻某一物理性质(如电导、折射率、体积、压力、旋光度等),然后通过相关计算求出指定物质在相应时刻的浓度。物理法常不需要从反应系统中取样品,而能连续地测量所需数据,因而有较大的优越性。本实验就是采用物理法,通过测量不同反应时刻生成的氧气的体积,从而确定不同反应时刻溶液中过氧化氢的浓度。物理法对待测的物理性质有以下要求:

(1) 该物理性质与反应系统中某物质的浓度要有确定的函数关系。

(2) 在反应过程中反应系统的该物理性质要有明显变化且方便可测。

(3) 不能有影响测定的干扰因素,或有干扰因素但可以有办法消除之。

从式(4-22-3)中可以看出过氧化氢分解过程中有氧气放出。如果保持生成氧气的温度、压力不变,可通过测量放出氧气的体积经过计算从而得到溶液中过氧化氢的浓度。

设浓度为 $c_{A,0}$ 的过氧化氢全部分解放出的氧气体积为 V_∞,反应时刻 t 时过氧化氢分解放出的氧气体积为 V_t,则

$$c_{A,0} \propto V_\infty; \quad c_A \propto (V_\infty - V_t) \tag{4-22-5}$$

将以上关系式代入式(4-22-4)得:

$$\ln \frac{V_\infty - V_t}{V_\infty} = -k_A t \tag{4-22-6}$$

或

$$\lg(V_\infty - V_t) = -\frac{k_A t}{2.303} + \lg V_\infty \tag{4-22-7}$$

以 $\lg(V_\infty - V_t)$ 对 t 作图如果得直线,则可验证过氧化氢分解反应为一级反应。由直线斜率可求得反应速率常数 k_A。

按照阿累尼乌斯方程:

$$\ln \frac{k_2}{k_1} = -\frac{E_a}{R}\left(\frac{1}{T_2} - \frac{1}{T_1}\right) \tag{4-22-8}$$

只要正确测量了两个温度下的速率常数,就可以利用式(4-22-8)计算反应的活化能。

四、仪器和试剂

1. 仪器

恒温槽、反应瓶、量气管装置、秒表、100 mL 容量瓶、50 mL 移液管、吸液管、滴瓶等。

2. 试剂

30%的 H_2O_2 溶液、0.100 0 mol·L^{-1} KI 溶液。

五、实验步骤

(1) 按图 4-4 连接实验装置,调节恒温槽水温至(25.0±0.1)℃。

(2) 检查装置气密性:将空反应瓶和催化剂储瓶装好并接到图中胶皮管上;将三通阀调至 b 位,使之与反应瓶、大气和量气管相通;将二通阀打开,提高高位储水瓶使量气管和压力平衡管中的液面保持水平;将三通阀调至 a 位,放下高位储水瓶,则压力平衡管中的水面将下降至最低点,而量气管中的水面开始将下降一定高度,然后停在该高度上不再下降,这就说明系统不漏气。若量气管内的液面不停地下降,则说明系统

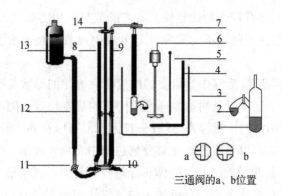

图 4-4　过氧化氢催化分解装置示意图

1-反应瓶；2-催化剂储瓶；3-恒温槽；4-加热器；5-温度计；
6-搅拌器；7-三通阀；8-压力平衡管；9-量气管；10-玻璃三
通；11-二通阀；12-胶皮管；13-高位水瓶；14-铁架台

漏气,找出漏气点,解决之。

(3) 准确量取 10 mL 30％H_2O_2溶液加入反应管中,准确量取 5 mL 0.1000 mol·L^{-1} KI溶液和 5 mL 蒸馏水放入催化剂储瓶中,如图 4-4 装好,放入恒温水浴槽中恒温 10 min。

(4) 测量V_t:把量气管的液面调至 0 刻度,使平衡管的液面与量气管液面保持水平。在恒温水浴中把两种溶液混合均匀。转动三通活塞至 a,使系统与大气隔绝,同时用秒表计时,记录生成不同体积氧气所需时间,需记录 6～7 个点。

(5) 测量V_∞:将反应管置于 50℃～60℃的热水中,使过氧化氢完全分解。然后放回恒温水浴中恒温 5 min 后读取气体体积。

(6) 调节恒温槽温度至(30.0±0.1)℃,重复以上步骤(3)～(5),测量该温度下的V_t和V_∞。

六、数据记录与处理

(1) 可按下列格式记录实验数据。

室温:_____　　大气压:_____　　恒温槽温度:_____　　V_∞=_____

时间 t/min	体积 V_t/mL	$(V_\infty-V_t)$/mL	$\lg(V_\infty-V_t)$

(2) 以$\lg(V_\infty-V_t)$为纵坐标,时间 t 为横坐标,作$\lg(V_\infty-V_t)$-t图。由直线斜率计算分解反应的速率常数,写出以过氧化氢的消耗速率表示的过氧化氢分解反应的速率方程,并计算半衰期。

（3）根据两个不同温度下的速率常数,求算该反应的活化能 E_a。

七、问题与思考

（1）该反应速率常数与哪些因素有关?

（2）过氧化氢的浓度是否要配得很准? 加入反应瓶的过氧化氢体积是否要准确? KI 溶液的体积和浓度是否要准确? 为什么?

（3）如果实验时忘记测 V_∞ 怎么办?

（4）反应过程中,如果量气管液面与平衡管液面不在同一个水平面上,对反应有何影响?

（5）$c_{A,0} \propto V_\infty$,$c_{A,t} \propto (V_\infty - V_t)$ 的比例常数等于什么?

> 实验指导

1. 气体的体积受温度和压力影响较大,在实验中要保证所测得的 V_t 和 V_∞ 都是在相同的温度和压力下的数据。

2. 在量气管内读数时,一定要使水位瓶和量气管内液面保持同一水平。

3. 整个量气装置一定不能漏气。

实验二十三　静电纺丝法制备锂离子电池负极材料及性能研究

一、实验目的

（1）了解可充锂离子电池的工作原理。

（2）了解静电纺丝的基本原理及使用方法。

（3）掌握锂离子电池负极材料的制备工艺及纽扣锂离子电池的装配。

（4）掌握锂离子电池负极材料性能的测试方法。

二、预习提要

预习锂电池的相关知识,了解有关静电纺丝法制备纳米材料的原理及方法,了解锂电池负极材料的测试表征方法。

预习题

① 什么是锂离子电池? 其结构组成怎样?

② 锂电池负极材料有哪些种类?

③ 锂电池负极材料通常采用哪些性能表征手段?

三、实验原理

1. 锂离子电池、负极材料及静电纺丝简介

（1）锂离子电池

可充电电池种类很多,锂离子电池也是其中一种,简单说就是依靠锂离子在正负极之

间的移动来工作。在充放电过程中,依赖锂离子在电极之间的"进入"和"脱出":充电池时,锂离子从正极"脱出",经过电解质进入负极,这样负极处于锂过富情况;放电情况则相反。一般现代高性能电池都采用含有锂元素的电极材料。

对锂电池的研究始于20世纪50年代,而首先提出锂电池这一概念的是来自美国加州大学的一名研究生。由于对可再生新能源的需求,促使科学人员一直在锂离子电池方面不断探究。经过20多年的努力,1980年,Mond提出了"摇杆式"电池的设想,锂离子电池技术突破关键点,重新受到关注,锂离子电池的研究再次成为科学热点。1990年,日本Nago等人研制了以$LiCoO_2$为正极,石油焦为负极的锂离子电池,此类电池第二年便已经产业化生产;同一年中,加拿大Moli和日本Sony两大电池公司宣称:碳负极锂离子电池被研制推出。碳材料成为锂离子电池负极材料,取代锂电极,是锂离子电池后期工业革命的标志,具有里程碑的意义;1991年,以聚糖醇热解碳(PFA)为负极的锂离子电池被日本Sony能源技术公司和电池部联合开发出来。

(2) 负极材料

锂离子电池负极材料是决定锂离子电池整体性能的关键点之一,主要是因为其作为储锂的主体,实现了充放电过程中锂离子在其中的嵌入和脱出。20世纪80年代,普遍采用的是金属锂作为负电极,且它是一种较活泼的负极材料,最大理论容量很高,可以达到$3\,860\ mAh\cdot g^{-1}$,同时工作电压也很高。但由于金属锂的某些局限性,使得其并没有大范围应用。后期发展起来的碳材料等弥补了它的不足,间接使得锂离子电池大规模地推广开来。因此负极材料对锂离子电池的发展起着决定性的作用。

作为锂离子电池的负极材料需要符合如下几点:

① 锂离子可以在材料中拥有良好的通道,使其自由地扩散,来实现快速充放电。

② 锂离子的"脱出"不会破坏材料的主体,同时保证循环能力。

③ 锂离子在"进入"后,不可因电位过高而影响整体电池的输出电压。

④ 电池整体电压要平稳,氧化还原电位保持一定的稳定数值。

⑤ 整个充放电过程中电流应以大电流形式输出。

⑥ 最大限度地让更多的锂离子在其中可逆地"进入"和"脱出",以获得更好的循环能力和比容量。

⑦ 材料成本较便宜,无毒,无污染。

负极材料按照组分可以分为碳负极材料和非碳负极材料两大类,碳负极材料包括两类:石墨及石墨化碳材料与非石墨类碳材料。整体来说,负极材料的分类,主要是看其组分的差异。一是碳负极材料,二是非碳负极材料。这其中,碳负极材料涉及两小类:石墨碳材料与非石墨类碳材料。由于石墨的特殊的平层结构,先期受到研究者的相当关注,但整体效果不是很理想,并没有将其进一步开发。后期为了提高锂离子电池容量,人们在对碳材料进行改良的同时也对其他一些高比容量的非碳材料进行了研究开发,出现的非碳负极材料包括锡基材料、硅基材料、钛基材料、过渡金属氧化物和其他一些新型的合金材料。

目前锂离子电池负极材料的主要研究方向集中在:① 碳基材料;② 合金类材料;③ 金属氧化物系列;④ 复合材料等。

（3）静电纺丝

静电纺丝的工作原理,简而言之就是利用电压产生的电场力与高分子自身的表面张力相互作用,当然也需要钠灯等装置提供相应的温度和干燥度。具体说即是,随着电压不断加大,使得电场力与高分子溶液的表面张力不断接近,当两者相同时,高分子溶液静止悬挂在注射器口端;再加大电压,将使得溶液"喷出",且带电,在钠灯作用下,"喷出"的溶液被接收端的面板吸引,越拉越细,最终吸附在接收端上。这些过程中,喷出的溶液滴会被"拉伸"成纳米纤维状。

虽然静电纺丝的装置较为简单方便,但是这其中也涉及不少的因素。比如加载的电压就关系到电化学、力学,高分子溶液的选择也与高分子化学与物理有关,钠灯装置与物理学有关以及注射器的选择与流体学有关等等。这也导致影响静电纺丝的因素相当多,且需要看实验当时条件而论,主要参数包括纺丝液性质、可控变量和环境参数这三大类。

2. 可充锂离子电池工作原理

充电时锂从氧化物正极晶格间脱出,锂离子迁移通过有机电解液,嵌入到碳材料负极中,同时电子补偿电荷从外电路供给到碳负极,保证负极的电荷平衡;放电时则相反,锂从负极碳材料中脱出回到氧化物正极中。锂离子电池的充放电反应通常可简单表示为(正向反应为充电过程,逆向反应为放电过程,其中 Me 为过渡金属)：

$$Li_xMeO_2 + 6C \longrightarrow MeO_2 + Li_xC_6$$

在充放电过程中,Li^+ 在正负极间嵌入、脱出往复运动犹如来回摆动的摇椅,因此这种电池又被称为"Rocking-chair batteries",即摇椅式电池。

在锂离子电池中,由于电池单体电压在 3 V 以上,而且金属锂非常活泼,与水可发生剧烈反应,传统的水溶液体系不能适应锂电池,需要使用有机电解液体系。在有机溶剂中溶解含有锂离子的电解质构成有机电解液体系。本实验使用的是溶解有 1 mol·L^{-1} $LiPF_4$ 的 EC+DMC(体积比 1∶1)有机电解质溶液。

电池中隔膜的主要作用是离子的导体,并且将电池的正负极隔离以防止电池短路。锂离子电池一般采用高强度薄膜化的聚烯烃多孔膜。本实验选用厚度为 25 μm 的 Celgard2325 型隔膜。

四、仪器和试剂

1. 仪器

静电纺丝机、管式气氛炉、行星式球磨机、真空干燥箱、真空手套箱、Land 电池充放电测试系统(与计算机连接)、低温试验箱、真空泵、扣式电池封口机、电子天平、粉末压片机、玛瑙研钵、干燥器等。

2. 试剂

高压氩气（瓶）、聚丙烯腈（PAN）、正硅酸乙酯（TEOS）、N,N 二甲基甲酰胺（DMF）、1mol·L^{-1}LiPF_6+EC/DMC(体积比 1∶1)电解液、N-甲基吡咯烷酮（NMP）、Celgard2325 隔膜、金属锂片、镁粉、盐酸、电池壳（CR2025）、铝集流片、真空油脂、360

目砂纸等。

五、实验步骤

1. 负极材料的制备

(1) 静电纺丝溶液的制备

取 1 g PAN 粉末混入 9 g DMF 中,在 75℃水浴中恒温搅拌回流 3 h,取出置于磁力搅拌器上搅拌 12 h。在上述溶液中加入 1 g TEOS,搅拌 12 h,得到静电纺丝溶液。

(2) SiO_2/C 复合纳米纤维膜的制备

用口径为 1 mm 的针管抽取一定量的纺丝溶液,与高压电流正极相连,作为接收板的铝箔与电流负极相连,在 15 kV 电压下纺丝,纳米纤维收集在铝箔上。将铝箔上的纳米纤维放置于真空管式炉中,在设定程序下处理(先在空气下以 2℃/min 升温至 250℃,保温 90 min 后通氮气,升温至 289℃保温 30 min,升温至 315℃保温 30 min,升温至最终所需的煅烧温度,焙烧 3 h,系统降温至室温停止通氮气,取出样品),得到 SiO_2/C 纳米纤维膜。

取药品配制 TEOS 与 PAN 量比分别为 1:2、1:1、3:2 纺丝溶液制备复合纤维,于管式炉中按照上述步骤分别改变煅烧温度 600℃、700℃、800℃焙烧制得 SiO_2/C 复合纳米纤维材料。

(3) Si/C 复合纳米纤维膜的制备

将烧好的薄膜与等量的镁粉同时放入细管中,抽成真空环境,将封好的细管放入马弗炉内,保持 2℃/min,从室温升至 650℃,达到 650℃后继续恒温 3 h,使管内的气固反应完全。取出反应物放在表面皿中用盐酸清洗,待镁粉除净后,用蒸馏水清洗,晾干,得到 Si/C 复合纳米纤维膜。

(4) Si/C 复合纳米纤维膜 XRD 测试

无需研磨,直接将薄膜进行 XRD 测试,分析其物相结构。

2. 电池的组装及测试

(1) 将烘干后的负极薄膜、电池壳、隔膜、锂片等送入手套箱中(具体操作步骤由教师指导进行)。

(2) 以步骤 1 中自制的薄膜为负极,相应大小的锂圆片为正极,Celgard2325 为隔膜,1 mol·L^{-1} $LiPF_6$+EC/DMC(体积比为 1:1)为电解液。将负极膜、隔膜、电解液、正极片依次放入电池底壳中。

(3) 盖上电池壳,擦干电池外壳残余的电解液,涂上真空油脂密封,将电池分别放入各纸袋中。

(4) 把电池等材料移出手套箱,用电池封口机将电池加压 3 MPa 密封,擦去真空油脂,并测开路电压。

(5) 将密封好的电池连接到蓝电电池测试系统上,在室温下及 0~3 V 间测试电池性能。预先编好充放电程序,输入活性物质量。测试条件为:0.1 C 恒流充电至 3 V,恒压 1 h,静置 10 min,转 0.1 C 恒流放电至 0 V,静置 10 min,循环 20 次停止(理论容量按照 4 200 mAh·mg^{-1}计算)。

(6) 控制低温试验箱温度为 -10℃,将步骤(5)实验的锂电池放入试验箱 2 h 后进行

1 次充放电循环。

六、数据记录和处理

（1）锂电池性能测试数据列表记录。

室温：_____   大气压：_____

循环序号	充电容量 /mAh	放电容量 /mAh	充电比容量 /mAh·g^{-1}	放电比容量 /mAh·g^{-1}	效率 /%
1					
2					
3					
4					
5					
6					
7					
8					
9					
10					
11					
12					
13					
14					
15					
16					
17					
18					
19					
20					

（2）选择 Land 测试的四次循环数据并用 Origin 作图。

（3）绘制放电比容量-循环次数关系曲线图。

（4）对 XRD 测试结果作图，并分析其物相结构。

（5）分析讨论上述实验结果。

七、问题与思考

（1）锂离子电池的工作原理是什么？

（2）优异的负极材料应该具有哪些优异性能？

（3）静电纺丝法的影响因素是什么？

实验指导

1. 实验中用 Origin 软件对 Land 测试数据及 XRD 进行作图处理时的各种示意图及解析如下:

(1) 四次循环的电压-充电比容量曲线绘制及解析

图 4-5 中的 8 条曲线中 4 条为充电曲线,4 条为放电曲线。先看充电曲线,其中斜率为正的部分代表恒流充电阶段,平台部分代表恒压充电阶段。从曲线上看,随着恒流充电的进行,电池的电压增加,比容量也随之增加。电池在 4 次恒流恒压充电中比容量分别可以达到 1 292.6 mAh·g^{-1},1 178.9 mAh·g^{-1},1 079.5 mAh·g^{-1},1 005.6 mAh·g^{-1}。再看放电曲线,从曲线上看,电池的电压随着放电的进行,电压下降。电池在 4 次放电中,放电的比容量分别达到 3 313.2 mAh·g^{-1},1 347.5 mAh·g^{-1},1 149.6 mAh·g^{-1},1 078.2 mAh·g^{-1}。比较 4 次循环的充放电曲线,随着循环次数增加,电池的充电比容量和放电比容量都随之降低。

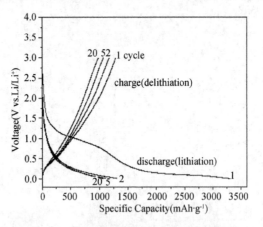

图 4-5　四次循环的电压-充电比容量曲线

(2) 放电比容量-循环次数关系曲线的绘制及解析

从图 4-6 中可以看到循环次数的增加会导致电池的容量下降。这说明锂离子电池

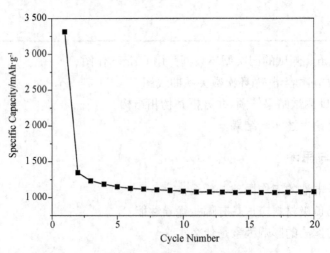

图 4-6　放电比容量-循环次数关系曲线

使用的循环次数是有限的,随着循环次数的增加,电极材料中的有效离子减少,导致电极的容量降低。

(3) XRD 图的绘制及解析

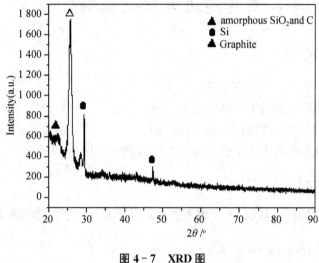

图 4-7　XRD 图

将所得到的 XRD 图和 Si/C XRD 图进行比较,对各个峰所在的晶面参数 d 进行比较,如果两者的差别在允许的范围内,则说明本实验所制备得到的物质就是 Si/c 复合膜。

2. 实验讨论

由于锂离子电池主要依靠锂离子在正极和负极之间移动来工作。在充放电过程中,Li^+ 在两个电极之间往返嵌入和脱嵌。充电时如果负极材料有很多微孔,到达负极的锂离子就嵌入到碳层的微孔中,嵌入的锂离子越多,充电容量越高。同样,电池放电时,嵌在负极碳层中的锂离子脱出,又运动回正极。回正极的锂离子越多,放电容量越高。所以正负极材料的形貌、尺寸、晶型都会影响电池的容量。为了提高电池的容量,就必须制备合适的正负极材料。

不同循环所得的电压-容量曲线的形状趋势是大体相同的,但是充放电比容量是随着循环次数的增加而减少的。这主要是因为随着循环次数的增加,锂离子在正负极之间的嵌入和脱嵌的效率降低,在正负极间嵌入和脱嵌的锂离子的数量减少,导致电池的容量出现下降。

实验过程中,在检测电池的性能时,测试电压范围限制在 $0\sim3$ V 间是因为锂离子电池不宜过充和过放。若测试电压过高,电池过充,过量嵌入的锂离子会永久固定于晶格中,无法再释放,会导致电池寿命缩短;若测试电压过低,电池过放,电极脱嵌过多锂离子,会导致晶格坍塌,从而缩短寿命。

本次实验制作的锂电池原理看似简单,但是由于锂的活泼性质,装配要求必须在无氧无水的气氛下进行,而且在装配时还是有很多讲究的。首先,隔膜和正负极片大小的选择,隔膜应比正负极片略大,这样才会避免正负极因接触短路。其次,滴电解液时,电解液只需 2 滴即可,不宜过多。过多电解液溢出也会导致短路;过少,影响电池内的导通,甚至造成断路。再次,注意电池装配的顺序,避免电池装配的顺序出错或者正负极反装。最后,电池装配结束后,应该用带有塑料套的镊子夹取,以避免电池正负极短接。

实验二十四　超声制备 Mn_3O_4 纳米材料及其超级电容性能测试

一、实验目的

(1) 了解超声化学反应工作原理。

(2) 了解无机氧化物纳米材料的制备方法。

(3) 了解超级电容器的结构及其工作原理。

(4) 掌握超级电容器工作电极制备的方法及测试原理。

二、预习提要

预习超级电容的相关知识,并了解有关超声化学反应制备纳米材料的相关知识。

预习题

① 什么是超级电容? 其结构组成是什么?

② 利用超声法制备纳米材料的原理及优点是什么?

③ 超级电容材料通常采用哪些性能表征手段?

三、实验原理

超声波的波长范围大约在 10 cm～10^{-3} cm 之间,比分子尺度大得多,因此超声的化学作用不是直接与物质作用,而是主要通过液体的空化作用来完成的。所谓空化是指液体在高强度超声的作用下形成气泡,并迅速地生长和爆炸性地溃灭的一系列物化过程的总称。在空化过程中,气泡的溃灭产生瞬间的高压和高强度局部加热,其能量密度比声场的能量密度大 10^{11} 个数量级,从而能诱发高能化学反应,相当于提供了瞬时高温高压微型反应器。描述空化现象的"热点"理论认为:空化气泡直径估计不到 300 nm,寿命小于 2 μs,热点温度高达约 5 000℃,压力有 100 MPa,寿命不足 1 μs,加热和冷却的速率为 10℃·s^{-1}以上。高强度超声空化会产生一系列的化学效应,称之为声化反应。声化反应可能发生在溃灭气泡的 3 个位置点:气泡内部、气泡界面和液体体相内。此外,也可以发生在固体或固气体系所处的超声辐射中。利用如此高强度的能量,可以明显改善颗粒的结晶性能和颗粒大小,进一步提高材料的比表面积,有利于改善其电化学活性。

1. 超级电容器的结构

超级电容器(Supercapacitor or Ultracapacitor)主要由电极、电解质、隔膜、端板、线和封装材料组成,其结构与电解电容器非常相似,它们的主要区别在于电极材料。超级电容器多孔化电极一般采用高比表面积活性炭粉或活性炭纤维,电极材料有活性炭、金属氧化物、导电聚合物和复合电极材料,电解液可以是无机的水系电解液,也可以是有机电解液,形成性能各异的超级电容器。采用不同的电极材料和电解液体系,其储能原理不尽相同。

2. 超级电容器的分类

按照不同的标准进行分类,大致有以下分类方法:

（1）按电极材料不同可分为：碳电极、金属氧化物电极和导电聚合物电极电容器。

（2）按储存电荷的机理不同可分为：双电层电容器（Electric Double Layer Capacitor，EDLC），通过界面双电层储存电荷；氧化还原电容器（Redox Capacitor），按法拉第准（假）电容的机理储存电荷；混合型电容器，两个电极分别通过法拉第准（假）电容和双电层电容储存电荷。

（3）按电容器的结构及电极上发生反应的不同可分为：对称型和非对称型。如果两个电极的组成相同且电极反应相同，反应方向相反，则被称为对称型。碳电极双电层电容器、贵金属氧化物电容器即为对称型电容器。如果两电极组成不同或反应不同，则被称为非对称型，由可以进行 n 型和 p 型掺杂的导电聚合物作电极的电容器即为非对称型电容器。

（4）按所用的电解质不同可分为：水系电解液、有机电解液、胶体电解质和固体电解质电容器。

双电层电容（如图 4-8 所示）是在电极/溶液界面通过电子或离子的定向排列造成电荷的对峙所产生的。对一个电极/溶液体系，会在电子导电的电极和离子导电的电解质溶液界面上形成双电层。当在两个电极上施加电场后，溶液中的阴、阳离子分别向正、负电极迁移，在电极表面形成双电层；撤销电场后，电极上的正负电荷与溶液中的相反电荷离子相吸引而使双电层稳定，在正负极间产生相对稳定的电位差。这时对某一电极而言，会在一定距离内（分散层）产生与电极上的电荷等量的异性离子电荷，使其保持电中性；当将两极与外电路连通时，电极上的电荷迁移而在外电路中产生电流，溶液中的离子迁移到溶液中呈电中性，这便是双电层电容的充放电原理。双电层电容器主要是由具有高比表面积的电极材料组成，目前主要研究开发了采用碳电极的电化学双电层电容器。碳电极主要是由高比表面积的活性炭颗粒制得，以硫酸、强碱或有机盐溶液作为电解液，在其使用电位范围内，充电时可得到很大的界面双电层电容。

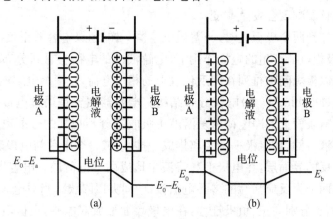

图 4-8 双电层电容充放电装置示意图

基于产生法拉第准（假）电容法反应机理的研究提出了超电容的概念。准确地说，超级电容器仅是一种基于简单化学过程的理论模型。法拉第准（假）电容是在电极表面或体相中的二维或准二维空间上，电活性物质（如 RuO_2 等）进行欠电位沉积，发生高度的化学吸脱附或氧化还原反应，产生与电极充电电位有关的电容。对于法拉第准（假）电容，其储存电荷的过程不仅包括双电层上的存储,而且包括电解液离子在电极活性物质中发生氧化还原反应而将电荷储存电极中,其双电层中的电荷存储与上述类似。化学吸脱附机理的一般过程为:电解液中的离子(一般为 H^+ 或 OH^-)在外加电场的作用下由溶液中扩散到电极/溶液界面,而后通过界面电化学反应:

$$MO_x + H^+ + e \longrightarrow MO_xH$$

而进入到电极表面活性氧化物的体系中,由于电极材料采用的是具有较大比表面积的氧化物,就会有相当多的这样的电化学反应发生,大量的电荷被存储在电极中。根据上式,放电时这些进入氧化物中的离子又会重新返回到电解液中,同时所存储的电荷通过外电路而释放出来,这就是法拉第准(假)电容的充放电机理。

基于导电聚合物的法拉第准(假)电容的基本原理导电聚合物电极电化学电容器的电容主要也是由法拉第准(假)电容提供。其作用机理是:通过在电极上聚合物膜中发生快速可逆 n 型和 p 型元素掺杂和去掺杂的氧化还原反应,使聚合物达到很高的储存电荷密度,产生很高的法拉第准(假)电容而实现储存电能。

混合型超级电容器又可分为对称类型和非对称型,其中正负极材料的电化学储能机理相同或相近的为对称型超级电容器,如碳/碳双电层电容器和 RuO_2/RO_2 电容器。为了进一步提高超级电容器的能量密度,近年来开发出了一种新型的超级电容器:在混合型超级电容器中,一极采用传统的电池电极并通过电化学反应来储存和转化能量,另一极则通过双电层来储存能量。电池电极具有高的能量密度,同时两者结合起来会产生更高的工作电压,因此混合型超级电容器的能量密度远大于双电层电容器。目前,混合型超级电容器是电容器研究的热点。在超级电容器的充放电过程中正负极的储能机理不同,因此其具有双电层电容器和电池的双重特征。混合型超级电容器的充放电速度、功率密度、内阻、循环寿命等性能主要由电池电极决定,同时,在已报道的混合体系的充放电过程中其电解液体积和电解质浓度会发生改变。

当外加电压加到两个极板上时,与普通电容器一样,超级电容器正负极板会分别产生正负电荷,在两极板电荷产生的电场作用下,电解液中的电荷会重新分布,并在与电极的接触界面上形成以极短间隙排列在相反位置上的相反电荷,以平衡电解液内电场,从而形成特殊的双电层(Double Layer)电荷分布结构。电容器主要是通过电极/界面电层储存电荷的。电极材料表面上的净电荷将从溶液中吸收部分不规则的分配离子,使它们在电极溶液界面的溶液一侧,离电极一定距离排成一排,形成一个电荷与电极表面剩余电荷数量相等而符号相反的界面层,在电极上和溶液中形成两个电荷层。电容器可以被视为悬浮在电解质中的两个无反应活性的多孔电极板,中间夹以隔膜。当对电容器进行充电时,溶液中的阴、阳离子分别向正、负极迁移,在电极表面形成双电层,正极电位上升,负极电位下降,在正、负之间产生电势差。当充电完成、外界电场撤销后,由于构成双电层的固、液相界面两侧的正负电荷相互吸引,使得离子不会迁移回溶液中,电容器的电压能够得以保持。当电容器放电时,外接电路将正负极连通,固相中聚集的电荷发生定向移动,在外接电路中形成电流,双电层的正负电荷平衡被破坏,液相中的离子迁移回溶液中。典型的双电层电容器结构如图 4-9 所示。

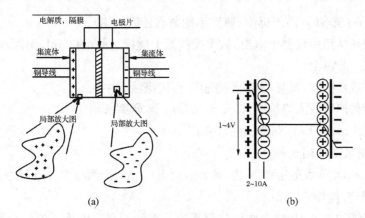

图 4-9 双电层电容器的工作原理示意图

双电层电容器是一种电化学元件,在其储能的过程中并不发生化学反应,其充放电过程是通过电解液中阴、阳离子的定向移动完成的,由于这种储能过程是可逆的,所以双电层电容器可以反复充放电数 10 万次。双电层电容器的能量密度可利用以下公式进行计算:

$$E = 1/2CU^2 \qquad (4-24-1)$$

式中:E 为电容器的能量密度;C 为电容器的电容量;U 为电容器的工作电压。

由此可见,双电层电容器的能量密度与电极电势和材料本身的属性有关。通常为了形成稳定的双电层,一般采用导电性能良好的极化电极。工作时,在可极化电极和电解质溶液之间界面上形成的双电层中聚集的电容量 C 由下式确定:

$$C = (I \times \Delta t)/(m \times \Delta U) \qquad (4-24-2)$$

式中:I 为恒流充放电的电流;Δt 为放电时间;m 为复合材料样品的活性物质质量;ΔU 为电压的范围大小(电压上限-电压下限)。

随着超级电容器放电,正、负极板上的电荷被外电路泄放,在电解液界面上的电荷相应减少,所以充放电过程始终是物理过程,没有化学反应,因此性能是稳定的。

四、仪器和试剂

1. 仪器

超声波清洗器、250 mL 烧杯 2 个、泡沫或者硬纸板 1 块、100 mL 量筒、搅拌器及搅拌磁子、药匙、5 mL 试样瓶、分析天平、铂电极、参比电极、烘箱、Land 测试仪、石墨纸。

2. 试剂

四水氯化锰、乙醇胺、PVDF 溶液、导电炭黑、无水乙醇、蒸馏水、无水硫酸钠。

五、实验步骤

1. Mn_3O_4 的制备

(1) 首先将 250 mL 量筒、药匙清洗干净后在烘箱里彻底烘干,保证不能留有任何水分。

(2) 量取 60 mL 乙醇胺于 250 mL 烧杯中,称量 0.6 g 四水氯化锰加入到乙醇胺中,然后将烧杯口用保鲜膜密封,放入超声清洗器中(仪器中的水位要稍高于烧杯中液体的高度),超声半小时至溶解(溶解标准:瓶底不能留有任何固体)。

(3) 将烧杯从超声仪器中取出,放于搅拌器上搅拌,量取 100 mL 蒸馏水加入到其中,常温下搅拌 2.5 h 以上。

(4) 离心或者抽滤,反复用蒸馏水洗涤,至洗涤液为中性。

(5) 将所得产物放入烘箱中,60℃～70℃烘干,研磨备用。

(6) 配置 1 mol·L^{-1} Na$_2$SO$_4$ 溶液备用。

2. 超级电容组装测试部分

(1) 将 Mn$_3$O$_4$ 样品充分研磨,取 80 mg,以 8∶1∶1 比例与 10 mg 导电炭黑、0.5 mL PVDF 溶液混溶,搅拌 6 h 以上。

(2) 石墨纸的预处理(整个操作过程需戴一次性手套):先将石墨纸反复用无水乙醇擦拭,然后将石墨纸切成 5 cm×1.5 cm 大小的矩形,放入无水乙醇中静置 0.5 h(除去石墨纸表面油污)。取出,充分烘干后冷却 0.5 h,在高精度天平上准确称量其质量,重复三次,质量稳定在±0.02 mg 之间取平均值。

(3) 工作电极的制备:用小药匙取出少许搅拌好的浆料,均匀地涂抹在石墨纸的末端(尽量控制涂抹面积在 1 cm×1.5 cm),然后放入真空烘箱中,在 120℃烘 12 h,取出冷却 15 min,工作电极制备完成,称量,前后取差值,得样品质量。

(4) 组装三电极装置:工作电极、Pt 电极和饱和甘汞电极。

(5) 将三电极体系连接到 Land 测试仪中,进行变倍率性能测试,测试条件是:工作电压范围为 0～1 V,电解液为 1 mol·L^{-1} Na$_2$SO$_4$。分别在不同电流密度下 0.4 A·g^{-1}、1 A·g^{-1}、5 A·g^{-1}、10 A·g^{-1} 充放电 20 个循环。

$$活性物质质量＝质量×0.8$$
$$电流值＝电流密度×活性物质质量$$

(6) 将步骤(4)中的三电极体系,在 1 A·g^{-1} 先运行 1 000 个循环,测试材料的循环性能。

(7) 将步骤(4)中的三电极体系连接到电化学工作站(CHI660),测试其循环伏安性能,测试条件:工作电压范围 0～1 V,电解液为 1 mol·L^{-1} Na$_2$SO$_4$ 溶液。分别在 5 mV·s^{-1}、10 mV·s^{-1}、20 mV·s^{-1}、50 mV·s^{-1}、100 mV·s^{-1} 扫描速率下充放电两个循环。

六、数据记录和处理

(1) 设计相关表格,记录并计算实验步骤 2(5)～(7)所得数据及其对应电容数值。Land 测试仪器上输出数据有时间和电压,我们取放电时间记为 t(s),所算出的电流值记为 I(mA),电压范围记为 U(V),活性物质质量记为 m(mg)。其中:

$$比电容＝I·t/(m·U)$$

(2) 用 Origin 软件对 Land 测试数据进行作图:在恒定的电流密度 2 A·g^{-1} 进行充放电,做电压-时间曲线。

(3) 在固定电流密度下恒定运行 2 000 个循环,测试材料的循环稳定性,并在 Origin 软件中作图。

（4）在不同的电流密度下进行充放电，测试其倍率性能，并在 Origin 软件中作图。

（5）在 5 mV·s⁻¹、10 mV·s⁻¹、20 mV·s⁻¹、50 mV·s⁻¹、100 mV·s⁻¹不同扫速下，进行循环伏安数据扫描，用 Origin 软件进行数据处理，分析其电化学性能。

七、问题与思考

（1）超级电容的测试原理是什么？

（2）如何计算恒电流充放电时的电流值和容量值？

（3）一个优异的超级电容应该具有哪些性能？

实验指导

1. 在实验过程中，要注意一切所用器皿的洁净度，不能把杂质带入样品中。

2. 用玛瑙研钵研磨时，要研磨充分，尽量把颗粒研细。

3. 超声反应过程，注意超声仪器内水及时更换，防止水温过高。

4. 所制备样品要放在自封袋或者塑料离心管中，防止受潮。

5. 三电极体系在准备和测试过程，避免发生短接现象。

6. 实验中用 Origin 软件对 Land 测试数据进行作图处理时的各种示意图如下：

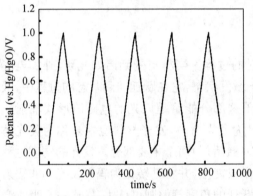

图 4-10　恒定的电流密度 2 A·g⁻¹进行充放电时的电压-时间曲线图

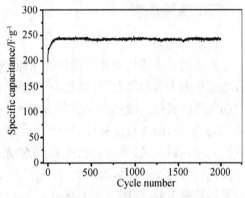

图 4-11　在固定电流密度下恒定运行 2 000 个循环时材料的循环稳定性能图

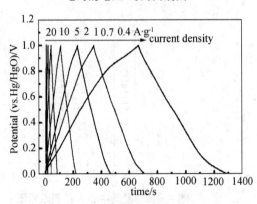

图 4-12　在不同的电流密度下进行充放电时材料的倍率性能图

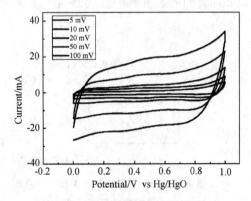

图 4-13　在不同扫速下材料的循环伏安性能图

实验二十五　掺铕钼酸钙红色荧光粉的制备及其发光性能

一、实验目的

(1) 掌握高温固相法和水热法合成制备无机粉体的方法。

(2) 了解荧光粉的发展状况以及发光机理。

(3) 了解发射光谱和激发光谱的基本原理,掌握光谱分析的测试方法。

(4) 进一步熟悉 XRD 在物相分析中的应用。

二、预习提要

了解荧光粉粉体的制备方法、发光机理;了解荧光粉的测试表征手段。

预习题

① 什么是荧光粉,其主要用途是什么?

② 荧光粉发光的原理是什么?

③ 高温固相法和水热法在制备无机粉体时各有哪些优缺点?

三、实验原理

1. 发光现象

发光就是物体把吸收的能量转化为光辐射的过程。当材料受到诸如光照、外加电场或电子束轰击等的激发后,吸收外界能量,处于激发状态,它在跃迁回到基态的过程中,吸收的能量会通过光或热的形式释放出来。如果这部分能量是以光的电磁波形式辐射出来,即为发光,而具有这种发光行为的物质就称为发光材料,发光材料也常被称为荧光体或磷光体。通常,发光材料包括基质、发光中心(激活剂)两个主要部分。发光的物理过程从发光行为角度可简单理解为:发光中心吸收激发能量,并将其转化为辐射发光和非辐射的晶格热振动能,如图 4-14 所示。而从能级跃迁的角度理解则可认为:发光中心吸收激发光的能量跃迁到激发态,然后从激发态又以能级辐射跃迁的形式回到基态并发出光,或以非辐射的形式回到基态,如图 4-15 所示。

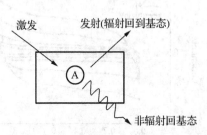

图 4-14　一种发光中心 A 在它的基质
晶格中的发光行为

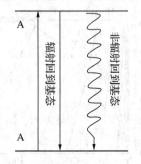

图 4-15　发光中心 A 能级示意图

2. Eu^{3+} 的发光特性

稀土元素因具有特殊的发光特性,在光致发光、电致发光、X 射线发光、阴极射线发光等方面有广泛应用。稀土元素的发光特性取决于其 4f 轨道上电子的特性,其电子组态为 $4f^n5s^25p^6$,随着 n 值的增加,表现出不同的电子跃迁形式及众多的跃迁能级。稀土离子的 4f 亚层外,还有 $5s^2$、$5p^6$ 电子层,由于后者的屏蔽作用,使 4f 亚层受化合物中的晶体场或配位场影响较小,三价稀土发光中心基本是孤立的。这造成了它的能级结构基本保持自由离子的特征,在不同基质中的变化较小,发光基本都是线状谱。4f 电子在不同能级之间的跃迁,产生了大量的吸收和荧光光谱跃迁,很适合作为激光和发光材料的激活剂离子。

Eu^{3+} 是研究最多、应用最广泛的一种红色发光激活剂,其能级结构简单,发光单色性好、量子效率高。Eu^{3+} 的最外层子组态为 $4f^6$,它的发射通常呈现为位于红色区域的线峰,这使得它在照明和显示中得到了重要的应用。图 4-16 和图 4-17 分别是 Eu^{3+} 掺杂荧光粉的典型激发光谱和发射光谱图。其发光主要来自于 $^5D_0$ 激发态,所产生的谱线有 813 nm ($^5D_0 \rightarrow {^7F_6}$)、741 nm ($^5D_0 \rightarrow {^7F_5}$)、700 nm ($^5D_0 \rightarrow {^7F_4}$)、654 nm ($^5D_0 \rightarrow {^7F_3}$)、615 nm ($^5D_0 \rightarrow {^7F_2}$)、592 nm ($^5D_0 \rightarrow {^7F_1}$) 和 578 nm ($^5D_0 \rightarrow {^7F_0}$)。在无机发光材料中,Eu^{3+} 的可见光发射主要为 $^5D_0 \rightarrow {^7F_j}$ (J=0,1,2,3,4,5,6) 的跃迁,其中最强的跃迁为 $^5D_0 \rightarrow {^7F_1}$ 或 $^5D_0 \rightarrow {^7F_2}$,这取决于 Eu^{3+} 在该发光材料中所占据位置的对称性的高低。对称性高,以磁偶极跃迁 $^5D_0 \rightarrow {^7F_1}$ 为主;对称性低,则以电偶极跃迁 $^5D_0 \rightarrow {^7F_2}$ 为主,而其他跃迁均较弱。

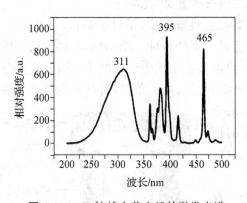

图 4-16　Eu^{3+} 掺杂荧光粉的激发光谱

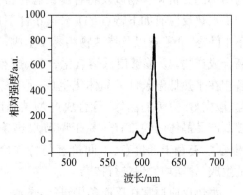

图 4-17　Eu^{3+} 掺杂荧光粉的发射光谱

3. 稀土发光材料的制备方法

稀土发光材料颗粒大小、表面形貌、粒径分布对其发光具有重要影响,这也会影响到它们在不同器件上应用效果,因此人们就通过不同的合成方法来研究荧光粉颗粒大小、表面形貌、粒径分布对发光的影响。稀土发光材料的制备方法种类比较多,一般分为固相法和液相法。

(1) 高温固相反应法

高温固相反应法是发光材料的一种传统的合成方法。固相反应通常取决于材料的晶体结构以及缺陷结构,而不仅是成分的固相反应性。固相反应的充分必要条件是反应物必须相互接触,即反应是通过颗粒界面进行的。反应物颗粒越细,其比表面积越大,从而有利于固相反应的进行。另外,其他一些因素如温度、压力、添加剂、射线的辐照等也是影响固相反应的重要因素。固相反应一般包括以下四个步骤：① 固相界面的扩散；② 原子尺度的化学反应；③ 新相成核；④ 固相的输运及新相的长大。决定固相反应的两个重要因素是成核和扩散速度。固相反应所制得的荧光粉一般需要进行后处理工作,包括粉碎、选粉、洗粉、包覆、筛选等工艺。

高温固相反应法的优点是工艺流程简单,不需要复杂的设备,适合于工业批量生产；缺点是煅烧温度高,保温时间长,对设备要求高,粒径分布不均匀,粒子容易团聚。

（2）水热法

液相法是目前实验室和工业生产中较为广泛采用的方法。通常是让溶液中的不同分子或离子进行反应,产生固体产物,成为所需粉体的前驱体,经热处理得到发光材料。液相法具有设备简单、原料易得、产物纯度高、化学组成可准确控制等优点。但液相法存在工艺流程长、对环境污染大、颗粒易团聚等缺点。液相法主要包括溶胶-凝胶法、沉淀法、燃烧法、水热法、喷雾热解法和微乳液法等。

水热法(Hydrothermal Method)指的是在密闭的体系中,以水或其他有机溶剂为介质,加热至一定的温度(100℃～1 000℃)时,在水蒸发(气化)后自身产生的压强(1 MPa～100 MPa)下,体系的物质进行化学反应,产生新的物相或者新的物质的一种合成方法。在高温高压下,水处于临界或超临界状态,反应活性提高。一系列高温、高压水热反应的开拓研究及其在此基础上开发出来的水热合成,已成为目前多数无机功能材料、特种组成与结构的无机化合物以及特种凝聚态材料合成的越来越重要的途径。

水热反应有如下特点：① 水热条件下反应物反应性能改变,活性提高；② 水热条件下中间态、介稳态以及特殊物相易于生成,易于合成一系列特种介稳结构、特种凝聚态的新合成产物；③ 能够使低熔点化合物、高蒸气压且不能在融体中生成的物质以及高温分解相在水热低温条件下晶体化生成；④ 水热的低温、等压、溶液条件,有利于生长极少缺陷、取向好、完美的晶体,且合成产物结晶度高,易于控制产品晶体的粒度；⑤ 易于调节水热条件下的环境气氛,有利于低价态、中间价态与特殊价态化合物的生成,并能均匀地进行掺杂。

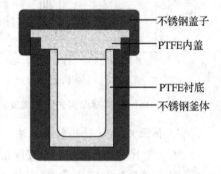

图 4-18　水热合成反应釜结构示意图

水热反应通常在反应釜中进行,图 4-18 为一种典型的水热反应釜结构示意图。在合成中,反应物混合物占反应釜密闭空间的体积分数称为装填度,它与反应的安全性有关,在实验中要保持反应物处于液相传质状态,同时又要防止装填度过高而使反应系统的压力超出安全范围,一般装填度在 60%～80%。

四、仪器和试剂

1. 仪器

马弗炉、分析天平、烘箱、荧光分光光度计(附固体样品架)、X 射线粉末衍射仪、烧杯(50 mL)、水热反应釜、刚玉坩埚、玛瑙研钵、电磁搅拌器。

2. 试剂

氧化铕（99.99%）、盐酸（GR）、钼酸钠（AR）、MoO_3（AR）、$CaCl_2$（AR）、$CaCO_3$（AR）、氨水、乙醇。

五、实验步骤

1. Eu^{3+}：$CaMoO_4$ 荧光粉的制备

（1）高温固相法合成 0.002 mol 的 Eu_x^{3+}：$Ca_{1-x}MoO_4$（$0.05 \leqslant x \leqslant 0.24$）荧光粉。首先，把所需原料进行充分烘干，按照化学计量比分别准确称量 Eu_2O_3、$CaCO_3$、MoO_3。在玛瑙坩埚中混合研磨 30 min，放入刚玉坩埚中，在马弗炉中于 500℃烧结 4 h。然后自然降至室温。然后，再研磨 60 min，放入坩埚中，于 800℃烧结 5 h。然后自然降至室温。再稍加研磨，得到产物。

（2）水热法合成制备 0.002 mol 的 Eu_x^{3+}：$Ca_{1-x}MoO_4$（$0.05 \leqslant x \leqslant 0.24$）荧光粉。把所需原料进行充分烘干，按照化学计量比分别准确称量 Eu_2O_3、$CaCl_2$、Na_2MoO_4。将称好的 Eu_2O_3 溶于稀盐酸中，加热蒸发至干，加入去离子水溶解蒸发产物，再次加热蒸发至干，即获得 $EuCl_3$。然后，将制备得到的 $EuCl_3$ 与称量好的 $CaCl_2$ 加入同一烧杯中，同时将称量好的 Na_2MoO_4 加入另一烧杯中，溶解，搅拌 20 min。两烧杯中均加入适量去离子水形成澄清溶液，将两种溶液混合在一起，形成白色悬浊液。缓慢加入适量的氨水，调 pH 为 8～9，搅拌 20 min。将白色液体倒入聚四氟乙烯合成反应釜中，以每分钟 5℃的升温速率加热至 180℃，恒温 10 h，然后自然降至室温。用离心机获得水热后的白色沉淀，用去离子水和乙醇清洗数次，在 80℃干燥数小时，即得到最终产物。可以将得到的产物在高温下（700℃～800℃）进行灼烧，对比烧结前后样品性能的变化。

2. 荧光粉的性能测试

（1）X 射线粉末衍射测试：将所制备的荧光粉进行 X 射线粉末衍射测试，得到其 XRD 图谱及数据。

（2）发光性能测试：用荧光光谱仪对所制备的样品进行发光性能测试，测试其荧光光谱和激发光谱。

六、数据记录与处理

1. 用 Origin 软件对 XRD 数据进行作图，并与 JCPDS 标准卡片 PDF＃29-0351（$CaMoO_4$）相比较，由此说明所制备的样品是否为单一物相，并分析其结晶性能。

2. 用 Origin 软件对其荧光光谱和激发光谱作图，并分析其发光性能。

3. 比较不同制备方法制备样品进行热处理对其发光性能及结晶性能的影响。

4. 比较不同 Eu^{3+} 的掺杂量对发光性能的影响。

七、问题与思考

（1）在 Eu^{3+}：$CaMoO_4$ 红色荧光粉中，Eu^{3+} 和 $CaMoO_4$ 分别起什么作用？

（2）为什么不同 Eu^{3+} 的掺杂浓度对发光强度有影响？是不是 Eu^{3+} 的掺杂浓度越高，其发光强度越大？

(3) 有哪些因素可以影响荧光粉的发光强度及性能?

实验指导

1. 在实验过程中,要注意一切所用器皿的洁净度,不能把杂质带入样品中。
2. 用玛瑙研钵研磨时,要研磨充分,尽量把颗粒研细。
3. 用马弗炉加热时,要注意防止烫伤,一定要等炉温降到室温,再取坩埚。
4. 所制备样品要放在自封袋或者塑料离心管中,防止受潮。

实验二十六　CdSe 半导体量子点的制备及其荧光性能

一、实验目的

(1) 了解纳米材料及量子点的基本知识。
(2) 了解量子点光致发光的基本原理。
(3) 掌握量子点测量荧光性能的原理及方法。
(4) 掌握水溶性 CdSe 半导体量子点的合成方法。

二、预习提要

预习关于纳米材料及量子点的相关知识,了解有关光致发光的基本原理。

预习题

① 什么是纳米材料? 量子点有什么特征?
② 光致发光的原理是什么?
③ 为什么半导体量子点具有荧光性能?

三、实验原理

量子点(QDs)即半导体纳米晶体(NCs)具有独特的电子和发光性质。量子点尺寸大约为 1~10 nm,它的尺寸和形状可以精确地通过反应时间、温度、配体来控制。当量子点尺寸小于它的波尔半径时,量子点的连续能级开始分离,它的值最终由它的尺寸决定。随着量子点的尺寸变小,它的能隙增加,导致发射峰位置蓝移。由于这种量子限域效应,我们称它为"量子点"。与传统的有机染料相比,量子点具有无法比拟的发光性能,比如尺寸可调的荧光发射,窄且对称的发射光谱,宽且连续的吸收光谱,极好的光稳定性。通过调节不同的尺寸,可以获得不同发射波长的量子点。窄且对称的荧光发射使量子点成为一种理想的多色标记的材料。

其发光原理是:激子存在于固体中,由于库仑作用使电子和空穴结合在束缚状态中,这种束缚状态称为激子。在量子点中,处于高能级的电子不稳定,通过不同形式经中间的激发态能级跃迁回基态而发光。荧光量子点产率是指产生荧光发射的光子数与其所吸收的激发光子数之比。

现在用作荧光探针的量子点主要有单核量子点(CdSe、CdTe、CdS)和核壳式量子点

（CdSe/ZnS、CdSe/ZnSe）。量子点的制备方法主要分为在水相体系中合成和在有机相体系中合成。水相合成量子点操作简便、重复性高、成本低、表面电荷和表面性质可控，很容易引入各种官能团分子，因而近年来水溶性量子点的制备成为人们研究的热点。本实验主要介绍水相量子点 CdE(E＝S、Se、Te)的合成，以制备不同 CdSe 量子点为例介绍其合成方法及荧光性能测定。

合成原理：CdE(E＝S、Se、Te)量子点可以使用多聚磷酸盐或巯基化合物为配体在水相中直接合成。巯基化合物既可以作为稳定 Cd^{2+} 的良好配体，同时也与生物体中的氨基酸、蛋白质等物质有良好的生物相容性，可以在合成后不经表面修饰直接应用于生物标记领域，其中巯基乙酸(TGA)和巯基丙酸(MPA)等被广泛应用于量子点的合成。本实验采用巯基乙酸作为配体来合成水溶性的 CdSe 量子点。

四、仪器和试剂

1. 仪器

荧光光谱仪、磁力搅拌器及搅拌磁子、250 mL 三颈烧瓶 2 个、50 mL 量筒、5～100 mL量程移液器、10 mL 移液管、药匙、5 mL 试样瓶、分析天平、比色皿。

2. 试剂

Se 粉、Na_2SO_3、$CdCl_2 \cdot 2.5H_2O$、巯基乙酸、氢氧化钠、蒸馏水、罗丹明、氮气。

五、实验步骤

1. CdSe 量子点的合成

（1）Na_2SeSO_3 前驱体的合成

本实验所需要 $0.1\ mol \cdot L^{-1}\ Na_2SeSO_3$ 溶液按以下步骤制备：

① 分别称取 0.3948 g Se 粉和 1.8906 g Na_2SO_3 放入三颈烧瓶中并加蒸馏水至50 mL，然后通入 N_2 除氧；

② 将上述溶液搅拌 30 min，待黑色的 Se 粉完全溶解之后，将三颈烧瓶 110℃加热回流 4 h，把制备好的 Na_2SeSO_3 溶液倒进棕色瓶中并避光保存。

（2）CdSe 量子点的合成

① 取 20 mL 5 mmol · $L^{-1}CdCl_2 \cdot 2.5H_2O$ 和 30 mL 去离子水于 250 mL 三口烧瓶中，通氮气，搅拌 15 min，滴加 20 μL 巯基乙酸，然后用 1 mol · $L^{-1}NaOH$ 溶液调节 pH＝11；

② 在强磁力搅拌下通氮除氧 15 min，然后在氮气保护下快速一次性加入新制的 Na_2SeSO_3 水溶液 0.5 mL，得到的溶液继续搅拌，在 100℃下加热至沸腾，回流反应不同的时间，得到颜色各异的透明溶液。在回流时间分别为 0 h(溶液刚开始沸腾回流时)，0.5 h，2.0 h，3.0 h，4 h 时，各取出约 5 mL 反应液，置于相应的比色皿中，待测。在暗处，采用365 nm的紫外灯对所取样品进行辐照，观察其荧光颜色。

2. 量子产率的计算(测量 4 h 合成的量子点)

在 400 nm 下测 $1 \times 10^{-6}mol \cdot L^{-1}$ 罗丹明溶液的吸光度和荧光光谱，调整 CdSe 溶液的浓度，在 400 nm 下测其吸光度小于 0.1，之后测试该浓度下的荧光发射光谱，计算

CdSe 的荧光量子产率。

3. CdSe 量子点荧光光谱的测定

在计算机上打开测量软件,将所制备的量子点溶液放入样品池中,在软件上设置测量所需要的参数,然后设置测定样品的激发光谱和发射光谱所需的测量范围、激发波长、监测波长、扫描速度等参数,开始测定样品的荧光光谱。

六、数据记录与处理

(1) 对不同回流时间 CdSe 量子点的荧光光谱进行作图处理,并说明回流时间对光谱的影响。

(2) 计算 4 h 合成的量子点 CdSe 的量子产率。

七、问题与思考

(1) 半导体量子点具有哪些荧光特性? 其发光机理是什么?

(2) 通过查找文献资料,制定用巯基乙酸稳定的 CdS 量子点或 CdTe 量子点的合成方法,分析这两种量子点的合成方法与 CdSe 量子有何不同。

实验指导

1. 由于巯基乙酸气味很重,所以实验需要在通风橱中完成。

2. Na_2SeSO_3 前驱体性能极其不稳定,所以在其制备实验中需要把氧气除净,防止其氧化。另外制备 CdSe 量子点时,要使用新制备的 Na_2SeSO_3。

实验二十七 Cr(Ⅲ) 配合物的合成及其晶体场分裂能(Δ_o)的测定

一、实验目的

(1) 了解溶液中合成 Cr(Ⅲ)配合物的方法。

(2) 掌握紫外可见光谱法测定晶体场分裂能的方法及原理。

(3) 了解不同配体对 Cr(Ⅲ) d 轨道能级分裂的影响。

二、预习提要

了解配合物及晶体场的相关知识,预习配合物的合成方法及晶体场分裂能的测定方法。

预习题

① 什么是配合物?

② 常见的八面体晶体场的分裂能如何计算?

③ 紫外可见光谱法测定晶体场分裂能的原理是什么?

三、实验原理

过渡金属离子形成配合物后,在配体场的作用下,金属离子的 d 轨道分裂为能量不同的简并轨道。在八面体场的影响下,d 轨道分裂为两组:t_{2g}(三个简并轨道)和 e_g(二个简并轨道),后者能量较高,如图 4-19 所示。

e_g 和 t_{2g} 轨道之间的能量差为分裂能,以 Δ_o 表示。分裂能的大小与下列因素有关:

(1) 配体相同,Δ_o 按下列次序递减:

平面平方形场＞ 八面体场＞ 四面体场

(2) 对于含有高自旋的金属离子的八面体配合物,第一过渡系配合物 Δ_o 值:二价离子是 7 500～12 500 cm^{-1},三价离子是 14 000～2 500 cm^{-1}。

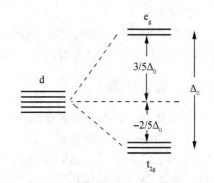

图 4-19　轨道在八面体场的分裂能

(3) 对于同族同价态的金属离子的相同配体八面体配合物,其 Δ_o 值从第一过渡系到第二过渡系增加 40%～50%,由第二过渡系到第三过渡系大约增加 25%～30%。例如:$[Co(NH_3)_6]^{3+}$ Δ_o = 23 000 cm^{-1};$[Rh(NH_3)_6]^{3+}$ Δ_o = 34 000 cm^{-1},$[Ir(NH_3)_6]^{3+}$ Δ_o = 41 000 cm^{-1}。

(4) 配体的影响:依实验所得的 Δ_o 值可知,同一过渡系金属离子与不同配体所生成的配合物,其 Δ_o 值依次增大的顺序为:

$I^- < Br^- < Cl^- < F^- < OH^- < C_2O_4^{2-} \approx H_2O < NCS^- < Py \approx NH_3 < en < biPy < o\text{-}Phen < NO_2^- < CN^-$

上述次序称为光谱化学序列。

配合物中心金属原子或离子的 d 轨道分裂后,在光照下 d 电子可从能级低的 d 轨道跃迁到能级高的 d 轨道,产生 d-d 跃迁和吸收光谱,所吸收的光子能量应等于分裂能。因此,可以通过紫外可见光谱来确定配合物的晶体场分裂能。

Cr^{3+}(d^3 组态)配合物的电子光谱应有三个吸收峰,相应的 d 电子跃迁为:

$$^4A_{2g} \longrightarrow {}^4T_{2g};(\upsilon_1 = 10\ Dq = \Delta_o)$$

$$^4A_{2g} \longrightarrow {}^4T_{1g}(F);\upsilon_2$$

$$^4A_{2g} \longrightarrow {}^4T_{1g}(P);\upsilon_3$$

其中 $^4A_{2g} \longrightarrow {}^4T_{2g}$ 跃迁的能量即为 Cr^{3+} 八面体配合物的分裂能 Δ_o。故 Cr^{3+}(d^3)的八面体场的分裂能可由最大波长的吸收峰位置,按下式计算而得:

$$\Delta_o = 10^7/\lambda \qquad\qquad (4-26-1)$$

式中:λ 为波长,单位为 nm。

四、仪器和试剂

1. 仪器

紫外分光光度计、电子分析天平、玻璃棒、电吹风、10 mL 圆底烧瓶、冷凝管、胶头滴管、布氏漏斗、100 mL 容量瓶、50 mL 和 10 mL 烧杯。

2. 试剂

$CrCl_3 \cdot 6H_2O(s)$、甲醇、丙酮、锌粉(s)、乙二胺、无水与 95% 乙醇、$Cr(NO_3)_3 \cdot 6H_2O(s)$、$H_2C_2O_4(s)$、$K_2Cr_2O_7(s)$、$KCr(SO_4)_2 \cdot 12H_2O$ (s)、$Na_2C_2O_4(s)$、EDTA 二钠盐(s)。

五、实验步骤

1. 几种 Cr(Ⅲ)配合物的合成

(1) $[Cr(en)_3]Cl_3$ 的合成

在 10 mL 干燥圆底烧瓶中加入 1.35 g $CrCl_3$ 和 2.5 mL 甲醇,待溶解后,再加入 0.05 g 锌粉,加入小粒沸石后在瓶口装上回流冷凝管,在热水浴中回流。同时,量取 2 mL 乙二胺,用胶头滴管将乙二胺缓慢地从冷凝管口滴入烧瓶,此时水浴控制在 70℃~80℃。加完后继续回流 45 min。反应完毕后,冰水浴冷至有沉淀析出,抽滤,沉淀用 10% 的乙二胺-甲醇溶液洗涤,最后再用 1 mL 95% 的乙醇洗涤粉末状黄色产物 $[Cr(en)_3]Cl_3$,空气中干燥,称量,保存于棕色瓶中,产率大于 70%。

(2) $K_3[Cr(C_2O_4)_3]$ 的合成

在 10 mL 水中溶解 0.6 g $K_2C_2O_4$ 和 1.4 g $H_2C_2O_4$,再慢慢加入 0.5 g 研细的 $K_2Cr_2O_7$,并不断搅拌,待反应完毕后,蒸发溶液近干,使晶体析出。冷却后用微型漏斗及吸滤瓶过滤,并用丙酮洗涤晶体,得到暗绿色的 $K_3[Cr(C_2O_4)_3] \cdot 3H_2O$ 晶体,在烘箱内于 110℃下烘干。

(3) 系列 Cr(Ⅲ)配合物溶液的配制

① 称取 $[Cr(en)_3]Cl_3$(s) 0.30 g,置于小烧杯中,用少量去离子水溶解,转移到 100 mL 容量瓶中,稀释至刻度。

② 称取 0.7 g EDTA 二钠盐(s)溶于 50 mL 去离子水中,加热使其全部溶解,然后调节 pH 为 3～5,加入 0.5 g $CrCl_3 \cdot 6H_2O(s)$稍加热,得 $[CrEDTA]^-$ 配合物溶液,取该溶液 15 mL,将该溶液转移到 100 mL 该容量瓶中,稀释至刻度。

③ 称取 0.08 g $KCr(SO_4)_2 \cdot 12H_2O(s)$置于小烧杯中,用少量去离子水溶解,转移到 10 mL 容量瓶中,稀释至刻度。即得 $K[Cr(H_2O)_6](SO_4)_2$ 溶液。

④ 称取 0.02 g $K_3[Cr(C_2O_4)_3] \cdot 3H_2O$,溶于 10 mL 去离子水中,使其全部溶解得 $[Cr(C_2O_4)_3]^{3-}$ 配合物溶液。

2. 分裂能的测定

在波长 360～700 nm 范围内以去离子水为参比液,用 1 cm 比色皿,在紫外分光光度计上,测定 4 种配合物溶液的吸收光谱。

六、数据记录与处理

(1) 通过 Origin 作图,得到 4 种配合物的紫外可见光谱图。

（2）找出不同配体的配合物的最大吸收峰的波长，并通过公式(4-26-1)计算其分裂能，数据记录于下表中。

室温：_____　　大气压：_____

配合物	λ_{max}/nm	Δ_o/cm^{-1}
$[Cr(en)_3]^{3+}$		
$[CrEDTA]^-$		
$[Cr(H_2O)_6]^{3+}$		
$[Cr(C_2O_4)_3]^{3-}$		

（3）通过实验总结光谱化学序列，并与文献值比较。

七、问题与思考

（1）在测定吸收光谱时，所配的配合物溶液的浓度是否要十分准确，为什么？
（2）影响过渡金属原子或离子的分裂能的主要因素是哪些？

实验指导

$[Cr(en)_3]Cl_3$ 要在非水溶剂（甲醇或乙醚）中制备，因在水溶液中 Cr^{3+} 与 H_2O 有很大的配位能力。在水溶液中加入碱性配体（如 en），由于 Cr—O 键强，只能得到胶状的 $Cr(OH)_3$ 沉淀。

第5章 设计研究型实验

实验二十八 $Fe(OH)_3$溶胶的制备、纯化及稳定性研究

一、实验目的

(1) 了解胶体的不同制备和纯化方法。

(2) 观察胶体的电泳现象,掌握电泳法测定胶体电动电势的技术。

(3) 了解胶体聚沉值的测定方法。

二、实验导读

　　胶体现象无论在工农业生产中还是在日常生活中,都是常见的问题。为了了解胶体现象,进而掌握其变化规律,进行胶体的制备及性质研究实验很有必要。

　　溶胶的制备方法可分为分散法和凝聚法。分散法是用适当方法把较大的物质颗粒变为胶体大小的质点,如机械法、电弧法、超声波法、胶溶法等;凝聚法是先制成难溶物的分子(或离子)的过饱和溶液,再使之相互结合成胶体粒子而得到溶胶,如物质蒸气凝结法、变换分散介质法、化学反应法等。$Fe(OH)_3$溶胶的制备就是采用化学反应法使生成物呈过饱和状态,然后粒子再结合成溶胶。

　　在胶体分散系统中,由于胶体本身电离,或胶体从分散介质中有选择地吸附一定量的离子,使胶粒带有一定量的电荷。显然,在胶粒四周的分散介质中,存在电量相同而符号相反的对应离子。荷电的胶粒与分散介质间的电位差,称为ξ电势。在外加电场的作用下,荷电的胶粒与分散介质间会发生相对运动。胶粒向正极或负极(视胶粒荷负电或正电而定)移动的现象,称为电泳。同一胶粒在同一电场中的移动速度由ξ电势的大小而定,所以ξ电势也称为电动电势。

　　测定ξ电势,对研究胶体系统的稳定性具有很大意义。溶胶的聚集稳定性与胶体的ξ电势大小有关,对一般溶胶,ξ电势愈小,溶胶的聚集稳定性愈差,当ξ电势等于零时,溶胶的聚集稳定性最差。所以,无论制备胶体或破坏胶体,都需要了解所研究胶体的ξ电势。原则上,任何一种胶体的电动现象(电泳、电渗、液流电势、沉降电势)都可以用来测定ξ电势,但用电泳法来测定更方便。

　　电泳法测定胶体ξ电势可分为两类,即宏观法和微观法。宏观法原理是观察与另一不含胶粒的辅助液体的界面在电场中的移动速度。微观法则是直接测定单个胶粒在电场中的移动速度。对于高分散度的溶胶,如$Fe(OH)_3$胶体,不易观察个别粒子的运动,只能用宏观法。对于颜色太浅或浓度过稀的溶胶,则适宜用微观法。本实验采用宏观法。

宏观法测定 $Fe(OH)_3$ 的 ξ 电势时,在 U 形管中先放入棕红色的 $Fe(OH)_3$ 溶胶,然后小心地在溶胶面上注入无色的辅助溶液,使溶胶和溶液之间有明显的界面,在 U 形管的两端各放一根电极,通电一定时间后,可观察到溶胶与溶液的界面在一端上升,另一端下降。胶体的 ξ 电势可依如下电泳公式计算得到:

$$\xi = \frac{K\pi\eta}{\varepsilon} \cdot \frac{s/t}{U/L} \tag{5-28-1}$$

式中:K 为与胶粒形状有关的常数(球形为 5.4×10^{10} $V^2 \cdot S^2 \cdot kg^{-1} \cdot m^{-1}$,棒形粒子为 3.6×10^{10} $V^2 \cdot S^2 \cdot kg^{-1} \cdot m^{-1}$;$\eta$ 为分散介质的黏度,$Pa \cdot s$;ε 为分散介质的相对介电常数;U 为加于电泳测定管两端的电压,V;L 为两电极之间的距离,m;s 为电泳管中胶体溶液界面移动的距离,m;s/t 表示电泳速度,$m \cdot s^{-1}$。式中 s、t、U、L 均可由实验测得。

影响溶胶电泳的因素除带电粒子的大小、形状、粒子表面的电荷数目、溶剂中电解质的种类、离子强度、温度外,还与外加电压、电泳时间、溶胶浓度、辅助液的 pH 等有关。

根据胶体体系的动力性质,强烈的布朗运动使得溶胶分散相质点不易沉降,具有一定的动力稳定性。另一方面,由于溶胶分散相有大的相界面,具有强烈的聚结趋势,因而这种体系又是热力学的不稳定体系。此外,由于溶胶质点表面常带有电荷,带有相同电荷的质点不易聚结,从而又提高了体系的稳定性。

带电质点对电解质十分敏感,在电解质作用下溶胶质点因聚结而下沉的现象称为聚沉。在指定条件下使某溶胶聚沉时,电解质的最低浓度称为聚沉值,聚沉值常用 $mmol \cdot L^{-1}$ 为单位。影响聚沉的主要因素是与胶粒电荷相反的离子的价数、离子的大小及同号离子的作用等。一般来说,反号离子价数越高,聚沉效率越高,聚沉值越小,聚沉值大致与反离子价数的 6 次方成反比。同价无机小离子的聚沉能力常随其水合半径增大而减小,这一顺序称为感胶离子序。与胶粒带有同号电荷的二价或高价离子对胶体体系常有稳定作用,使该体系的聚沉值有所增加。此外,当使用高价或大离子聚沉时,少量的电解质可使溶胶聚沉;电解质浓度大时,聚沉形成的沉淀物又重新分散;浓度再提高时,又可使溶胶聚沉。这种现象称为不规则聚沉。不规则聚沉的原因是,低浓度的高价反离子使溶胶聚沉后,增大反离子浓度,它们在质点上强烈吸附使其带有反离子符号的电荷而重新稳定;继续增大电解质浓度,重新稳定的胶体质点的反离子又可使其聚沉。

三、实验要求

(1) 查阅相关文献,拟定详细的实验步骤,确定 $Fe(OH)_3$ 胶体的合理制备方法和纯化方法。

(2) 探讨不同外加电压、电泳时间、溶胶浓度、辅助液的 pH 等因素对 $Fe(OH)_3$ 溶胶电动电势测定的影响。

(3) 探讨不同电解质对所制备 $Fe(OH)_3$ 溶胶的聚沉值,并通过聚沉值判断溶胶胶粒带何种电荷,写出胶粒的结构式。

(4) 设计相关数据记录表格,并在实验报告上对数据进行处理,分析相关结果,得到相关结论。

四、实验提示

(1) 溶胶的制备条件和净化效果均影响电泳速度。制备胶体时,一定要很好地控制温度、浓度、搅拌和滴加速度。渗析时应控制水温,经常搅动渗析液,并勤换渗析液。这样制备得到的溶胶胶粒大小均匀,胶粒周围的反离子分布趋于合理,基本形成热力学稳定态,所得的 ξ 电势准确,重复性好。

(2) 界面移动法电泳实验中辅助液的选择十分重要,因为 ξ 电势对辅助液成分十分敏感,最好用该胶体溶液的超滤液。1-1 型电解质组成的辅助液多选用 KCl 溶液,因为 K^+ 与 Cl^- 的迁移速率基本相同。辅助液的电导率与溶胶的最好一致,这样可以避免因界面处电场强度的突变造成两臂界面移动速率不等产生界面模糊。

(3) 用滴定法测量 $Fe(OH)_3$ 溶胶的聚沉值时,每加一滴都要充分摇荡,至少 1 min 内溶液不出现混浊才可以加第二滴溶液。因溶胶开始聚集时,胶粒数目的变化只能通过显微镜才能看到,而达到肉眼能看到的混浊现象不是立即发生的。

(4) 电泳测定管须洗净并干燥,以免残余水珠及其他离子干扰。

五、问题与思考

(1) 电泳速度的快慢与哪些因素有关?

(2) 所用辅助液与溶胶的电导为什么要求十分相似?

(3) 胶粒带电的原因是什么? 如何判断胶粒所带电荷?

(4) 何谓聚沉值? 电解质为何能使溶胶聚沉?

实验二十九　固液吸附——醋酸在活性炭上的吸附

一、实验目的

(1) 掌握溶液吸附法测定比表面的基本原理。

(2) 了解固-液界面的分子吸附。

二、实验导读

比表面很大的多孔性或高度分散的物质(如活性炭、硅胶等),在溶液中皆有较强的吸附能力。具有吸附能力的物质称为吸附剂,被吸附的物质称为吸附质。吸附作用取决于吸附剂和吸附质的性质以及温度和溶液的浓度。由于吸附剂表面结构的不同,吸附剂对不同的吸附质有着不同的相互作用,因而吸附剂能够从混合溶液中有选择地吸附某一种溶质。

吸附能力的大小常用吸附量 Γ 表示。Γ 通常指每克吸附剂上吸附溶质的量。在恒定的温度下,吸附量 Γ 与吸附质在溶液中的平衡浓度 c 有关。弗兰德利希从吸附量和平衡浓度的关系曲线,得弗兰德利希经验方程:

$$\Gamma = -\frac{x}{m} = kc^n \tag{5-29-1}$$

式中：x 为吸附质的物质的量，mol；m 为吸附剂的质量，g；c 为吸附平衡时溶液的物质的量浓度，$mol \cdot L^{-1}$；k 和 n 为经验常数，由温度、溶剂、吸附质的性质所决定。

将式(5-29-1)取对数，可得：

$$\lg\Gamma = n\lg c + \lg k \tag{5-29-2}$$

根据式(5-29-2)，以 $\lg\Gamma$ 对 $\lg c$ 作图，由直线斜率和截距可以求得 k 和 n。

朗格缪尔吸附等温方程是基于吸附过程的单分子层吸附理论，在吸附平衡时，吸附量与吸附质在溶液中的平衡浓度有关。在平衡浓度为 c 时，吸附量 Γ 为：

$$\Gamma = \Gamma_\infty \frac{bc}{1 + bc} \tag{5-29-3}$$

式中：Γ_∞ 为饱和吸附量，$mol \cdot g^{-1}$；b 为吸附系数，$L \cdot mol^{-1}$。

将式(5-29-3)变换为：

$$\frac{c}{\Gamma} = \frac{1}{\Gamma_\infty}c + \frac{1}{\Gamma_\infty b} \tag{5-29-4}$$

以 c/Γ 对 c 作图，由直线斜率可求得饱和吸附量 Γ_∞，结合截距可以求得吸附系数 b。

根据饱和吸附量 Γ_∞ 的数值，按照单分子层吸附的模型，可以近似计算吸附剂的比表面积 S：

$$S = \Gamma_\infty N_A S_0 = 1.46 \times 10^5 \Gamma_\infty \tag{5-29-5}$$

式中：N_A 为阿伏伽德罗常数；S_0 为吸附质分子的截面积（每个醋酸分子的截面积为 0.243 nm^2）。

根据式(5-29-5)所得的比表面积，往往要比实际数值小一些。原因是忽略了界面上被溶剂占据的部分，吸附剂表面上有小孔，脂肪酸不能钻进去。但是用这一方法测定时操作简便，又不需要特殊仪器，故是了解固体吸附剂性能的一种简便方法。

本实验测定的是活性炭在醋酸溶液中对醋酸的吸附情况。其吸附量可以根据吸附前后醋酸溶液浓度的变化来计算：

$$\Gamma = \frac{(c_0 - c)V}{m} \tag{5-29-6}$$

式中：Γ 为吸附量，$mol \cdot g^{-1}$；c_0 为吸附前溶液的物质的量浓度，$mol \cdot L^{-1}$；c 为吸附平衡时溶液的物质的量浓度，$mol \cdot L^{-1}$；V 为溶液的体积，L；m 为吸附剂的质量，g。

三、实验要求

(1) 通过查阅文献，拟定实验方案。

(2) 测定活性炭在醋酸水溶液中对醋酸的吸附作用，并计算活性炭在醋酸溶液中的饱和吸附量和比表面积。

(3) 通过实验验证朗格缪尔吸附等温方程式和弗兰德利希经验公式。

四、实验提示

(1) 所提供仪器和试剂如下:SHZ-82A 恒温水浴振荡器 1 台、带塞锥形瓶、普通锥形瓶、漏斗、烧杯、碱式滴定管、移液管、吸量管若干,活性炭、冰醋酸、NaOH、酚酞指示剂。根据上述实验仪器和试剂,设计实验,测定活性炭对醋酸的吸附量。

(2) 实验操作过程中需要注意的问题:温度及气压不同,得出的吸附常数不同;使用的仪器干燥无水,注意密闭,防止与空气接触影响活性炭对醋酸的吸附;滴定时注意观察终点的到达;在浓的 HAc 溶液中,应该在操作过程中防止 HAc 的挥发,以免引起较大的误差。

五、问题与思考

(1) 吸附作用与哪些因素有关? 它有何用途?
(2) 为什么吸附过程中使用的锥形瓶、漏斗、烧杯必须是干燥的?
(3) 讨论本实验中引入误差的主要因素是什么?
(4) 如何加快吸附平衡的到达? 如何判定平衡已经到达?

实验三十　难溶盐溶度积的测定

一、实验目的

(1) 用电池电动势及电导法测定难溶盐 AgCl 的溶度积。
(2) 加深对电池电动势和电导率测定应用的了解。

二、实验导读

1. 电池电动势法测定氯化银的溶度积

用电池电动势法测定难溶盐溶度积首先需要设计相应的原电池,使电池反应就是该难溶盐的溶解反应。例如:测定 AgCl 的溶度积,可设计如下电池:

$$Ag(s) \mid Ag^+(a_{Ag^+}) \parallel Cl^-(a_{Cl^-}) \mid AgCl(s) + Ag(s) \text{(饱和 NH}_4\text{NO}_3 \text{为盐桥)}$$

左边负极反应:

$$Ag(s) = Ag^+(a_{Ag^+}) + e$$

右边正极反应:

$$AgCl(s) + e = Ag(s) + Cl^-(a_{Cl^-})$$

电池总反应:

$$AgCl(s) = Ag^+(a_{Ag^+}) + Cl^-(a_{Cl^-})$$

根据能斯特方程：

$$E = E^{\ominus} - \frac{RT}{nF}\ln(a_{Ag^+} \cdot a_{Cl^-}) \tag{4-30-1}$$

因为

$$\Delta_r G_m^{\ominus} = -RT\ln K_a^{\ominus} = -nFE^{\ominus}$$

并且对于该反应，$K_a^{\ominus} = K_{sp}$，所以

$$E^{\ominus} = \frac{RT}{nF}\ln K_{sp} \tag{4-30-2}$$

代入(4-30-1)式中，整理得：

$$\ln K_{sp} = \frac{nEF}{RT} + \ln(a_{Ag^+} \cdot a_{Cl^-}) \tag{4-30-3}$$

若已知银离子和氯离子的活度（可由所配制溶液的浓度和 $\gamma_{\pm}$ 值计算得到），测定了电池的电动势 E 值，就能求出氯化银的溶度积。由于纯水中，AgCl 的溶解度很小，故其活度积就是溶度积。

2. 电导率法测定氯化银的溶度积

难溶盐饱和溶液的浓度极稀，可认为 $\Lambda_m \approx \Lambda_m^{\infty}$，$\Lambda_m^{\infty}$ 的值可由离子的无限稀释摩尔电导率相加而得到。

运用摩尔电导率的公式可以求得难溶盐饱和溶液的浓度为：

$$\Lambda_m^{\infty}(\text{盐}) = \kappa(\text{盐}) / c \tag{4-30-4}$$

Λ_m^{∞} 可由手册数据求得，κ 可以通过测定溶液电导 G 求得，c 便可从上式求得。电导率 κ 与电导 G 的关系为：

$$\kappa = G \cdot l / A = K_{cell} \cdot G \tag{4-30-5}$$

其中 $K_{cell} = l / A$ 为电导池常数，必须指出的是：难溶盐本身的电导率很低，这时水的电导率就不能忽略，所以

$$\kappa(\text{盐}) = \kappa(\text{溶液}) - \kappa(\text{水}) \tag{4-30-6}$$

因此，测定溶液的 κ 之后，还需要测定配制溶液所用水的电导率 $\kappa(\text{水})$，才能求得 κ（盐）。

三、实验要求

（1）查阅相关文献，拟定详细的实验步骤，确定两种方法测定 AgCl 的溶度积的基本原理、所用实验仪器和试剂及实验步骤。

（2）独立动手完成实验，写出实验报告。

（3）对实验结果进行简单的分析和讨论，比较两种方法的优缺点。

四、实验提示

(1) 所提供仪器和试剂如下:UJ-25 型电势差计及附件、DDS-11A 型电导率仪、恒温槽、银电极 2 支、半电池管 2 只、滴管、100 mL 烧杯 2 只、盐桥、H 型电池管、Ag-AgCl 电极、称量瓶、150 mL 锥形瓶(加塞)3 只、称量瓶 1 只、100 mL 容量瓶 1 只、蒸馏水洗瓶 1 只、NH_4NO_3、KCl 溶液(0.10 mol $\cdot$ kg^{-1})、$AgNO_3$ 溶液(0.10 mol $\cdot$ kg^{-1})、滤纸、砂纸、二次蒸馏水、KCl(GR)、AgCl(AR)。根据上述实验仪器和试剂,设计实验,测定 AgCl 的溶度积。

(2) 实验操作过程中需要注意的问题:实验用水应为重蒸馏水,以免受到水中 Cl^- 的影响;测量电动势时要注意电池的正、负极不能接错;要正确选择所使用的电导率仪电极。

(3) Ag-AgCl 电极要避光保存,若表面的 AgCl 层脱落,须重新电镀后再使用;锌电极要仔细打磨,处理干净方可使用,否则会影响实验结果。

五、问题与思考

(1) 分析有哪些因素影响测定溶度积实验的结果?
(2) 简述消除液接电势的方法。

实验三十一　　药物有效期的测定

一、实验目的

(1) 了解药物水解反应的特征。
(2) 掌握硫酸链霉素水解反应速率常数的测定方法。
(3) 熟悉药物有效期测定的常用方法。

二、实验导读

链霉素(streptomycin)是一种氨基葡萄糖型抗生素。1943 年美国 S. A. 瓦克斯曼从链霉菌中析离得到,是继青霉素后第二个生产并用于临床的抗生素。链霉素是由放线菌属的灰色链丝菌产生的抗菌素,硫酸链霉素分子中的三个碱性中心与硫酸成盐,分子式为 $(C_{21}H_{39}N_7O_{12})_2 \cdot 3H_2SO_4$。它的抗结核杆菌的特效作用,开创了结核病治疗的新纪元。本实验是通过比色分析方法测定硫酸链霉素水溶液的有效期。

硫酸链霉素水溶液在 pH 为 $4.0 \sim 4.5$ 时最为稳定,在弱碱性条件下易水解失效,在碱性条件下水解生成麦芽酚(α-甲基-β-羟基-γ-吡喃酮),反应如下:

$$(C_{21}H_{39}N_7O_{12})_2 + 3H_2SO_4 + H_2O \longrightarrow 麦芽酚 + 硫酸链霉素其他降解物$$

该反应为假一级反应,其反应速率服从一级反应的动力学方程。硫酸链霉素在碱性条件下水解得麦芽酚,而麦芽酚在酸性条件下与三价铁离子作用生成稳定的紫红色螯合物,故可用比色分析的方法进行测定。通过测定不同时刻 t 的消光值 E_t,可以研究硫酸链霉素水溶液的水解反应规律,求出反应的速率常数 κ。药物的有效期一般是指当药物分解掉原含量的 10% 时所需要的时间 $t_{0.9}$。根据一级反应的动力学方程可以求得其有效期。

三、实验要求

查阅相关文献,拟定实验方案,并完成以下实验内容:

(1) 确定已显示的硫酸链霉素水溶液的最大吸光度对应的波长,确定本实验用最佳测定波长。

(2) 测定在碱性(不同 NaOH 浓度)条件下,不同温度(40℃和50℃)时硫酸链霉素的反应速率常数。

(3) 根据 Arrhenius 经验式,计算其活化能。根据该数值,计算在室温 25℃时该反应的速率常数,并得到该药物在不同碱性条件下的有效期。

四、实验提示

(1) 所提供仪器和试剂如下:722 型分光光度计 1 台、超级恒温槽 1 台、磨口锥形瓶 100 mL 2 个、移液管 20 mL 1 支、磨口锥形瓶 50 mL 11 个、吸量管 5 mL 3 支、量筒 50 mL 1 个、吸量管 1 mL 1 支、大烧杯、电热炉、秒表 1 只、0.4%硫酸链霉素溶液、2.0 mol·L^{-1}氢氧化钠溶液、20 g·L^{-1}铁试剂(加硫酸)。

(2) 硫酸链霉素在酸性或中性条件下很稳定,基本不水解,在碱性条件下则可以水解,本实验通过加入 NaOH 和恒温加热的形式提供非常态条件,测定药物的有效期。而药品在常态下保质期一般为三年,故非常态下的药品有效期仅能作为参考,并不能求得常态下保质期。国外一些常见有效期的测定方法是:将药品置 35℃进行 6 个月的实验,该实验相当于通常室温放置 12 个月。结果稳定,便可定为该药的有效期不超过两年。但是药品有效期常常要考虑温度、湿度、运输、储藏等因素影响,因此要综合评定药物有效期。

(3) 在碱性条件下水解硫酸链霉素,每隔 10 min 取一次样,这时时间要掌握好,取出水解的药品后,迅速加入铁试剂,这时溶液由碱性变成酸性,而硫酸链霉素在酸性条件下不水解,故水解已经停止,所以加入铁试剂后放置的时间长短对吸光度基本无影响,但加铁试剂之前所放置的时间则对吸光度有影响。因此需要操作时间短,动作迅速。

(4) 碱浓度越高,硫酸链霉素水解程度越大,吸光度也越大。所以在常态下的有效期远大于在碱性条件下的有效期。除了本实验采用分光光度法以外,还可以采用红外光谱法或者测旋光度的方法间接测药物有效期。

五、问题与思考

(1) 取样分析时,为什么要先加入铁试剂和硫酸,然后再对反应液进行比色分析?

(2) 为什么不直接测量硫酸链霉素在 25℃时反应的速率常数?

实验三十二   溶解热的测定

一、实验目的

(1) 用量热法测定 KNO₃ 在水中的溶解热。

(2) 进一步掌握测温量热法的基本原理和测量方法。

(3) 了解量热法测定积分溶解热的基本原理。

二、实验导读

物质溶于溶剂时,常伴随有热效应的产生。研究表明,温度、压力以及溶质和溶剂的性质、用量都对热效应有影响。物质的溶解过程常包括溶质晶格的破坏和分子或离子的溶剂化等过程。一般晶格的破坏为吸热过程,溶剂化作用为放热过程,总的热效应由这两个过程的热量的相对大小决定。

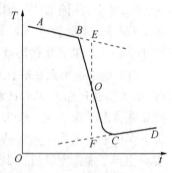

溶解热可分为积分溶解热和微分溶解热。积分溶解热是在标准压力和一定温度下,1 mol 溶质溶于一定量的溶剂中所产生的热效应,可以由实验直接测定。微分溶解热是在标准压力和一定温度下,1 mol 溶质溶于大量某浓度的溶液中所产生的热效应,需要通过作图法来求得,量热曲线雷诺图如图 5-1。

本实验测定的是积分溶解热。在恒压条件下,测定积分溶解热是在绝热的热量计(杜瓦瓶)中进行的,过程中吸收或放出的热全部由系统的温度变化反映出来。

图 5-1 量热曲线雷诺图

首先标定量热系统的热容 C(热量计和溶液温度升高 1℃所吸收的热量)。将某温度下已知积分溶解热的标准物质 KCl 加入热量计中溶解,用贝克曼温度计测量溶解前后量热系统的温度,并用雷诺作图法求出真实温度差 ΔT_S,若系统的绝热性能很好,且搅拌热可忽略时,由热力学第一定律可得如下公式:

$$\frac{m_S}{M_S}\Delta_{sol}H^{\ominus}_{m,S}+C\Delta T_S=0 \tag{5-32-1}$$

$$C=-\frac{m_S}{M_S}\cdot\frac{\Delta_{sol}H^{\ominus}_{m,S}}{\Delta T_S} \tag{5-32-2}$$

式中:m_S、M_S 分别为标准物质 S(KCl)的质量和摩尔质量;$\Delta_{sol}H^{\ominus}_{m,S}$ 为标准压力和一定温度下 1 mol KCl 溶于 200 mol 水中的积分溶解热;ΔT_S 为 KCl 溶解前后温度的变化值。不同温度下 KCl 的积分溶解热见表 1,如 25℃时,$\Delta_{sol}H^{\ominus}_{m,KCl}=17.57$ kJ·mol⁻¹。

表 1　不同温度下 $n_{水}/n_{KCl}=200$ 时 KCl 的积分溶解热（单位：$kJ \cdot mol^{-1}$）

温度/℃	0	1	2	3	4	5	6	7	8	9
10	19.99	19.80	19.64	19.46	19.28	19.11	18.95	18.78	18.62	18.46
20	18.31	18.16	18.01	17.86	17.72	17.57	17.43	17.28	17.15	17.02

　　然后测定待测物质的积分溶解热。若待测物质的质量为 m_B，摩尔质量为 M_B，溶解前后温度的变化为 ΔT_B，则由下式可得待测物质的积分溶解热：

$$\Delta_{sol} H_{m,B}^{\ominus} = -C\Delta T_B \frac{M_B}{m_B} \qquad (5-32-3)$$

上述计算中包含了水溶液的热容都相同的假设条件。

三、实验要求

（1）查找测量物质溶解热的文献 1～2 篇。

（2）根据实验原理设计实验，以 KCl 为标准物测定热量计的热容，进而测定 KNO_3 的积分溶解热。

四、实验提示

（1）分别根据 KCl、KNO_3 溶解过程中的数据作温度-时间曲线，用雷诺法求取真实温差 ΔT_S 和 ΔT，并按式（5-32-2）计算热量计的热容 C。

（2）按式（5-32-3）计算 KNO_3 在实验终止温度下的积分溶解热 $\Delta_{sol} H_m$。

五、问题与思考

（1）试分析实验中影响温差 ΔT 测量的各种因素，并提出改进意见。

（2）试从误差理论分析影响本实验准确度的最关键因素是什么？

（3）为什么要对实验所用的 KCl 及 KNO_3 的粒度做规定？粒度过大或过小会给实验带来什么影响？

实验三十三　纳米磁性材料的制备及性质

一、实验目的

（1）学习和掌握纳米材料的几种基本制备方法。

（2）了解纳米材料的性质及其影响因素。

（3）了解纳米磁性材料的发展及其性能表征方法。

二、实验导读

当物质的尺寸在 0.1～100 nm 的范围时，会出现许多与其在宏观尺寸下完全不同的物理化学性质，因此这样的物质被称为纳米物质。纳米物质在光电工程、磁记录、陶瓷和特殊金属工程、生物工程和微制造技术(如微电子机械系统)方面有着巨大的发展前景。

目前制备纳米粒子的方法多种多样,主要分为气相法、液相法和固相法三大类。

1. 气相法

(1) 气体冷凝法

该法是在低压的氩、氮等惰性气体中加热金属,使其蒸发后形成超微粒(1~1 000 nm)或纳米微粒。加热源有以下几种:① 电阻加热法;② 等离子喷射法;③ 高频感应法;④ 电子束法;⑤ 激光法。该方法适用于金属,CaF_2、$NaCl$、FeF_3 等离子化合物,过渡族金属氮化物及易升华的氧化物等。

(2) 化学气相反应法

利用挥发性的金属化合物的蒸气,通过化学反应生成所需的化合物,在保护气体环境下快速冷凝,从而制备各类物质的纳米微粒。该方法也叫化学气相沉积法(Chemical Vapor Deposition,简称 CVD)。用化学气相反应法制备纳米微粒具有很多优点,如颗粒均匀、纯度高、粒度小、分散性好、化学反应活性高、工艺可控和过程连续等。

2. 液相法

(1) 沉淀法

包含一种或多种离子的可溶性盐溶液,当加入沉淀剂后,或于一定温度下使溶液发生水解,形成不溶性的氢氧化物、水合氧化物或盐类从溶液中析出,并将溶剂和溶液中原有的阴离子洗去,经热分解或脱水即得到所需的氧化物纳米粒子。

(2) 水热法

水热法是高温、高压下在水(水溶液)或水蒸气等流体中进行有关化学反应的总称。水热法的优点在于可直接生成氧化物,避免了一般液相合成方法需要经过煅烧转化成氧化物这一步骤,从而极大地降低乃至避免了硬团聚的形成。

(3) 溶胶-凝胶法(胶体化学法)

溶胶-凝胶法是 20 世纪 60 年代发展起来的一种制备玻璃、陶瓷等无机材料的新工艺,近年来许多人用此法来制备纳米微粒。其基本原理是:将金属醇盐或无机盐经水解直接形成溶胶或经解凝形成溶胶,然后使溶质聚合凝胶化,再将凝胶干燥、焙烧去除有机成分,最后得到无机材料。

3. 固相法

(1) 热分解法

利用一些固体物质(如有机酸盐)加热分解生成新固相的性质,直接制备纳米金属氧化物。目前使用较多的有机酸盐有草酸盐、碳酸盐等。

(2) 固相反应法

由固相热分解可获得单一的金属氧化物,但氧化物以外的物质,如碳化物、硅化物、氮化物等以及含两种金属元素以上的氧化物制成的化合物,仅仅用热分解法就很难制备,通常是将最终合成所需组成的原料混合,再用高温使其反应的方法获得。

(3) 球磨法

球磨法是利用球磨机的转动或振动,使硬球对原料进行强烈的撞击、研磨和搅拌,把粉末粉碎为纳米级微粒的方法。

三、实验要求

（1）制备含铁（纯铁、Fe_2O_3、Fe_3O_4）的纳米磁性固体材料。要求：① 固体颗粒必须小于 100 nm；② 固体颗粒必须有磁性（与同等质量的摩尔氏盐比较，磁性越强越好）。

（2）查阅相关资料，确定纳米材料的合成方法，写出具体实验操作步骤及所需仪器和药品。

（3）进行纳米材料的表征及性能测试。包括使用各种方法（如 X 射线粉末衍射、粒径分析仪等）测定纳米粒子的粒径，用测量磁化率的方法测定纳米材料的磁性。

四、实验提示

建议采用液相法或固相法制备该纳米磁性材料，可以用多种方法制备，并比较不同制备方法得到的材料的性能差异。

五、问题与思考

（1）纳米材料主要有什么特点？

（2）影响纳米材料性能的主要因素是什么？

（3）纳米磁性材料性能的常用表征方法有哪些？ 该材料的主要用途是什么？

第6章　基本测量技术及常用仪器

6.1　温度的测量与控温技术

热是能量交换的一种形式,是在一定时间内以热流形式进行的能量交换量,热量的测量一般是通过温度的测量来实现的。温度表征了物体的冷热程度,是表述宏观物质系统状态的一个基本物理量,温度的高低反映了系统内部大量分子或原子平均动能的大小。温度是国际单位制中7个基本物理量之一,温度的不同表示方法有不同的单位和符号。在物理化学实验中许多热力学参数的测量、实验系统动力学或相变化行为的表征都涉及温度的测量与控制问题。

一、温标

温度量值的表示方法叫做温标。确立一种温标,需要满足以下三点:

(1)选择测温物质:作为测温物质,它的某种物理性质,比如体积、电阻、温差电势以及辐射电磁波的波长等,与温度有依赖关系而又有良好的重现性。

(2)确定基准点:测温物质的某种物理特性,只能显示温度变化的相对值,必须确定其相当的温度值,才能实际使用。通常是以某些高纯物质的相变温度,如凝固点、沸点等,作为温标的基准点。

(3)划分温度值:基准点确定以后,还需要确定基准点之间的分隔,如摄氏温标是以 $1p^{\ominus}$ 下水的冰点(0℃)和沸点(100℃)为两个定点,定点间分为 100 等分,每一份为 1 度。用外推法或内插法求得其他温度。

目前,物理化学中常用的温标有两种:热力学温标和摄氏温标。

热力学温标也称开尔文温标,是一种理想的绝对的温标,单位为 K,用热力学温标确定的温度称为热力学温度,用 T 表示。定义:在 610.62 Pa 时纯水的三相点的热力学温度为 273.16 K。

摄氏温标使用较早,应用方便,符号为 t ,单位为℃。定义:101.325 kPa 下,水的冰点为 0℃。

热力学温标和摄氏温标的关系为: $T/\mathrm{K}=273.15+t/℃$ 。

二、温度计

温度不能直接测量,而是借助于物质的某些物理特性是温度的函数,通过对某些物理特性变化量的测量间接地获得温度值。按照测温的物理特性不同,温度测量分为接触式和非接触式两大类。

接触式温度计是根据热平衡原理设计的,是利用物质的体积、电阻、热电势等物理性质与温度之间的函数关系制成的。测温时须将温度计触及被测体系,使其与体系处于热平衡,两者的温度相等。这样由测温物质的特定物理参数就可换算出体系的温度值,也可将物理参数值直接转换成温度值来表示。接触式温度计主要包含有三类:

(1) 膨胀式温度计:包括液体和固体膨胀式温度计、压力式温度计。

(2) 电阻式温度计:包括金属热电阻温度计和半导体热敏电阻温度计。

(3) 热电式温度计:包括热电偶和 P－N 结温度计。

非接触温度计的特点是感温元件不与被测对象相接触,而是通过辐射进行热交换,故不干扰被测体系,具有较高的测温上限,但测温精度较差。此外,非接触测温法热惯性小,可达千分之一秒,故便于测量运动物体的温度和快速变化的温度。非接触式温度计可分为:辐射温度计、亮度温度计和比色温度计,由于它们都是以光辐射为基础,故也统称为辐射温度计。

下面介绍几种比较常用的温度计。

1. 水银温度计

水银温度计是一种实验室中最常用的液体膨胀式温度计,其优点是结构简单,价格便宜,精确度高,使用方便等;缺点是易损坏且无法修理,读数易受许多因素的影响而引起误差。一般根据实验的目的不同,选用合适的温度计。

(1) 水银温度计的种类和使用范围

① 常用－5℃～150℃、150℃、250℃、360℃等等,最小分度为 1℃ 或 0.5℃。

② 量热用 0℃～15℃、12℃～18℃、15℃～21℃、18℃～24℃、20℃～30℃,最小分度为 0.01℃ 或 0.002℃。

③ 测温差用贝克曼温度计。移液式的内标温度计,温差量程 0℃～5℃,最小分度值为 0.01℃。

④ 石英温度计。用石英做管壁,其中充以氮气或氢气,最高可测温 800℃。

(2) 水银温度计的校正

大部分水银温度计是"全浸式"的,使用时应将其完全置于被测体系中,使两者完全达到热平衡。但实际使用时往往做不到这一点,所以在较精密的测量中需作校正。

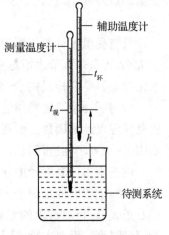

图 6-1　温度计露茎校正

① 露茎校正　全浸式水银温度计如有部分露在被测体系之外,则读数准确性将受两方面的影响:第一是露出部分的水银和玻璃的温度与浸入部分不同,且受环境温度的影响;第二是露出部分长短不同受到的影响也不同。为了保证示值的准确,必须对露出部分引起的误差进行校正。其方法如图 6-1 所示,用一支辅助温度计靠近测量温度计,其水银球置于测量温度计露茎高度的中部,校正公式如下:

$$\Delta t_{露茎} = kh(t_{观} - t_{环})$$

式中:$k = 0.00016$;h 为露茎长度;$t_{观}$ 为测量温度计读数;$t_{环}$ 为辅助温度计读数。测量系统的正确温度为:

$$t = t_观 + \Delta t_{露茎}$$

② 零点校正　由于玻璃是一种过冷液体,属热力学不稳定系统,水银温度计下部玻璃受热后再冷却收缩到原来的体积,常常需要几天或更长时间,所以水银温度计的读数将与真实值不符,必须校正零点。校正方法是把它与标准温度计进行比较,也可用纯物质的相变点标定校正。

$$t = t_观 + \Delta t_示$$

式中:$t_观$ 为温度计读数;$\Delta t_示$ 为示值校正值。

(3) 使用注意事项

水银温度计在使用中应注意:

① 根据测量系统精度选择不同量程、不同精确度的温度计。

② 根据需要对温度计进行校正。

③ 温度计插入系统后,待系统与温度计之间热传导达平衡后(一般为几分钟)再进行读数。

④ 如需改变温度,则从水银柱上升的方向读数为好,而且在各次读数前轻击水银温度计,以防水银粘壁。

⑤ 水银温度计由玻璃制成容易损坏,不允许将水银温度计作搅拌棒使用。

2. 贝克曼温度计

物理化学实验中常用贝克曼温度计精密测量温差,其构造如图 6-2 所示。它与普通水银温度计的区别在于测温端水银球内的水银量可以借助毛细管上端的 U 状水银贮槽来调节。贝克曼温度计上的刻度通常只有 5℃ 或 6℃,每 1℃ 刻度间隔 5 cm,中间分为 100 等分,可直接读出 0.01℃,用放大镜可估读到 0.002℃,测量精密度高。主要用于量热技术中,如凝固点降低、沸点升高及燃烧热的测定等精密测量温差的工作中。

贝克曼温度计在使用前需要根据待测系统的温度及误差的大小、正负来调节水银球中的水银量,把温度计的毛细管中水银端面调整在标尺的合适范围内。使用时,首先应将它插入一个与所测系统的初始温度相同的系统内,待平衡后,如果贝克曼温度计的读数在所要求刻度的合适位置,则不必调节,否则,按下列步骤进行调节:

用右手握住温度计中部,慢慢将其倒置,用手轻敲水银贮槽,此时,贮槽内的水银会与毛细管内的水银相连,将温度计小心正置,防止贮槽内的水银断开。调节烧杯中水温至所需的测量温度。设要求欲测温度为 t 时,使水银面位于刻度"1"附近,则使烧杯中水温 $t' = t + 4 + R$(R 为 H 点到 A 点这一段毛细管所相当的温度,一般约为 2℃,见图 6-2)。将贝克曼温度计,插入温度为 t' 的盛水烧杯中,待平衡后取出(离实

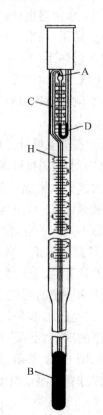

图 6-2　贝克曼温度计
A-毛细管末端;B-水银球;C-毛细管;
D-水银储槽;H-标尺刻度顶部

台稍远些),右手握住贝克曼温度计的中部,左手沿温度计的轴向轻轻敲击右手腕部位,振动温度计,使水银在 A 点处断开,这样就使温度计置于温度 t' 的系统中时,毛细管中的水银面位于 A 点处,而当系统温度为 t 时,水银面将位于 3℃ 附近。贝克曼温度计较贵重,下端水银球尺寸较大,玻璃壁很薄,极易损坏,使用时不要与任何物体相碰,不能骤冷骤热,避免重击,不要随意放置,用完后,必须立即放回盒内。

水银贝克曼温度计是较易损坏的仪器,目前物理化学实验也常采用 SWC-Ⅱ型数字贝克曼温度计,其特点是:

(1) 具有 0.001℃ 的高分辨率,长期稳定性好。

(2) 既可测量温差又可测量温度。温度测量范围可达到 $-50℃\sim150℃$,根据需要可以扩展到 199.99℃。

(3) 操作简单,读数准确,消除了汞污染,安全可靠。

SWC-Ⅱ型数字贝克曼温度计的使用方法:

(1) 准备工作。将仪器后面板电源线接入电网;检查探头编号(应与仪器后面板编号相符),并与后面板上"Rt"端子连接,测温时探头应插入被测物中的深度约 50 mm,打开电源开关。

(2) 测温。将温度/温差按钮置于"温度"位置,同时将测量/保持按钮置于"测量"处。

(3) 测温差。将温度/温差按钮置于"温差"位置,同时将测量/保持按钮置于"测量"位置,再按被测物的实际温度调节"基温选择",使读数的绝对值尽可能小。

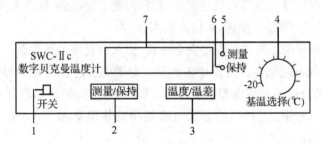

图 6-3　SWC-Ⅱ型数字贝克曼温度计前面板示意图

1-电源开关;2-测量/保持转换键;3-温度/温差转换键;4-基温选择旋钮;
5-测量指示灯;6-保持指示灯;7-温度、温差显示窗口

3. 热电偶温度计

(1) 原理

热电偶温度计是以热电效应为基础的测量仪。如果两种不同成分的均质导体形成回路,直接测温端叫测量端(热端),接线端叫参比端(冷端),当两端存在温差时,就会在回路中产生电流,那么两端之间就会存在 Seebeck 热电势,即塞贝克效应,如图 6-4。热电势的大小只与热电偶导体材质以及两端温差有关,与热电偶导体的长度、直径和导线本身的温度分布无关。因此可以通过测量热电动势的大小来测量温度。这样一对导线的组合称为热电温度计,简称热电偶。对同一热电偶,如果参比

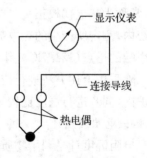

图 6-4　热电偶原理图

端的温度保持不变,热电动势就只与测量端的温度有关,故测得热电动势后,即可求测量端的温度。

热电偶具有构造简单,适用温度范围广,使用方便,承受热、机械冲击能力强以及响应速度快等特点,常用于高温区域、振动冲击大等恶劣环境以及适合于微小结构测温场合。

(2) 几种类型的热电偶

热电偶根据材质可分为廉价金属、贵金属、难熔金属和非金属四种。常用热电偶的具体材质、对应组成,使用温度见表6-1。

表6-1   常用热电偶性能表

热电偶名称	分度号	温度范围/℃	热电偶名称	分度号	温度范围/℃
铂铑30-铂铑6	B	0~1 600	镍铬-康铜	E	0~750
铂铑10-铂	S	0~1 300	铁-康铜	J	0~750
铂铑13-铂	R	0~1 300	铜-康铜	T	-200~350
镍铬-镍硅	K	0~1 200			

(3) 使用注意事项

① 使用热电偶时,应注意其适用温度范围与介质气氛要求,以免损坏。

② 热电偶一般可以和被测介质直接接触,如不能直接接触,则需将热电偶用套管(玻管、石英管、陶瓷管等)加以保护后,再插入被测介质。

③ 为使热端温度与被测介质温度完全一致,要求有良好的热接触。在采用保护套管时,常在套管内加入石蜡油等以改善导热情况。冷端温度应在测量中保持恒定。由于热电势与温度关系的分度表是在冷端温度保持0℃时得到的,如冷端温度不为0℃时,需进行冷端温度补偿。冷端温度补偿的方法是将测得的热电势加上自0℃到冷端温度的热电势。

(4) 热电偶的制作与校正

实验室中应用的热电偶常为自行制作,制作采用点焊法或乙炔焰烧焊法,要求焊点小而且圆滑无裂纹,具有金属光泽。自制的热电偶使用前必须进行电势-温度工作曲线的测定(常称为热电偶校正)。方法是将冷端置于冰-水平衡系统中,热端置于温度恒定的标准系统内,测定所产生的热电势。标准系统一般采用101 325 Pa下水的正常沸点(100℃)、苯甲酸的熔点(121.7℃)、锡的熔点(232℃)等。然后绘制温度-热电势工作曲线,供测定用。除采用上述方法进行校正外,还可采用将自制的热电偶与标准热电偶并排放在管式电炉内,同步进行温度比较校正。

4. 电阻温度计

电阻温度计是利用物质的电阻随温度变化的特性制成的测温仪器。任何物体的电阻都与温度有关,因此都可以用来测量温度。但是,能满足实际要求的并不多。在实际应用中,不仅要求有较高的灵敏度,而且要求有较高的稳定性和重现性。目前,按感温元件的材料来分有金属导体和半导体两大类。金属导体有铂、铜、镍、铁和铑铁合金。目前大量使用的材料为铂、铜和镍。铂制成的为铂电阻温度计,铜制成的为铜电阻温度计。半导体主要有锗、碳和热敏电阻(氧化物)等。

（1）铂电阻温度计

铂的化学与物理稳定性好,电阻随温度变化的重复性高,采用精密的测量技术可使测温精度达到 0.001℃。国际温标规定铂电阻温度计为－183℃～630℃温度范围的基准温度计。铂电阻温度计是用直径为 0.03～0.01 mm 的铂丝均匀绕在云母、石英或陶瓷支架上做成。0℃时的电阻为 10～100 Ω,镀银铜丝作引接线。采用电桥测定温度计的电阻值,以指示温度。

（2）热敏电阻温度计

热敏电阻是一种使用方便、感温灵敏的测温元件,但测温范围较窄。金属氧化物热敏电阻具有负温度系数,其阻值 R_T 与温度 T 的关系可用下式表示:

$$R_T = Ae^{-B/T}$$

式中:A、B 为常数,A 值取决于材料的形状大小,B 值为材料物理特性的常数。采用电桥测定热敏电阻的电阻值以指示温度。热敏电阻的阻值 R_T 与温度 T 之间并非线性关系,但当用来测量较小的温度范围时,则近似为线性关系。实验证明其测温差的精度足可以与贝克曼温度计相比,而且具有热容小、响应快、便于自动记录等优点。

三、温度的控制

物质的物理与化学性质,如折光率、黏度、蒸气压、表面张力、化学反应速率等都与温度有关。因此,在物理化学实验中恒温装置就显得十分重要。恒温装置分高温、常温与低温三种。下面介绍温度控制的基本方法及常温和高温、低温的恒温装置。

1. 温度控制的基本方法

控制系统温度恒定,常采用下述两种方法:

（1）利用物质相变温度的恒定性来控制系统温度的恒定。这种方法对温度的选择有一定限制。

（2）热平衡法。该方法原理为:当一个只与外界进行热交换的系统,在获取热量的速率与散发热量的速率相等时,系统温度保持恒定。或者当系统在某一时间间隔内获取热量的总和等于散发热量的总和时,系统的始态与终态温度不变,时间间隔趋向无限小时,系统的温度保持恒定。

通常物理化学实验中采用的恒温装置是根据上述原理而设计的。

2. 恒温槽

恒温槽的简介及使用方法具体见基础型实验一"恒温槽的装配、恒温操作和性能测试"。

除基础型实验一中用到的一般恒温槽外,实验室中还常用超级恒温槽,其原理与一般恒温槽相同,只是它另附有一循环水泵,能使浴槽中的恒温水循环流过待恒温系统,使试样恒温,而不必将待恒温的系统浸没在浴槽中。

CS－501 型超级恒温槽采用电接点式温度计达到恒温的作用。电接点式温度计的构造如图 6－5 所示。它的构造与普通温度计类似,电接点式温度计上下两段均有刻度 7,

上段由标铁 5 指示温度,它焊接上一根钨丝,钨丝下端所指的位置与标铁 5 上端面所指的温度相同。它依靠顶端上部的调节帽 1 内的一块磁铁 3 的旋转来调节钨丝的上下位置。当旋转调节帽 1 时,磁铁 3 带动内部螺丝杆 8 转动,使标铁 5 上下移动。当调节帽 1 顺时针旋转时,标铁 5 向上移动;逆时针旋转时,标铁 5 向下移动。下面水银槽和上面螺丝杆引出两根线 4、4′,作为导电与断电用。当恒温槽温度未达到标铁 5 上端面所指示的温度时,水银柱与钨丝触针不接触;当温度上升并达到标铁 5 上端面所指示的温度时,水银柱与钨丝触针接触,从而使两根导线 4、4′导通。

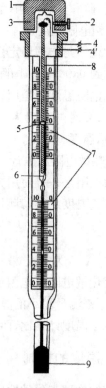

图 6 - 5　电接点式温度计构造图

1-调节帽;2-调节帽固定螺丝;3-磁铁;4-螺丝杆引出线;4′-水银槽引出线;5-标铁;6-触针;7-刻度板;8-螺丝杆;9-水银槽

CS - 501 型超级恒温槽恒温操作基本步骤:

(1) 打开超级恒温槽上方的小盖,在水浴槽内加入自来水至距离上盖约 3 cm 处,保证水浸没加热器。

(2) 检查电接点式温度计与超级恒温槽接线是否牢固,如松开则需拧紧螺丝。

(3) 检查外接水管是否接好,如漏水则需更换新的塑料管。

(4) 检查超级恒温槽面上小孔中是否插入所需刻度范围的温度计,温度计下端水银球玻璃是否破损,水银球是否与槽内水浴相接触。

(5) 接通电源。同时将面板上"加热"和"泵"的开关也打开,此时应可听到水泵运行的声音。

(6) 松开电接点式温度计上端调节帽上的螺丝,旋转调节帽,使得电接点式温度计中标铁的上沿略低于所需恒定的温度。如此时槽内水浴温度低于设定温度,则"加热"上方的指示灯亮,恒温槽开始加热;当达到设定温度时,指示灯灭,恒温槽停止加热。微调电接点式温度计上方的调节帽,使得"加热"指示灯熄灭时,恒温槽上所插的水银温度计的读数恰好为所需温度(电接点式温度计的刻度值与实际温度之间有一定偏差,恒温时应以水银温度计的刻度为准)。注意:恒温过程中"加热"开关不能关闭,否则无法达到恒温的目的。

(7) 在放置被恒温物质的槽中加入少量水,以被恒温的锥形瓶放入后,水浴的液面略高于锥形瓶内液面为准。

(8) 当恒温槽内水浴温度达到所需温度时,将被恒温物质放入相应槽内进行恒温。

3. 电炉与高温控制仪器

300 ℃～1 000 ℃范围内的温度控制,一般采用电阻电炉与相应仪表(如可控硅控温仪、调压器等)来调节与控制温度。其基本原理为电炉中的温度变化引起置于炉内的热敏元件(如热电偶)的物理性能发生变化,利用仪器构成的特定线路,产生讯号,以控制继电器的动作,进而控制温度。

由于控温仪的质量、高温炉的材料与结构、工作环境等因素的影响,高温恒温的精度一般约为±(1～2)℃,而且炉内的恒温区也不会很长,在 1 000 K 左右时,炉管直径 3 cm 左右的管状炉内部的恒温区一般只有几到十几厘米。高温控制一般采用调流式自动控温手段。就是对负载(电阻丝)的电流进行自动调整,当炉温接近指定温度时,电流逐步减小;高于指定温度时,电流为零,这种控温方式又称为 PID 温度控制。P—比例调节,加热电流与偏差信号成正比;I—积分调节,加热电流与偏差信号及偏差存在时间有关;D—微分调节,加热电流正比于偏差对时间的导数。将三种调节方式结合,可实现精密控温,这种调节是通过可控硅电路实现的。

4. 低温的控制

低温的获得主要依靠一定配比的组分组成冷冻剂,冷冻剂与液体介质在低温下建立相平衡。表 6－2 列举了常用的冷冻剂及其制冷温度。

表 6－2　常用冷冻剂及其制冷温度

冷 冻 剂	液 体 介 质	制冷温度 $t/℃$
冰	水	0
冰与 NaCl($w_冰=0.75$)	NaCl 水溶液($w_B=0.20$)	-21
冰与 $MgCl_2 \cdot 6H_2O$($w_冰=0.60$)	NaCl 水溶液($w_B=0.20$)	$-30\sim-27$
冰与 $CaCl_2 \cdot 6H_2O$($w_冰=0.40$)	乙 醇	$-25\sim-20$
冰与浓硝酸($w_冰=0.33$)	乙 醇	$-40\sim-35$
干 冰	乙 醇	-60
液 氮		-196

5. 自动控温简介

实验室内都有自动控温设备,如电冰箱、恒温水浴、高温电炉等。现在多数采用电子调节系统进行温度控制,具有控温范围广、可任意设定温度、控温精度高等优点。电子调节系统种类很多,但从原理上讲,它必须包括三个基本部件,即变换器、电子调节器和执行机构。变换器的功能是将被控对象的温度信号变换成电信号;电子调节器的功能是对来自变换器的信号进行测量、比较、放大和运算,最后发出某种形式的指令,使执行机构进行加热或制冷(如图 6－6)。电子调节系统按其自动调节规律可以分为断续式二位置控制和比例-积分-微分控制两种。

图 6－6　电子调节系统的控温原理

四、金属相图用实验装置

金属相图实验设备由 KWL-10 可控升降温电炉和 SWKY-Ⅱ数字测控温巡检仪组成,采用立式加热,自动控温,可同时做多组实验,有独立的加热和冷却系统,专为方便高校师生做金属相图实验而设计,配以软件可实现金属相图曲线的自动绘制和打印。

1. KWL-10 可控升降温电炉

(1) 技术指标

炉膛尺寸:Φ120 mm×70 mm;外观尺寸:380 mm×270 mm×250 mm;最大加热功率:1.2 kW;最快升温速度:20℃·min^{-1};最快降温速度:30℃·min^{-1}(通过"加热量调节"和"冷风量调节"控制降温速度)。

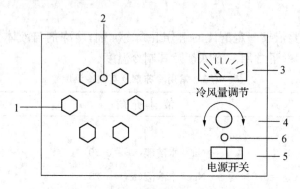

图 6-7　前面板示意图

1-实验试管摆放区;2-控温热电偶插入处;3-风量显示;
4-冷风量调节;5-电源开关;6-电源指示灯

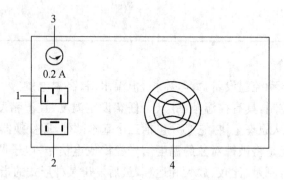

图 6-8　后面板示意图

1-电源插座(220V);2-外加热电源,与控温仪相连接;
3-保险丝;0.2 A;4-冷风机排风口

(2) 使用方法

① 按 SWKY-Ⅱ使用说明书的使用方法将测控温巡检仪与 KWL-10 可控升降温电炉进行连接。将"冷风量调节"逆时针旋转到底(最小)。

② 将装有试剂的试管插入实验试管摆放区的炉膛内,按顺序将控温仪编号为 01～06 的 6 根测温传感器分别插入每一支试管内,将控温测量热电偶(K)插入炉膛小孔内。

③ 按 SWKY-Ⅱ 使用说明设置控制温度、定时时间。

④ 当控制温度显示达到所设定的温度并稳定一段时间(即在设置温度的 ±15℃ 范围内波动),试管内试剂完全熔化后,将 SWKY-Ⅱ 数字测控温巡检仪置于置数状态。置数指示灯亮(即巡检仪不对电炉加热),让巡检仪处于自然降温状态(如与电脑连接,点击"开始绘图")。按 SWKY-Ⅱ 数字巡检仪测量温度"选择"键,对 6 组数据进行记录。

实验过程中,如 6 组温度降温速率特别慢(降温速率一般为 5～8℃·min^{-1} 为佳),可稍许调节冷风量调节,进行降温。

⑤ 实验完毕,打开冷风量调节,待温度显示接近室温时,关闭电源。

(3) 使用与维护注意事项

① 为保证使用安全,必须先用对接线将两仪器"加热器电源"相连,然后将巡检仪及电炉与 220 V 电源接通。

② 仪器应放置在通风、干燥、无腐蚀性气体场所。

③ 电炉长期搁置重新启用时,应将灰尘打扫干净后才能通电,并检查由于长期搁置是否有漏电现象。

④ 在进行金属相图实验的降温时,要注意降温速率的保持。

⑤ 电炉的温度只受数字测控温巡检仪控制。

2. SWKY-Ⅱ 数字测控温巡检仪

(1) 使用方法

① 仪器连接。用配备的加热炉连接线将 SWKY-Ⅱ 数字测控温巡检仪后面板加热炉输出与加热炉对接。将 6 根 Pt100 传感器对应插入后面板上的传感器信号输入插座,即 01-01、02-02、…、06-06,控温热电偶(K)接"07"插座。用配备的电源线将 220 V 与仪器后面板电源插座连接,按下前面板电源开关,此时,显示器和指示灯均应有显示,控制温度显示器首位 LED 闪烁,仪表处于置数工作状态,置数指示灯亮,将热电偶(07)插入加热炉热电偶插孔内,Pt100 传感器插入装有试剂的样品管。

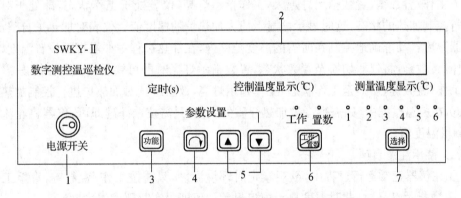

图 6-9 SWKY-Ⅱ 数字测控温巡检仪前面板

1-电源开关;2-显示窗口;3-功能键(按此键切换定时/控制温度显示窗口的设置);4-移位键(置数时,按此键进行移位设置);5-置数增减键(置数时对设置值增减);6-控温置数切换键(对仪器工作状态进行切换);7-测温显示切换键(按此键轮流显示 6 组测量温度)

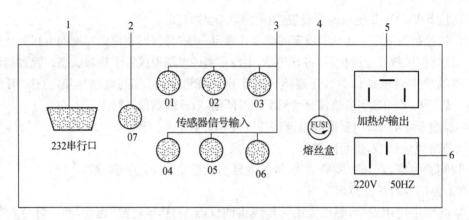

图 6-10　SWKY-Ⅱ数字测控温巡检仪后面板

1-计算机接口；2-热电偶插座；3-Pt100 传感器插座；

4-保险丝；5-加热炉电源连接；6-电源插座

② 设置控制温度。按工作/置数键至置数指示灯亮，此时，控制温度显示器的首位 LED 闪烁。例如欲设置470℃，按 4 号移位键，此时，控制温度显示器 LED 的百位上数字闪烁，再按▲键，此位将依次显示"0"、"1"、"2"、"3"、"4"至显示"4"时停止按▲键。

按 4 号移位键，此时，控制温度显示器 LED 的十位上数字闪烁，再按▼键，此位将依次显示"9"、"8"、"7"至显示"7"时停止按▼键。按 4 号移位键，此时，控制温度显示器 LED 的个位上"0"闪烁。此时即为设定温度 470℃。

③ 定时报警的设置。需定时观测、记录时，按功能键，定时显示 LED 闪烁，置数灯亮，用增▲、减▼键设置所需定时的时间，其有效设置时间在 10~99 s，报警工作时，定时时间递减至零，报警器即鸣响 2 s。然后，按所设定的报警时间往复循环报警。无需定时提醒报警功能时只需将报警时间设置 10 s 之内(<10 s)即可。

④ 设置完毕，按一下工作/置数键，工作/置数两灯同亮，仪表显示值为环境温度。再按一下工作/置数键，置数指示灯熄灭，工作指示灯亮，仪表处于工作状态，即处于对加热炉进行控制加热的状态，这时显示器显示值为加热炉的温度值。仪表对加热炉自整定，将加热器温度自动准确地控制在所需的温度范围内，在加热过程中如需查看设置温度，只需按工作/置数键，将仪器切换至置数状态，置数指示灯亮时即可察看，察看完毕，只需再按一下工作/置数键，切换至工作状态，工作指示灯亮，仪表继续对加热炉进行控制加热。

⑤ 在控温过程中，如需察看被加热介质的温度，只需按选择键即可，仪器将轮流显示 6 组测量温度值。

(2) 使用注意事项

① 在仪器正常运行过程中，欲观察定时环境温度，只需按工作/置数键，直至工作指示灯、置数指示灯亮时，此时温度显示窗口显示示值即为实时环境温度。

② 仪器在正常运行过程中，只有在置数指示灯亮时，才能改变温度或报警设置。

③ 传感器和仪器必须配套使用，不可互换！互换虽也能工作，但测控温度的准确度、可靠性必将有所下降。

6.2　压力及真空测量技术

压力是描述系统状态的重要参数,许多物理化学性质,如蒸气压、沸点、熔点等都与压力有关,因此,正确掌握压力的测量方法和技术是十分必要的。

一、压力的单位和定义

在国际单位制中,压力单位是"帕",用"Pa"表示。其定义为 1 N 的力作用于 1 m^2 的面积上所形成的压强(压力)。

二、压力计

1. 福廷式气压计

测量大气压强的仪器称为气压计,实验室最常用的气压计是福廷式气压计,其构造见图 6-11。福廷式气压计的外部为一黄铜管 6,内部是一顶端封闭的装有汞的玻璃管 1,玻璃管 1 插在下部汞槽 8 内,玻璃管 1 上部为真空。在黄铜管 6 的顶端开有长方形窗口,并附有刻度标尺 3,在窗口内放一游标尺 2,转动螺丝 4 可使游标 2 上下移动,这样可使读数的精确度达到 0.1 或 0.05。黄铜管 6 的中部附有温度计 5,汞槽 8 的底部为一柔性皮袋 9,下部由调节螺丝 11 支持,转动螺丝 10 可调节汞槽内汞液面的高低,汞槽上部有一个倒置固定的象牙针 7,其针尖即为主标尺的零点。

福廷式气压计使用时按下列步骤操作:垂直放置气压计,旋转底部调节螺旋,仔细调节水银槽内汞液面,使之恰好与象牙针尖接触(利用槽后面的白瓷板的反光,仔细观察),然后转动游标尺调节螺旋,调节游标尺,直至游标尺两边的边缘与汞液面的凸面相切,切点两侧露出三角形的小空隙,这时,游标尺的零刻度线对应的标尺上的刻度值,即为大气压的整数部分,从游标尺上找出一个恰与标尺上某一刻度线相吻合的刻度,此游标尺上的刻度值即为大气压的小数部分。同时记录气压计上的温度和气压计本身的仪器误差,以便进行读数校正。

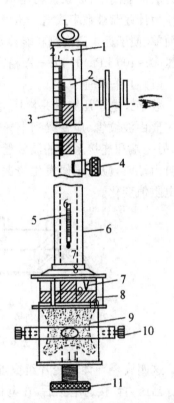

图 6-11　福廷式气压计

1-封闭的玻璃管;2-游标尺;3-主标尺;4-游标尺调节螺丝;5-温度计;6-黄铜管;7-零点象牙针;8-汞槽;9-羊皮袋;10-铅直调节固定螺丝;11-汞槽液面调节螺丝

2. U 型压力计

U 型压力计是物理化学实验中用得最多的压力计,其优点是构造简单,使用方便,能测量微小压力差。缺点是测量范围较小,示值与工作液的密度有关,也就是与工作液的种类、纯度、温度及重力加速度有关,且结构不牢固,耐压程度较差。

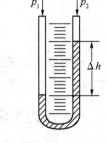

U 型压力计由两端开口的垂直 U 型玻璃管及垂直放置的刻度标尺构成,管内盛有适量工作液体作为指示液,如图 6-12 所示。图中 U 形管的两支管分别连接于两个测压口,因为气体的密度远小于工作液的密度,因此,由液面差 Δh 及工作液的密度 ρ 可得:$p_1 - p_2 = \rho g \Delta h$

这样,压力差 $p_1 - p_2$ 的大小即可用液面差 Δh 来度量,若 U 形管的一端是与大气相通的,则可测得系统的压力与大气压力的差值。

图 6-12　U 形压力计

3. 数字压力计

实验室经常用 U 形管汞压力计测量从真空到外界大气压这一区间的压力。虽然这种方法原理简单、形象直观,但由于汞的毒害以及不便于远距离观察和自动记录,因此这种压力计逐渐被数字式电子压力计所取代。数字式电子压力计具有体积小,精确度高,操作简单,便于远距离观测和能够实现自动记录等优点,目前已得到广泛的应用。用于测量负压(0~100 kPa)的 DP-A 精密数字压力计即属于这种压力计。

(1) 工作原理

数字式电子压力计是由压力传感器、测量电路和电性指示器三部分组成,压力传感器主要由波纹管、应变梁和半导体应变片组成,如图 6-13 所示。弹性应变梁的一端固定,另一端和连接系统的波纹管相连,称为自由端。当系统压力通过波纹管底部作用在自由端时,应变梁便发生挠曲,使其两侧的上下四块半导体应变片因机械变形而引起电阻值变化。

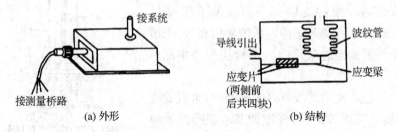

图 6-13　负压传感器外形与内部结构

这四块半导体应变片组成如图 6-14 所示的电桥线路。当压力计接通电源后,在电桥线路 AB 端输入适当电压后,首先调节零点电位器 R_x 使电桥平衡,这时传感器内压力与外压相等,压力差为零。当连通负压系统后,负压经波纹管产生一个应力,使应变梁发生形变,半导体应变片的电阻值发生变化,电桥失去平衡,从 CD 端输出一个与压力差相关的电压信号,可用数字电压表或电位计测得。如果对传感器进行标定,可以得到输出信号与压力差之间的比例关系为 $\Delta p = KU$。此压力差通过电性指示器记录或显示。

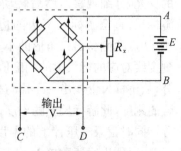

图 6-14　负压传感器电桥线路

（2）使用方法

① 接通电源，按下电源开关，预热 5 min 即可正常工作。

② 当接通电源，初始状态为 kPa 指示灯亮，显示以 kPa 为计量单位的零压力值；按一下"单位"键，mmHg 指示灯亮，则显示 mmHg 为计量单位的零压力值。通常情况下选择 kPa 为压力单位。

③ 当系统与外界处于等压状态下，按一下"采零"键，使仪表自动扣除传感器零压力值（零点漂移），显示为"00.00"，此数值表示此时系统和外界的压力差为零。当系统内压力降低时，则显示负压力数值，将外界压力加上该负压力数值即为系统内的实际压力。如显示值为-70 kPa，大气压为 p_0，则测量系统的压力为 $p_0 + (-70\ \text{kPa})$。

④ 本仪器采用 CPU 进行非线性补偿，但电网干扰脉冲可能会出现程序错误造成死机，此时应按下"复位"键，程序从头开始。注意：一般情况下，不会出现此错误，故平时不需按此键。

⑤ 当实验结束后，将被测系统泄压为"00.00"，电源开关置于关闭位置。

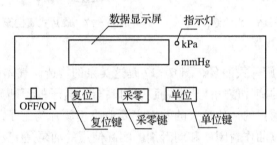

图 6 - 15　前面板示意图

三、真空测量及技术

真空是指低于标准压力的气态空间，真空状态下气体的稀薄程度，常以压强值表示，习惯上称作真空度。现行的国际单位制（SI）中，真空度的单位和压强的单位均统一为帕，符号为 Pa。

在物理化学实验中通常按真空的获得和测量方法的不同，将真空划分为以下几个区域：粗真空：$10^5 \sim 10^3$ Pa；低真空：$10^3 \sim 10^{-1}$ Pa；高真空：$10^{-1} \sim 10^{-6}$ Pa；超高真空：$10^{-6} \sim 10^{-10}$ Pa；极高真空：$< 10^{-10}$ Pa。

在近代的物理化学实验中，凡是涉及气体的物理化学性质、气相反应动力学、气固吸附以及表面化学研究，为了排除空气和其他气体的干扰，通常都需要在一个密闭的容器内进行，必须首先将干扰气体抽去，创造一个具有某种真空度的实验环境，然后将被研究的气体通入，才能进行有关研究。因此真空的获得和测量是物理化学实验技术的一个重要方面，学会真空体系的设计、安装和操作是一项重要的基本技能。

1. 真空的获得

为了获得真空，就必须设法将气体分子从容器中抽出，凡是能从容器中抽出气体，使气体压力降低的装置，都可称为真空泵。一般实验室用得最多的真空泵是水泵、机械泵和扩散泵。

（1）水泵

水泵也叫水流泵、水冲泵，构造见图 6 - 16。水经过收缩的喷口以高速喷出，使喷口处形成低压，产生抽吸作用，由体系进入的空气分子不断被高速喷出的水流带走。水泵能达到的真空度受水本身的蒸气压的限制，20℃时极限真空约为 10^3 Pa。

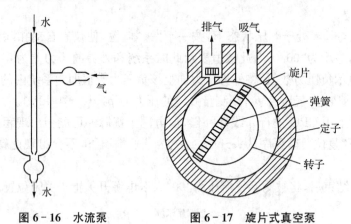

图 6 - 16　水流泵　　　　　　图 6 - 17　旋片式真空泵

（2）机械泵

常用的机械泵为旋片式油泵。图 6 - 17 是这类泵的构造。气体从真空体系吸入泵的入口，随偏心轮旋转的旋片使气体压缩，而从出口排出，转子的不断旋转使这一过程不断重复，因而达到抽气的目的。这种泵的效率主要取决于旋片与定子之间的严密程度。整个单元都浸在油中，以油作封闭液和润滑剂。实际使用的油泵是上述两个单元串联而成，这样效率更高，使泵能达到较大的真空度（约 10^{-1} Pa）。

使用机械泵必须注意：油泵不能用来直接抽出可凝性的蒸气，如水蒸气、挥发性液体或腐蚀性气体，应在体系和泵的进气管之间串接吸收塔或冷阱。例如用氯化钙或五氧化二磷吸收水气，用石蜡油或吸收油吸收烃蒸气，用活性炭或硅胶吸收其他蒸气。泵的进气管前要接一个三通活塞，在机械泵停止运行前，应先通过三通活塞使泵的进气口与大气相通，以防止泵油倒吸污染实验体系。

（3）扩散泵

扩散泵的原理是利用一种工作物质高速从喷口处喷出，在喷口处形成低压，对周围气体产生抽吸作用而将气体带走。这种工作物质在常温时应是液体，并具有极低的蒸气压，用小功率的电炉加热就能使液体沸腾汽化，沸点不能过高，通过水冷却便能使汽化的蒸气冷凝下来，过去用汞，现在通常采用硅油。扩散泵的工作原理见图 6 - 18。硅油被电炉加热沸腾汽化后，通过中心导管从顶部的二级喷口处喷出，在喷口处形成低压，将周围气体带走，而硅油蒸气随即被冷凝成液体回入底部，循环使用。被夹带在硅油蒸气中的气体在底部聚集，立即被机械泵抽走。在上述过程中，硅油蒸气

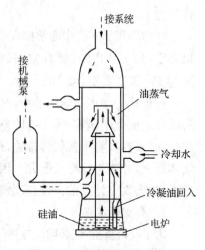

图 6 - 18　扩散泵工作原理

起着一种抽运作用,其抽运气体的能力决定于以下三个因素:硅油本身的摩尔质量要大,喷射速率要高,喷口级数要多。现在用摩尔质量大于 $3\,000\,\mathrm{g \cdot mol^{-1}}$ 以上的硅油作工作物质的四级扩散泵,其极限真空度可达到 $10^{-7}\,\mathrm{Pa}$,三级扩散泵可达 $10^{-4}\,\mathrm{Pa}$。

油扩散泵必须用机械泵为前级泵,将其抽出的气体抽走,不能单独使用。扩散泵的硅油易被空气氧化,所以使用时应用机械泵先将整个体系抽至低真空后,才能加热硅油。硅油不能承受高温,高温会裂解。硅油蒸气压虽然极低,但仍然会蒸发一定数量的油分子进入真空体系,玷污被研究对象。因此一般在扩散泵和真空体系连接处安装冷凝阱,以捕捉可能进入体系的油蒸气。

2. 真空的测量

真空测量实际上就是测量低压下气体的压力,所用的量具通称为真空规。由于真空度的范围宽达十几个数量级,因此总是用若干个不同的真空规来测量不同范围的真空度。常用的真空规有 U 型水银压力计、麦氏真空规、热偶真空规和电离真空规等。

(1) 麦氏真空规

麦氏真空规构造如图 6-19 所示,它是利用波义耳定律,将被测真空体系中的一部分气体(装在玻璃泡和毛细管中的气体)加以压缩,比较压缩前后体积、压力的变化,算出真空度。具体测量的操作步骤如下:缓缓启开活塞,使真空规与被测真空体系接通,这时真空规中的气体压力逐渐接近于被测体系的真空度,同时将三通活塞开向辅助真空,对汞槽抽真空,不让汞槽中的汞上升。待玻璃泡和闭口毛细管中的气体压力与被测体系的压力达到稳定平衡后,开始测量。将三通活塞小心缓慢地开向大气,使汞槽中汞缓慢上升,进入真空规上方。当汞面上升到切口处时,玻璃泡和毛细管即形成一个封闭体系,其体积是事先标定过的。令汞面继续上升,封闭体系中的气体被不断压缩,压力不断增大,最后压缩到闭口毛细管内。

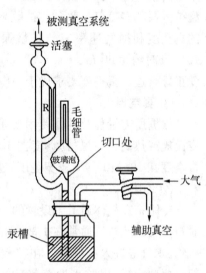

图 6-19　麦氏真空规

毛细管 R 是开口通向被测真空体系的,其压力不随汞面上升而变化。因而随着汞面上升,R 和闭口毛细管产生压差,其差值可从两个汞面在标尺上的位置直接读出,如果毛细管和玻璃泡的容积为已知,压缩到闭口毛细管中的气体体积也能从标尺上读出,就可算出被测体系的真空度。通常,麦氏真空规已将真空度直接刻在标尺上,不再需要计算。使用时只要闭口毛细管中的汞面刚达零线,立即关闭活塞,停止汞面上升,这时开口毛细管 R 中的汞面所在位置的刻度线,即所求真空度。麦氏真空规的量程范围为 $10\sim10^{-4}\,\mathrm{Pa}$。

(2) 热偶真空规和电离真空规

热偶真空规是利用低压时气体的导热能力与压力成正比的关系制成的真空测量仪,其量程范围为 $10\sim10^{-1}\,\mathrm{Pa}$。电离真空规是一只特殊的三极电离真空管,是在特定的条件下根据正离子流与压力的关系,达到测量真空度的目的,其量程范围为 $10^{-1}\sim10^{-6}\,\mathrm{Pa}$。通常是将这两种真空规复合配套组成复合真空计,已成为商品仪器。

3. 真空体系的设计和操作

真空体系通常有真空产生、真空测量和真空使用三部分,这三部分之间通过一根或多根导管、活塞等连接起来。根据所需的真空度和抽气时间来综合考虑选配泵,确定管路和选择真空材料。

(1) 真空体系各部件的选择

① 材料

真空体系的材料,可以用玻璃或金属。玻璃真空体系吹制比较方便,使用时可观察内部情况,便于在低真空条件下用高频火花检漏器检漏,但其真空度较低,一般可达 $10^{-1} \sim 10^{-3}$ Pa。不锈钢材料制成的金属体系的真空体系可达到 10^{-10} Pa 的真空度。

② 真空泵

要求极限真空度仅达 10^{-1} Pa 时,可直接使用性能较好的机械泵,不必用扩散泵。要求真空度优于 10^{-1} Pa 时,则用扩散泵和机械泵配套。选用真空泵主要考虑泵的极限真空度的抽气速率。对极限真空度要求高,可选用多级扩散泵;要求抽气速率大,可采用大型扩散泵和多喷口扩散。扩散泵应配用机械泵作为它的前级泵,选用机械泵要注意它的真空度和抽气速率应与扩散泵匹配。如用小型玻璃三级油扩散泵,其抽气速率在 10^{-2} Pa 时约为 60 mL·s^{-1},配套一台抽气速率为 30 L·min^{-1}(1 Pa 时)的旋片式机械泵就正好合适。真空度要求优于 10^{-6} Pa 时,一般选用钛泵和吸附泵配套。

③ 真空规

根据所需量程及具体使用要求来选定。如真空度在 $10 \sim 10^{-2}$ Pa 范围,可选用转式麦氏规或热偶真空规;真空度在 $10^{-1} \sim 10^{-4}$ Pa 范围,可选用座式麦氏规或电离真空规;真空度在 $10 \sim 10^{-6}$ Pa 较宽范围,通常选用热偶真空规和电离真空规配套的复合真空规。

④ 冷阱

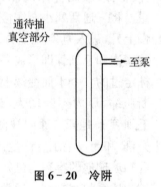

图 6-20　冷阱

冷阱是在气体通道中设置的一种冷却式陷阱,使气体经过时被捕集的装置。通常在扩散泵和机械泵间要加冷阱,以免有机物、水气等进入机械泵。在扩散泵和待抽真空部分之间,一般也要装冷阱,以防止油蒸气玷污测量对象,同时捕集气体。常用冷阱结构如图 6-20。具体尺寸视所连接的管道尺寸而定,一般要求冷阱的管道不能太细,以免冷凝物堵塞管道或影响抽气速率,也不能太短,以免降低捕集效率。冷阱外套杜瓦瓶,常用冷却剂为液氮、干冰等。

⑤ 管道和真空活塞

管道和真空活塞都是玻璃真空体系上连接各部件用的。管道的尺寸对抽气速率影响很大,所以管道应尽可能粗而短,尤其在靠近扩散泵更应如此。选择真空活塞应注意它的孔芯大小要和管道尺寸相配合。对高真空来说,用空心旋塞较好,它质量轻,温度变化引起漏气的可能性较小。

⑥ 真空涂敷材料

真空涂敷材料包括真空酯、真空泥和真空蜡等。真空酯用在磨口接头和真空活塞上,国产真空酯按使用温度不同,分为 1 号、2 号、3 号真空酯。真空泥用来修补小沙孔或小缝隙。真空蜡用来胶合难以融合的接头。

（2）真空体系的检漏和操作

① 真空泵的使用

启动扩散泵前要先用机械泵将体系抽至低真空,然后接通冷却水,接通电炉,使硅油逐步加热,缓缓升温,直至硅油沸腾并正常回流为止。停止扩散泵工作时,先关加热电源至不再回流后关闭冷却水进口,再关扩散泵进出口旋塞。最后停止机械泵工作。油扩散泵中应防止空气进入(特别是在温度较高时),以免油被氧化。

② 真空体系的检漏

低真空体系的检漏,最方便的是使用高频火花真空检漏仪。它是利用低压力($10^3 \sim 10^{-1}$ Pa)下气体在高频电场中,发生感应放电时所产生的不同颜色,来估计气体的真空度的。使用时,按住手揿开关,放电簧端应看到紫色火花,并听到蝉鸣响声。将放电簧移近任何金属物时,应产生不少于三条火花线,长度不短于 20 mm,调节仪器外壳上面的旋钮,可改变火花线的条数和长度。火花正常后,可将放电簧对准真空体系的玻璃壁,此时如压力小于 10^{-1} Pa 或大于 10^3,则紫色火花不能穿越玻璃壁进入真空部分;若压力大于 10^{-1} Pa 而小于 10^3 Pa,则紫色火花能穿越玻璃壁进入真空部分内部,并产生辉光。当玻璃真空体系上有微小的沙孔漏洞时,由于大气穿过漏洞处的导电率比玻璃导电率高得多,因此当高频火花真空检漏仪的放电簧移近漏洞时,会产生明亮的光点,这个明亮的光点就是漏洞所在处。

实际的检漏过程如下:启动机械泵后数分钟,可将体系抽至 $10 \sim 1$ Pa,这时用火花检漏器检查可以看到红色辉光放电。然后关闭机械泵与体系连接的旋塞,5 min 后再用火花检漏器检查,其放电现象应与前相同,如不同表明体系漏气。为了迅速找出漏气所在处,常采用分段检查的方式进行,即关闭某些旋塞,把体系分成几个部分,分别检查。用高频火花仪对体系逐段仔细检查,如果某处有明亮的光点存在,在该处就有沙孔。检漏器的放电簧不能在某一地点停留过久,以免损伤玻璃。玻璃体系的铁夹附近及金属真空体系不能用火花检漏器检漏。查出的个别小沙孔可用真空泥涂封,较大漏洞须重新熔接。

体系能维持初级真空后,便可启动扩散泵,待泵内硅油回流正常后,可用火花检漏器重新检查体系,当看到玻璃管壁呈淡蓝色荧光,而体系没有辉光放电时,表明真空度已优于 10^{-1} Pa。否则,体系还有极微小漏气处,此时同样再利用高频火花检漏仪分段检查沙孔,再以真空泥涂封。

若管道段找不到漏孔,则通常为活塞或磨口接头处漏气,须重涂真空酯或换接新的真空活塞或磨口接头。真空酯要涂得薄而均匀,两个磨口接触面上不应留有任何空气泡或"拉丝"。

③ 真空体系的操作

在启开或关闭活塞时,应双手进行操作,一手握活塞套,一手缓缓旋转内塞,务使开、关活塞时不产生力矩,以免玻璃体系因受力而扭裂。

对真空体系抽气或充气时,应通过活塞的调节,使抽气或充气缓缓进行,切忌体系压力过剧地变化,因为体系压力突变会导致 U 型水银压力计内的水银冲出或吸入体系。

6.3　电化学测量技术

电化学测量技术在物理化学实验中占有重要地位,常用它来测量电导、电动势等参数,更是热化学中精密温度测量和计量的基础。

一、电导的测量

电导这个物理化学参数不仅反映出电解质溶液中离子状态及其运动的许多信息,而且由于它在稀溶液中与离子浓度之间的简单线性关系,被广泛用于分析化学和化学动力学过程的测试中。电导的测量除用交流电桥法外,还可用电导仪进行,目前广泛使用的是DDS 型和 DDS - 11A 型电导率仪,其优点是测量范围广、速度快、操作方便。下面以 DDS - 11A 型电导率仪为例进行介绍。

1. 基本原理

在电场作用下,电解质溶液导电能力的大小常以电阻 R 或电导 G 表示。电导是电阻的倒数:

$$G = \frac{1}{R}$$

电阻、电导的 SI 单位分别是欧姆(Ω)、西门子(S),显然 $1\ S = 1\ \Omega^{-1}$。

导体的电阻与其长度(L)成正比,而与其截面积(A)成反比:

$$R \propto \frac{L}{A},\ R = \rho\frac{L}{A}$$

式中:ρ 为电阻率或比电阻,其单位为 $\Omega \cdot cm$。根据电导与电阻的关系,可以得出:

$$G = \frac{1}{R} = \frac{1}{\rho}\frac{A}{L} = \kappa\frac{A}{L}$$

$$\kappa = G\frac{L}{A}$$

式中:κ 称为电导率,它是长 1 m,截面积为 $1\ m^2$ 导体的电导,单位是 $S \cdot m^{-1}$。对电解质溶液来说,电导率是电极面积为 $1\ m^2$、两极间距离为 1 m 的两极之间的电导。溶液的物质的量浓度为 c,通常用 $mol \cdot L^{-1}$ 表示,含有 1 mol 电解质溶液的体积为:

$$\left(\frac{1}{c} \times 10^{-3}\right) m^3$$

此时溶液的摩尔电导率等于电导率和溶液体积的乘积,即

$$\Lambda_m = \frac{\kappa}{c} \times 10^{-3}$$

摩尔电导率的单位为 $S \cdot m^2 \cdot mol^{-1}$。摩尔电导率的数值通常是通过测定溶液的电导率,用上式计算得到。

测定电导率的方法是将有两个极片的电极插入溶液中，测出两极间的电阻。对某一电极而言，电极面积 A 与间距 L 都是固定不变的，因此 L/A 是常数，称为电极常数或电导池常数，用 J 表示。于是有

$$G = \kappa \frac{1}{J}$$

由于电导的单位西门子太大，常用毫西门子（mS）、微西门子（μS）表示，它们间的关系是：

$$1 \text{ S} = 10^3 \text{ mS} = 10^6 \text{ } \mu\text{S}$$

电导率仪的测量原理（如图 6-21 所示）是：稳压电源输出一个稳定的直流电压，供给振荡器和放大器，使它们工作在稳定状态。振荡器由于采用了电感负载式的多谐振荡电路，具有很低的输出阻抗，其输出电压不随电导池电阻 R_x 的变化而变化，从而为电阻分压回路提供一个稳定的标准电动势 E，电阻分压回路由电导池 R_x 和电阻箱 R_m 串联组成，E 加在该回路 AB 两端，产生测量电流 I_x，根据欧姆定律：

$$I_x = \frac{E}{R_x + R_m} = \frac{E_m}{R_m}$$

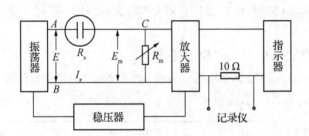

图 6-21　DDS-11A 型电导率仪原理图

由于 E 和 R_m 恒定不变，设 $R_m \ll R_x$，则

$$I_x \propto \frac{1}{R_x}$$

由上式可看出，测量电流 I_x 的大小正比于电导池两极间溶液的电导：

$$E_m = I_x R_m = \frac{E R_m}{R_x + R_m}$$

$$G = \frac{1}{R_x}$$

所以

$$E_m = \frac{E R_m}{\dfrac{1}{G} + R_m}$$

由于 E 和 R_m 不变，所以电导 G 只是 E_m 的函数，E_m 经放大检波后，在显示仪表上，用换算成的电导值或电导率值显示出来。

2. 使用方法

DDS - 11A 型电导率仪的面板图如图 6 - 22 所示。

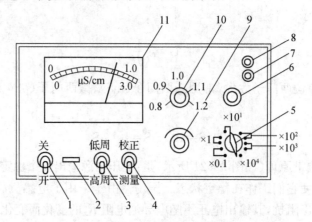

图 6 - 22　DDS - 11A 型电导率仪的外形图
1-电源开关;2-指示灯;3-高周、低周开关;4-校正、测量开关;
5-量程选择开关;6-电容补偿开关;7-电极插口;8- 10 mV 输出
插口;9-校正调节器;10-电极常数调节器;11-表头

(1) 调零。接通电源前,检查表针是否指零,如不指零,可调节表头上调零螺丝使表针指零。

(2) 将校正/测量开关 4 置于"校正"位置。

(3) 接电源。接通后,电源指示灯 2 即亮,预热数分钟,至指针完全稳定。

(4) 选择电极。依照下表进行:

被测溶液电导率范围/$\mu S \cdot cm^{-1}$	使用的电极	电极常数
$0 \sim 10$	DJS - 1 型光亮铂电极	≈ 1
$10 \sim 10^4$	DJS - 1 型铂黑电极	≈ 1
$10^4 \sim 10^5$	DJS - 10 型铂黑电极	≈ 10

(5) 将电极插入接口 7 中,拧紧紧固螺丝。

(6) 调节电极常数。调节电极常数旋钮 10,使旋钮上的白线对应的数值和电极柄上所写数值相同。如选用的是 DJS - 10 型铂黑电极,则调节到此电极常数 $\frac{1}{10}$ 的位置上。

(7) 将电极浸入待测溶液中,注意电极顶端的铂片或铂黑片应浸没在液面以下。

(8) 选择"高周/低周"。按下表进行。

估计被测溶液电导率/$\mu S \cdot cm^{-1}$	测量频率
$0 \sim 100$	低周
$100 \sim 10^5$	高周

注意：校正和测量时，高、低周转换开关应在同一个位置。

（9）校正。将校正/测量开关 4 扳向"校正"处，调节校正旋钮 9，使指针停在满刻度线处。

（10）将量程倍数旋钮 5 置于所需要的测量范围挡。如预先不知道被测溶液电导率的范围，可先将量程置于最大倍数处，测量时再逐挡调小，以防指针打弯。

（11）测量。将校正/测量开关 4 扳向"测量"处，调整量程倍数旋钮 5，逐渐减小倍数，使刻度盘上的指针所指示的读数尽量大（前提是不超过满刻度）。

（12）读数。刻度盘上有黑色和红色两种刻度，量程倍数旋钮 5 对同一倍数也有红色和黑色两挡，读数时选择和量程倍数旋钮 5 所选挡相同颜色的刻度读数。读至最小刻度后应再估读一位，该读数乘以量程倍数旋钮 5 所指示的倍数，即为溶液的电导率，单位为 $\mu S \cdot cm^{-1}$。如使用的是 DJS-10 型铂黑电极，则以上数值应再乘以 10。

注意：如果测出的电导率与高周、低周的选择不符，例如选择了"低周"，而测量出的电导率 $\kappa > 100 \mu S \cdot cm^{-1}$，则应重新选择高周或低周。然后再进行校正及测量。

为了提高测量准确度，每次测量都应在校正后方可读数。

（13）测量完毕后应将校正/测量开关扳向"校正"，以防后续操作中指针打弯。

3. 注意事项

（1）电极应完全浸入电导池溶液中。

（2）保证待测系统的温度恒定。

（3）电导电极插头绝对禁止受潮。

（4）电导池常数应定期进行复查和标定。

（5）高纯水被盛入容器后迅速测定，否则电导增加很快，因为空气中的 CO_2 溶入水中，变成 CO_3^{2-}。

（6）盛装被测溶液的容器必须清洁，无离子玷污。

二、电池电动势的测量

1. UJ-25 型电位差计

电池电动势的测量必须在可逆条件下进行。所谓可逆条件，一是要求电池本身的各个电极过程可逆，二是要求测量电池电动势时，电池几乎没有电流通过，即测量回路中 $I=0$。为此可在测量装置上设计一个与待测电池的电动势数值相等而方向相反的外加电动势，以对消待测电池的电动势，这种测电动势的方法称为对消法。电位差计就是根据对消法原理而设计的。

UJ-25 型电位差计是高阻型电势差计，需与标准电池、检流计等配合使用，具有精度高、量程广等优点，一般用于精密的电位差测量。图 6-23 为其线路原理图。

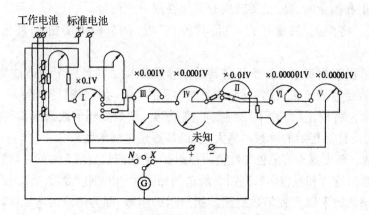

图 6 - 23　UJ - 25 型电势差计原理线路图

图 6 - 24 为 UJ - 25 型电位差计面板示意图,面板上有 4 组接线柱。分别用文字表示为"电源","未知 1"、"未知 2"(依据生产厂家的不同,有的标"X1"、"X2"),"标准"和"电计"(有的仪器为"指零仪"),这四组接线柱分别连接到直流稳压电源、被测电池(任选"未知 1"或"未知 2"其中一组即可)、标准电池和检流计。

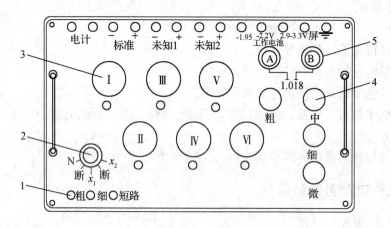

图 6 - 24　UJ - 25 型电位差计面板图

1-电计按钮(共三个);2-转换开关;3-电势测量旋钮(共六个);

4-工作电流调节旋钮(共四个);5-标准电池温度补偿旋钮

(1) 线路分析

在"电源"(即图 6 - 24 中"工作电池")二接线柱间为电位差计工作电流回路,它由下列各部分组成:

① 第 I 测量十进盘由 18 个 1 000 Ω 的电阻组成(其中第五个电阻是由 1 个 999 Ω 和温度补偿器 B 的十进盘上 10 个 0.1 Ω 电阻串联而成;第十六个电阻是由 1 个 180 Ω、1 个 810 Ω 及温度补偿器 A 的十进盘上 10 个 1 Ω 电阻串联而成)。

② 第 II 测量十进盘由 11 个 100 Ω 电阻组成。

③ 第 III 测量十进盘由 10 个 10 Ω 电阻组成,另有 10 个 10 Ω 电阻为其替代盘。

④ 第 IV 测量十进盘由 10 个 1 Ω 电阻组成,另有 10 个 1 Ω 电阻为其替代盘。

⑤ 第 V、Ⅵ测量十进盘是第Ⅱ测量十进盘的分路十进盘,分别由 10 个 1 Ω 及 10 个 0.1 Ω 电阻(有 10 个 0.1 Ω 电阻为其替代盘)组成。它与 1 个 889 Ω 电阻串联后,并联在第Ⅱ测量十进盘的 1 个 100 Ω 电阻上。

以上五个部分构成工作电池回路。

工作电池回路中的电流由调节电阻 4(分粗、中、细、微四挡)来调节,使其达到电流为 0.000 1 A。调节电阻是由 3 个十七挡进位盘(粗:17×240 Ω、中:17×14.5 Ω、细:17×1 Ω)和 1 个二十一挡进位盘(微:21×0.05 Ω)组成。

若工作电池电动势为 2 V,要使电流为 0.000 1 A,则必须使回路电阻为 20 000 Ω,这样就得到电流为 0.000 1 A。

在“标准”E_N 两接线柱间为标准电池回路,标准电池电动势补偿电阻包括下列电阻:

① 第Ⅰ测量十进盘从 5～15 的 10 个 1 000 Ω 电阻和 1 个 180 Ω 电阻共 10 180 Ω。

② 温度补偿十进盘 A、B 分别由 10 个 1 Ω 和 10 个 0.1 Ω 电阻组成。

若标准电池的电动势在一定室温下为 1.018 63 V,要使检流计中没有电流通过,必须使检流计两端电势相等。可以通过调节回路中的电阻值为 10 186.3 Ω(电流为 0.000 1 A)。即把 A 盘放在“6”,B 盘放在“3”的位置上(总电阻就是 $10 000 + 180 + 6 + 0.3 = 10 186.3$ Ω),这样就达到补偿目的。

在测量未知电池电动势时,把转换开关由“标准”(有的仪器为 N)推向“未知”(有的仪器为 X),由于工作电流固定为 0.000 1 A,放在未知回路中的每只电阻上的电压降为:第Ⅰ测量十进盘为 $1 000 \text{ Ω} \times 0.000 1 \text{ A} = 0.1$ V。同理,第Ⅱ测量十进盘为 10^{-2} V,第Ⅲ测量十进盘为 10^{-3} V,第Ⅳ测量十进盘为 10^{-4} V。第 V、Ⅵ测量盘为第Ⅱ测量十进盘的分路,电流为其 1/10(0.000 01A),所以第 V 测量十进盘上每只电阻的电压降为 10^{-5} V,第Ⅵ测量十进盘上每只电阻的电压降为 10^{-6} V。

(2) 使用方法

① 连接线路　首先将转换开关 2 扳到“断”位置,电计按钮 1 全部松开,然后将工作电池、待测电池和标准电池分别用导线连接在“电源”、“未知 1”或“未知 2”(或“X1”、“X2”)以及“标准”接线柱上,注意正负极不能接错。再将检流计接在“电计”(或“指零仪”)接线柱上。

② 标定电位差计　即调节工作电流。先读取标准电池上所附温度计的温度值,并按饱和标准电池电动势-温度公式计算电池的电动势。将标准电池温度补偿旋钮 5 调节在该温度下电池电动势处,再将转换开关 2 置于“N”位置,调节工作电流调节旋钮 4,使按下电计按钮 1 的“粗”按钮时检流计示零。再调节工作电流调节旋钮 4,使按下电计按钮 1 的“细”按钮时检流计示零。此时工作电流调节完毕。

③ 测量未知电动势　松开全部按钮,将转换开关 2 置于“未知”位置,从左到右依次调节各测量十进盘,先在电计按钮 1“粗”按钮按下时使检流计示零,然后在电计按钮 1“细”按钮按下时使检流计示零,六个测量盘下方示值总和即为被测电池的电动势。

(3) 注意事项

① 测量过程中,若发现检流计受到冲击时,应迅速按下短路按钮,以保护检流计。

② 由于工作电池的电动势会发生变化,在测量过程中要经常标定电位差计。

③ 测定时,电计按钮按下的时间应尽量短,以防止电流通过,改变电极表面的平衡状态。

2. 数字式电位差计

数字式电位差计用于电动势的精密测定,替代 UJ - 25 型电位差计等传统仪器和与之配套的电源、光电检流计、变阻箱等设备,采用对消法测定原电池电动势。用内置的可代替标准电池的高精度参考电压集成块作比较电压,保留了平衡法测量电动势仪器的原理。仪器线路设计采用全集成器件,被测电动势与参考电压经过高精度的仪表放大器比较输出,达至平衡时即可知被测电动势的大小。仪器还设置了外校输入,可接标准电池来校正仪器的测量精度。仪器的数字显示采用两组高亮度 LED,具有字型美、亮度高等特点。

(1) 使用方法

① 通电:插上电源插头,打开电源开关,两组 LED 显示即亮;预热 5 min;将右侧功能选择开关置于"测量"挡。

② 接线:将测量线与被测电动势按正负极性接好。仪器提供 4 根通用测量线,一般黑线接负,黄线或红线接正。

③ 设定内部标准电动势值:左 LED 显示为由拨位开关和电位器设定的内部标准电动势值,以设定内部标准电动势值为 1.018 62 V 为例,将×1 000 mV 挡拨位开关拨到 1,将×100 mV 挡拨位开关拨到 0,将×10 mV 挡拨位开关拨到 1,将×1 mV 挡拨位开关拨到 8,将×0.1 mV 挡拨位开关拨到 6,旋转 ×0.01 mV 挡电位器,使电动势指示 LED 的最后一位显示为 2。右 LED 显示为设定的内部标准电动势值和被测电动势的差值。如显示为 OU.L,则指示被测电动势与设定的内部标准电动势的差值过大。

④ 测量:将右侧功能选择开关置于"测量"挡,观察右边 LED 显示值,调节左边拨位开关和电位器,设定内部标准电动势值直到右边 LED 显示值为"00000"附近,电动势指示数码显示稳定下来,此即为被测电动势值。须注意的是:"电动势指示"和"平衡指示"数码显示在小范围内摆动属正常,摆动数值在±1 个字之间。

(2) 校准

① 用外部标准电池校准:仪器出厂时均已调校好,为了保证精度,可以由用户校准。打开仪器电源,接好标准电池,将面板右侧的拨位开关拨至"外标"位置,调节左边拨位开关和电位器,设定内部标准电动势为标准电池的实际数值,观察右边平衡指示 LED 显示值,如果不为零值附近,按校准按钮,放开按钮,平衡指示 LED 显示值应为零,校准完毕。

② 用内部 IV 基准校准:仪器出厂时均已调校好,为了保证精度,可以由用户校准。打开仪器电源(不需外接标准电池),将面板右侧的拨位开关拨至"内标"位置,调节左边拨位开关和电位器,设定内部标准电动势为 1 000.00 mV,观察右边平衡指示 LED 显示值,如果不为零值附近,按校准按钮,放开按钮后,平衡指示 LED 显示值应为零,校准完毕。

(3) 注意事项

① 仪器不要放置在有强电磁场干扰的区域内。

② 仪器已校准好,不要随意校准。

③ 如仪器正常通电后无显示,请检查后面板上的保险丝(0.5 A)。

④ 若波段开关旋钮松动或旋钮指示错位,可撬开旋钮盖,用备用专用工具对准旋钮

内槽口拧紧即可。

3. 检流计

检流计主要用在平衡式直流电测量仪器如电位差计、电桥中作示零仪器,以及在光电测量、差热分析等实验中测量微弱的直流电流。目前实验室中用得最多的是磁电式多次反射光点检流计。它可以和分光光度计及 UJ - 25 型电位差计配套使用。现简略介绍其构造原理和使用方法。

(1) 构造原理

如图 6 - 25。当检流计接通电源后,由灯泡、透镜和光栏构成的光源发射出一束光,投射在平面镜上,又反射到反射镜上,最后成像在标尺上,形成光点。光点上的准丝在标尺上的位置反映了活动线圈的偏转程度。

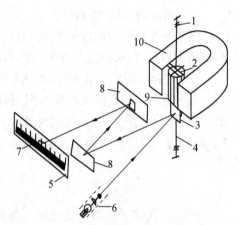

图 6 - 25　检流计内部构造示意图

1-弹簧片;2-活动线圈;3-平面镜;4-张丝;
5-标尺;6-光源;7-准丝线

自被测电流经弹簧片的张丝通过动圈时,产生的磁场在永久磁铁磁场的作用下,产生旋转力矩使动圈偏转,而动圈偏转又使张丝产生扭力而形成反力矩,当二力矩相等时,动圈就停留在某一偏转角度上。其转动角度与流经动圈的电流强弱有关。因平面镜随动圈而转动,所以标尺上光点移动的距离与电流的大小成正比。

(2) 使用方法

① 检查电源开关所指示的电压是否与所使用的电源电压一致(特别注意不要将 220 V 电源插入 6 V 插孔内,以防烧坏线圈),然后接通电源,指示灯亮。

② 旋转零点调节器,将光点调至零位。

③ 用导线将输入接线柱与配套仪器连接。

④ 测量时先将分流计开关旋至灵敏度最低挡(0.01 挡),然后逐渐增大灵敏度进行测量。

⑤实验结束(或移动检流计时),必须将分流计开关置于"短路"处,以防损坏检流计。

6.4　光学测量技术

光与物质相互作用可以产生各种光学现象(如光的折射、反射、散射、透射、吸收、旋光以及物质受激辐射等),通过分析研究这些光学现象,可以提供原子、分子及晶体结构等方面的大量信息。所以,不论在物质的成分分析、结构测定及光化学反应等方面,都离不开光学测量。下面介绍物理化学实验中常用的几种光学测量仪器与使用方法及注意事项。

一、旋光度的测量

旋光仪是研究物质旋光性的仪器,用来测定平面偏振光通过具有旋光性物质的旋光度的大小和方向,从而定量测定旋光物质的浓度,确定某些有机物分子的立体结构。

1. 旋光度与浓度的关系

许多物质具有旋光性。所谓旋光性就是指某一物质在一束平面偏振光通过时,能使其偏振方向转一个角度的性质。旋光物质的旋光度,除了取决于旋光物质的本性外,还与测定温度、光经过物质的厚度、光源的波长等因素有关,若被测物质是溶液,当光源波长、温度、厚度恒定时,其旋光度与溶液的浓度成正比。

(1) 测定旋光物质的浓度

配制一系列已知浓度的样品,分别测出其旋光度,作浓度-旋光度曲线,然后测出未知样品的旋光度,从曲线上查出该样品的浓度。

(2) 根据物质的比旋光度,测出物质的浓度

旋光度可以因实验条件的不同而有很大的差异,所以又提出了"比旋光度"的概念,规定:以钠光 D 线作为光源,温度为 20℃时,一根 10 cm 长的样品管中,每 1 cm 溶液中含有 1 g 旋光物质时所产生的旋光度,即为该物质的比旋光度,用符号[a]表示。

$$[a]=\frac{10\alpha}{l \cdot c}$$

式中:α 为测量所得的旋光度;l 为样品的管长,cm;c 为浓度,g・cm^{-3}。

比旋光度[α]是度量旋光物质旋光能力的一个常数,可由手册查出,这样测出未知浓度的样品的旋光度,代入上式可计算出浓度 c。

2. 旋光仪的构造原理

一般光源发出的光,其光波在与光传播方向垂直的一切可能方向上振动,这种光称为非偏振光,而只在一个固定方向有振动的光称为偏振光。

当一束自然光投射到各相异性的晶体(例如方解石,即 CaCO₃ 晶体)中时,产生双折射。折射光线只在与传播方向垂直的一个可能方向上振动,因此可分解为两束互相垂直的平面偏振光,从而获得了单一的平面偏振光。

旋光仪的主要部件尼科耳棱镜就是根据这一原理设计的。尼科耳棱镜是由两个方解石直角棱镜(如图 6-26)所组成。棱镜两锐角为 68°和 22°;两棱镜直角边用加拿大树胶粘合起来。当自然光 s 以一定的入射角投射到棱镜时,双折射产生的 o 光线在第一块直角棱镜与树胶交界面上全反射,为棱镜上涂黑的

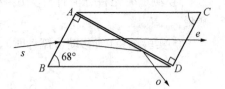

图 6-26　尼科耳棱镜

表面所吸收;双折射产生的 e 光线则透过树胶层及第二个棱镜而投射出。从而在尼科耳棱镜的出射方向上获得了一束单一的平面偏振光。这个尼科耳棱镜称为起偏镜,它是被用来发生偏振光的。

目前多应用某些晶体的二色性来制成偏振光。它是在一个薄片的表面上涂一层(约 0.1 mm)二色性很强的物质的细微晶体(如硫酸碘-金鸡纳霜或硫酸金鸡纳碱等),能够吸收全部寻常光线,从而得到偏振光。

偏振光振动平面在空间轴向角度位置的测量也是借助于一块尼科耳棱镜,这里称为

检偏镜,它是将偏振片固定在两保护玻璃之间,并随刻度盘同轴转动。当一束光通过起偏镜后,光沿 OA 方向振动,如图 6 - 27 所示。也就是可以允许在这一方向上振动的光通过此平面。OB 为检偏镜的透射面,只允许在这一方向上振动的光通过。两投射面的夹角为 θ。振幅为 E 的 OA 方向的平面偏振光可以分解为振幅分量分别为 $E\cos\theta$ 和 $E\sin\theta$ 的两互相垂直的平面偏振光,并且只有 $E\cos\theta$ 分量(与 OB 相重叠)可以透过检偏镜;而 $E\sin\theta$ 分量不能透过。当 $\theta=0°$ 时,$E\cos\theta=E$,此时透过检偏镜的光最强;当 $\theta=90°$ 时,此时没有光透过检偏镜,光最弱。如以 I 表示透过检偏镜的光强,I_0 表示透过起偏镜入射的光强,则有以下关系:

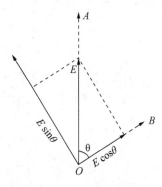

图 6 - 27　检偏镜原理图

$$I=I_0\cos^2\theta$$

　旋光仪就是通过透光强弱明暗来测定其旋光度。在起偏镜与检偏镜之间如放置被测物质时,由于被测物质的旋光作用,使原来由起偏镜出来的偏振光转过一个角度,因而检偏镜只有也相应转过一个角度,才能使透过的光强与原来相同。

　由于实际观测时肉眼对视野场明暗程度的感觉不甚灵敏,为了精确地确定旋转角,常采取比较的办法,即三分视场的方法。在起偏片后的中部装一狭长的石英片,其宽度约为视场的 1/3。由于石英片具有旋光性,从石英片中透过的那一部分偏振光被旋转了一个角度 φ,因为 $\angle AOB$ 为 90°,而 $\angle COB$ 不为 90°,所以在望远镜中透过石英片的那部分稍暗,两旁是黑暗的,即出现三分视场,如图 6 - 28(a)所示;当 $\angle COB$ 为 90°,而 $\angle AOB>$ 90°时,透过石英片的部分是黑暗的,两旁稍暗,如图 6 - 28(b)所示;当 $\angle POB=90°$ 时,因 $\cos^2(\angle AOB)=\cos^2(\angle COB)$,视野中三个区内的明暗相等,此时三分视场消失,视场均黑,如图 6 - 28(c)所示;当 $\angle POB=180°$ 时,整个视场均匀明亮,如图 6 - 28(d)所示。人的视觉在暗视野下对明暗均匀与不均匀有较大敏感,我们在实验中采用图 6 - 28(c)的视野,而不采用图 6 - 28(d)视野,因后者视场显得特别明亮,不易辨别三个视场的消失。

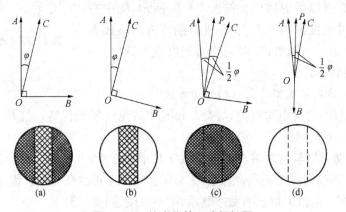

图 6 - 28　旋光仪的三分视场图

　WXG - 4 型圆盘旋光仪的外形及纵断面示意图如图 6 - 29 所示。

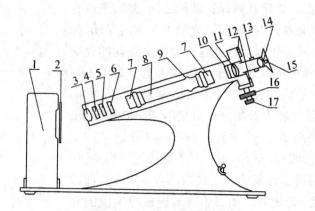

图 6 - 29　WXG - 4 型圆盘旋光仪

1-钠光灯;2-毛玻璃片;3-会聚透镜;4-滤色镜;5-起偏镜;6-石英片;7-测试管端螺帽;8-测试管;9-测试管凸起部分;10-检偏镜;11-望远镜物镜;12-度盘和游标;13-望远镜调焦手轮;14-望远镜目镜;15-游标读数放大镜;16-度盘转盘细调手轮;17-度盘转盘粗调手轮

3. WXG - 4 型圆盘旋光仪使用方法

首先打开钠光灯,待 2~3 min 光源稳定后,从望远镜目镜看视野,如不清楚可调节望远镜焦距。

在样品管中充满蒸馏水(如有气泡可使其处在样品管中凸起的位置),调节检振片的角度使三分视场消失,将此时角度记作旋光仪零点。

零点确定后,将试样装入样品管中,放入旋光仪样品管的槽中。由于样品的旋光作用,旋转传动轮(检振片)旋钮,当转一角度 α 后,使三分视场再次消失,此时刻度盘上的角度即为被测样品之旋光度(需减去仪器零点值)。

读数方法。刻度盘分两个半圆,分别标出 $0°\sim180°$,并有固定游标分为 20 等分,读数时先看游标的 0 点落在刻度盘上的位置,记下整数值(0 两边较小的一个),再看游标的刻度画线与刻度盘上的刻度画线相重合的点,记下游标尺上的数据为小数点以后的数值。如图 6 - 30 所示,图中左右两刻度盘上的刻度都为 $9.30°$。刻度盘前方有两块放大镜,供读数时使用。如遇负值,可先读出刻度盘上刻度,再用 $180°$ 减去该值即可。

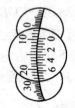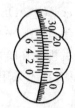

图 6 - 30　旋光仪刻度盘

4. WZZ - 2S 数字式型旋光仪的使用方法

(1)接通电源,打开电源开关,等待 5 min 使钠光灯发光稳定。打开光源开关,此时钠灯在直流供电下点燃。

(2)按下"测量"键,这时液晶屏应有数字显示。注意:开机后"测量"键只需按一次,如果误按该键,则仪器停止测量,液晶屏无显示。用户可再次按"测量"键,液晶重新显示,此时需重新校零。若液晶屏已有数字显示,则不需按"测量"键。

(3)清零。在已准备好的样品管中装满蒸馏水或待测试样的溶剂(无气泡)放入仪器试样室的试样槽中,按下"清零"键,使显示为零。一般情况下本仪器在不放试管时示数为零,放入无旋光度溶剂(如蒸馏水)测数也为零,但须注意倘若在测试光束的通路上有小气泡或试管的护片上有油污、不洁物或将试管护片旋得过紧而引起附加旋光度,则将会影响空白测数,在有空白测数存在时必须仔细检查上述因素或者用装有溶剂的空白试管放入试样槽后再清零。

(4) 测定旋光度。先用少量被测试样冲洗样品管 3~5 次,然后在样品管中装入试样,放入试样槽中,液晶屏显示所测的旋光度值,此时指示灯"1"点亮。按"复测"键一次,指示灯"2"点亮,表示仪器显示第二次测量结果,再次按"复测"键,指示灯"3"点亮,表示仪器显示第三次测量结果。按"shift/123"键,可切换显示各次测量的旋光度值。按"平均"键,显示平均值,指示灯"AV"点亮。此时记录该平均值即为被测样品的旋光度值。

二、折射率的测量

折射率是重要的物理常数之一,利用折射率可了解物质的纯度、浓度及其结构等。在实验室中测量液体折射率的常用仪器是阿贝折射仪。由于阿贝折射仪所需用的试样少,数滴液体即可进行测量,且操作方便,读数精确,它是物理化学实验室中常用的光学仪器。

1. 折射率与浓度的关系

折射率是物质的特性常数,纯物质具有确定的折射率,但如果混有杂质其折射率会偏离纯物质的折射率,杂质越多,偏离越大。纯物质溶解在溶剂中,折射率也发生变化。当溶质的折射率小于溶剂的折射率时,浓度越大,混合物的折射率越小;反之亦然。所以,测定物质的折射率可以定量地求出该物质的浓度或纯度,其方法如下:

(1) 制备一系列已知浓度的样品,分别测量各样品的折射率。

(2) 以样品浓度 c 和折射率 n_D 作图得一工作曲线。

(3) 根据待测样品的折射率,由工作曲线查得其相应浓度。

2. 仪器原理

当一束单色光从各向同性的介质 1 进入各向同性的介质 2 时,如果光线传播方向不垂直于两介质的界面,则会发生折射现象。在温度、压力和光的波长一定的条件下,若入射角和折射角分别为 θ_1 和 θ_2,光在介质 1 和介质 2 中的传播速度分别为 v_1 和 v_2,根据斯内尔(Snell)折射定律,有下列关系式:

$$\frac{\sin\theta_1}{\sin\theta_2} = \frac{v_1}{v_2} = n_{1,2} \tag{1}$$

式中:$n_{1,2}$ 称为介质 2 对介质 1 的折射率。若介质 1 为真空,则 n 称为绝对折射率,即

$$n = \frac{v_{\text{真}}}{v_{\text{介}}} \tag{2}$$

式中:$v_{\text{真}}$ 为光在真空中的传播速度;$v_{\text{介}}$ 为光在介质中的传播速度。

折射率不仅随物质不同而不同,而且还与光的波长、介质的温度有关。光的波长通常选用 589 nm(钠光线 D)。一般将波长标在折射率 n 的右下角,温度标在右上角,即 n_D^t。应该指出的是压力对折射率亦有影响,对大多数液体试样,压力影响约为 3×10^{-10} · Pa^{-1},固体试样更小,因此只有在精密测量中才予以校正。

由(1)式可知,当 $n_{1,2} > 1$ 时,入射角 θ_1 必大于折射角 θ_2,即光线由第一种介质进入第二种介质时必折向法线。在相同条件下,由于 $n_{1,2}$ 是常数,故当 θ_1 增大时,θ_2 亦相应增大,当 $\theta_1 = 90°$ 时,对应的折射角 θ_c 称为临界折射角。显然,对于入射角为 $0 \sim 90°$ 的入射光线,折射后都相应落在临界折射角 θ_c 之内成为亮区,而 θ_c 之外则成为暗区,这时若在 M 处置一目镜,则镜上将出现半明半暗的图像。

根据(1)式和(2)式,则有

$$\frac{1}{\sin\theta_c} = \frac{v_1}{v_2} = \left(\frac{v_1}{v_{真}}\right)\left(\frac{v_{真}}{v_2}\right) = \frac{n_2}{n_1} \tag{3}$$

式中:n_1、n_2 分别为介质 1 和介质 2 的绝对折射率。

若介质 1 为试样,介质 2 为玻璃棱镜,且棱镜的折射率为已知,由(3)式可知,只要测得 θ_c 即可求出试样折射率。阿贝折射仪就是根据这个原理而设计的。

3. 仪器构造

图 6-31 是阿贝折射仪的外形图,图 6-32 是光的行程图。它的核心部分是由两块折射率为 1.75 的玻璃直角棱镜组成的棱镜组。下面一块是辅助棱镜 8(P_1),其斜面是磨砂的。上面一块是测量棱镜 10(P_2),其斜面是高度抛光的。两块棱镜之间留有微小缝隙(约 $0.1 \sim 0.15$ mm),其中可以铺展一层待测液体试样。入射光线经反射镜 6 反射至辅助棱镜 8 后,在其磨砂斜面上发生漫射,所产生的漫射光线透过试样液层,在试样与测量棱镜的界面上发生折射,所有折射光线的折射角都落在临界折射角 θ_c 之内。具有临界折射角 θ_c 的光线射出测量棱镜 10(P_2)经阿密西(Amici)棱镜(A_1、A_2) 消除色散,再经聚焦之后射于目镜上,此时若目镜的位置适当,则在目镜中可看到半明半暗的图像。在仪器构造上,刻度盘与棱镜组是同轴的。实验时,转动读数手柄,调节棱镜组的角度,使明暗分界线正好落在十字线的交叉点上,这时从读数标尺上就可读出试样的折射率。

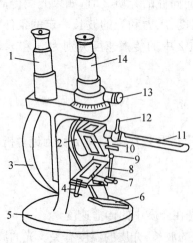

图 6-31 阿贝折光仪

1-读数望远镜;2-转轴;3-刻度盘罩;4-锁钮;5-底座;6-反射镜;7-加液槽;8-辅助棱镜(开启状态);9-铰链;10-测量棱镜;11-温度计;12-恒温水入口;13-消色散手柄;14-测量望远镜

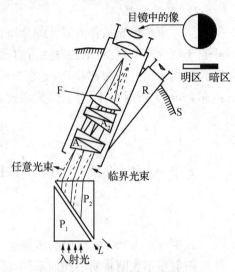

图 6-32 阿贝折光仪光路示意图

P_1-辅助棱镜;P_2-测量棱镜;A_1、A_2-阿密西棱镜;F-聚焦透镜

　　由于实验使用的是白光,在其通过棱镜后,将产生色散现象,致使目镜中明暗界线不清。为此,在仪器的测量望远镜下方设计一套消色散装置,它由两块相同的可以反向转动的阿密西棱镜组成,调节两棱镜的相对位置就可使色散消失,这时所测得的折射率和用钠光 D 线所测得的折射率相同。

　　因为折射率与温度有关,故在棱镜组外面装有恒温夹套,通以恒温水,则可测定物质在指定温度下的折射率。

　　4. 使用方法

　　(1) 将阿贝折射仪置于光亮处(但应避免阳光直接照射),调节超级恒温槽至所需温度,将阿贝折射仪接通恒温水,水温读数以阿贝折射仪上的温度计为准。

　　(2) 松开棱镜组的锁钮,开启辅助棱镜,使磨砂斜面呈水平,用少量乙醚清洗镜面,再用擦镜纸轻轻揩干(切勿用滤纸)。滴加数滴试样于镜面上,闭合棱镜组,旋紧锁钮。若试样易挥发,则可从加液小槽直接加入。

　　(3) 调节反射镜,让光线射入棱镜组。同时从测量望远镜中观察,使视场最亮。调节目镜使视场准丝清晰。

　　(4) 转动读数手柄,使明暗界线正好落在十字线的交叉点上,如图 6-33 所示。在调节过程中,当观察到视场中出现彩带时,应即时调节消色散手柄,使彩带消失。

图 6-33　临界角时目镜视野图

　　(5) 打开刻度标尺罩壳上方的小窗,让光线射入右转动反射镜,使刻度标尺有足够亮度。然后从读数望远镜中读出标尺上相应示值。由于眼睛在判断明暗分界线是否处于十字线的交叉点上时,易于疲劳,为了减少偶然误差,应转动读数手柄,重复测定三次(三次读数相差不能大于 0.0002),然后取平均值。

　　(6) 仪器校正。阿贝折射仪的刻度盘上标尺的零点,有时会发生移动,须加以校正。校正方法是用已知折射率的标准玻璃块(仪器附件),将其用一滴 α-溴代萘固定在测量棱镜上,玻璃块抛光之一端应向上,以接受光线,旋转读数手柄,使标尺读数等于玻璃块上注明的折射率,然后用一小旋棒旋动目镜前凹槽中的调整螺丝,使明暗界线正好与十字线的交点相合,即校正完毕。亦可用已知折射率的标准液体,如蒸馏水来校正。

　　5. 注意事项

　　(1) 使用时必须注意保护棱镜,切勿用其他纸擦拭棱镜,擦拭时注意指甲不要碰到镜面,滴加液体时,滴管切勿触及镜面。保持仪器清洁,严禁油手或汗液触及光学零件。

　　(2) 使用完毕后要把仪器全部擦拭干净(小心爱护),流尽金属套中恒温水,拆下温度计,并将仪器放入箱内,箱内放有干燥剂硅胶。

　　(3) 不能用阿贝折射仪测量酸性、碱性物质和氟化物的折射率,若样品的折射率不在 1.3~1.7 范围内,也不能用阿贝折射仪测定。

三、分光光度计

分光光度计可以在近紫外和可见光谱区域内对样品物质作定性和定量的分析，是物理化学实验室常用分析仪器之一。该仪器应安放在干燥的房间内，使用温度为 5℃～35℃。使用时放置在坚固平稳的工作台上，而且避免强烈震动或持续震动。室内照明不宜太强，且避免日光直射。电风扇不宜直接吹向仪器，以免影响仪器的正常使用。尽量远离高强度的磁场、电场及发生高频波的电器设备。供给仪器的电源为 220 V（±10%），49.5～50 Hz，并须装有良好的接地线。宜使用 100 W 以上的稳压器，以加强仪器的抗干扰性能。避免在有硫化氢等腐蚀性气体的场所使用。

1. 基本原理

分光光度计的基本原理是溶液中的物质在某单色光的照射激发下，产生了对光吸收的效应。物质对光的吸收是具有选择性的，各种不同的物质都具有其各自的吸收光谱，因此当某单色光通过溶液时，其能量就会被吸收而减弱，光能量减弱的程度和物质的浓度有一定的比例关系，即 Lambort-Beer 定律。

$$A = -\lg T = \epsilon b c$$

式中：A 为吸光度，又称光密度；T 为透射率（$T = I_t / I_0$，I_0 为入射光强度，I_t 为透射光强度）；ϵ 为摩尔吸光系数，$L \cdot mol^{-1} \cdot cm^{-1}$，与物质的性质、入射光的波长和溶液的温度等因素有关；b 为样品光程即液层的厚度，cm，通常使用 1.0 cm 的吸收池时 $b = 1$ cm；c 为样品的物质的量浓度，$mol \cdot L^{-1}$。

分光光度法就是以 Lambort-Beer 定律为基础建立起来的分析方法。

通常用光的吸收曲线（或光谱）来描述有色溶液对光的吸收情况。将不同波长的单色光依次通过一定浓度的有色溶液，分别测定其吸光度 A，以波长 λ 为横坐标，以吸光度 A 为纵坐标作图，所得的曲线称为光的吸收曲线（或光谱），见图 6 - 34。最大吸收峰处对应的单色光波长称为最大吸收波长 λ_{max}，选用 λ_{max} 的光进行测量，光的吸收程度最大，测定的灵敏度最高。

一般在测量样品前，先测工作曲线，即在与测定样品相同的条件下，先测量一系列已知准确浓度的标准溶液的吸光度 A，画出 A - c 曲线，即工作曲线（见图 6 - 35）。待样品的吸光度 A 测出后，就可以在工作曲线上求出相应的浓度 c。

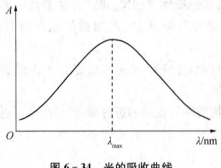

图 6 - 34　光的吸收曲线

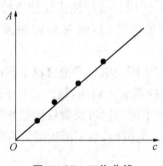

图 6 - 35　工作曲线

2. 721 型分光光度计的结构和使用

(1) 结构

721 型分光光度计外形示意图如图 6-36 所示。721 型分光光度计的内部主要由光源灯部件、单色光器部件、入射光和出射光光量调节器、光电管暗盒(电子放大器)部件和稳压装置等几部分组成。

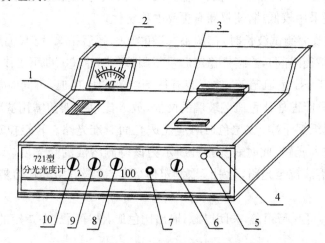

图 6-36　721 型分光光度计外形图

1-波长读数盘;2-读数电表;3-比色皿暗箱;4-电源指示灯;5-电源开关;6-灵敏度选择旋钮;

7-比色皿架拉杆;8-"100％"透射率调节旋钮;9-"0"透射率调节旋钮;10-波长调节旋钮

从光源灯发出的连续辐射光线,射到聚光透镜上,会聚后,再经过平面镜转角 90°,反射至入射狭缝。由此入射到单色光器内,狭缝正好位于球面准直物镜的焦面上,当入射光经过准直物镜反射后,就以一束平行光射向棱镜。光线进入棱镜后,进行色散。色散回来的光线,再经过准直物镜反射,就会聚在出光狭缝上,再经过聚光镜后进入比色皿。光线一部分被吸收,透过的光进入光电管,产生相应的光电流,经过放大后在微安表上读出。见图 6-37。

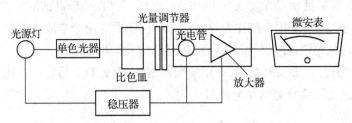

图 6-37　721 型分光光度计的基本结构示意图

(2) 使用方法

① 在仪器未接通电源时,电表的指针必须位于"0"刻线上,若不是这种情况,则可用电表上的校正螺丝进行调节(卸下机壳)。

② 在进行测定前,先将仪器电源开关接通,打开比色皿暗箱盖,预热 15 min 以上,选择需用的单色波长,调节"0"调节旋钮,使电表指针指"0",然后盖上比色皿暗箱盖,将比色

皿放在参比溶液(空白溶液或蒸馏水)校正位置(一般为比色皿架第一格),转动"100"调节旋钮,使电表指针指"100"。

③ 仪器预热或测量时,如果转动"100%"调节旋钮至极限时,电表指针仍不能指在"100%",可把灵敏度选择旋钮调至"2"挡以提高灵敏度,重新调"0"和"100%"。若电表指针仍不能调到"100%",则旋至"3"挡、"4"挡或"5"挡,逐挡调试。在保证能调到"100%"的情况下,尽可能采用较低挡,使仪器有更高的稳定性。

④ 在大幅度改变测试波长时,在调整"0"和"100%"后稍等片刻(钨灯在急剧改变亮度后需要一段热平衡时间),当指针稳定后重新调整"0"和"100"即可工作。

⑤ 测量时,打开比色皿暗箱,放入装有待测溶液的比色皿,可同时放入多个待测溶液。拿比色皿时只能捏住比色皿毛玻璃的两面,放入比色皿架前需用滤纸吸干外壁沾有的溶液,再用擦镜纸擦干净,放比色皿时应让透光面对准光路。轻轻拉动比色皿座架拉杆,使待测溶液进入光路,此时表头指针所示为该待测溶液的吸光度(A)或透射率(T)。依次将其他待测溶液拉至光路,分别读取测定值(测定后最好将参比溶液推回至光路中,重测一次)。

⑥ 测量完毕,打开暗箱盖,关闭电源,取出比色皿,洗净后放在指定的位置,关好暗箱盖,罩好仪器。

(3) 注意事项

① 测定时,比色皿要用被测液荡洗 2~3 次,以避免被测液浓度改变。

② 要用吸水纸将附着在比色皿外表面的溶液擦干。擦时应注意保护其透光面,勿使产生划痕。拿比色皿时,手指只能捏住毛玻璃的两边。

③ 比色皿放入比色皿架内时,应注意它们的位置,尽量使它们前后一致,否则容易产生误差。

④ 为了防止光电管疲劳,在不测定时,应经常使暗箱盖处于启开位置。连续使用仪器的时间一般不超过 2 h,最好是歇半小时后,再继续使用。

⑤ 测定时,应尽量使吸光度在 0.1~0.65,这样可以得到较高的准确度。

⑥ 仪器不能受潮,使用中应注意放大器和单色器上的两个硅胶干燥筒(在仪器底部)里的防潮硅胶是否变色,如果硅胶的颜色已变红,应立即取出更换。

⑦ 比色皿用过后,要及时洗净,并用蒸馏水荡洗,倒置晾干后存放在比色皿盒内。

3. 722 型分光光度计的结构和使用

(1) 外形结构

722 型分光光度计是以碘钨灯为光源、衍射光栅为色散元件、端窗式光电管为光电转换器的单色束、数显式可见分光光度计。可用的波长范围为 330~800 nm,波长的精度 ±2 nm,光谱带宽 6 nm,吸光度的显示范围为 0~1.999,吸光度的精度为 ±0.004 A(A=0.5 处)。试样架可置放 4 个吸收池。附件盒里有 4 只 1 cm 的吸收池和 1 块镨钕滤光片。722 型分光光度计的外形如图 6-38 所示。

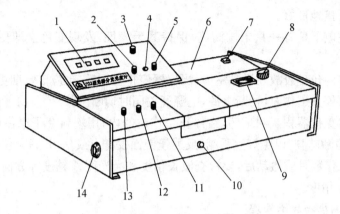

图 6 - 38　722 型分光光度计外形图

1-数显器；2-吸光度调零旋钮；3-选择开关；4-调斜率电位器；
5-浓度旋钮；6-光源室；7-电源开关；8-波长手轮；9-波长刻度窗；10-比色
皿拉杆；11-100％T旋钮；12-0％T旋钮；13-灵敏度调节；14-干燥箱

（2）使用方法

① 将灵敏度旋钮置于"1"挡（放大倍率最小），选择开关置于"T"挡。

② 开启电源，指示灯亮并将波长调至所需波长，预热 20 min。

③ 打开试样室盖（光门自动关闭），调节"0％ T"旋钮，使数字显示为"0.00"。

④ 将盛有参比液的吸收池置于试样架的第一格内，盛有试样的吸收池置于第二格内，盖上试样室的盖（此时光门打开，光电管受热）。将参比溶液推入光路，调节"100％ T"旋钮，使数字显示为"100.0"。如果显示不到"100.0"，则增大灵敏度挡"2"或"3"，再调节"100％ T"旋钮，直到显示为"100.0"。

⑤ 重复操作步骤③和④，直到仪器显示稳定。

⑥ 将选择开关置于"A"挡，此时吸光度显示为".000"，若不是，则调节吸光度调节旋钮使之显示为".000"。然后将试样推入光路，此时显示值即为试样的吸光度。

⑦ 实验过程中，可随时将参比溶液推入光路以检查其吸光度零点是否变化。如果不是".000"，则应将选择开关置于"T"挡，用"100％T"旋钮调节至"100.0"，再将选择开关置"A"挡，这时如不是".000"，则可调节吸光度调零旋钮。如果大幅度改变测试波长时，应稍等片刻（因为能量变化急剧，光电管受光后响应缓慢，需一段时间光响应平衡），待稳定后重新调整"0"和"100％T"后才可工作。

⑧ 浓度 c 的测量：选择开关由"A"旋置"c"，将已标定浓度的样品放入光路，调节浓度旋钮，使数字显示为标定值。然后将被测样品推入光路，即可读出被测样品的浓度值。

⑨ 仪器使用完毕，应先关闭电源，再取出比色皿，洗净后放回原处。

4. 仪器的维护

（1）为确保仪器稳定工作在电压波动较小的地方，220 V 电源预先稳压，宜备 220 V 稳压器一只（磁饱和式或电子稳压式）。

（2）当仪器工作不正常时，如数字表无亮光，光源灯不亮，开关指示灯无信号，应检查仪器后盖保险丝是否损坏，然后查电源线是否接通，再查电路。

　　(3) 仪器要接地良好。

　　(4) 仪器左侧下角有一只干燥筒,应保持其干燥性,发现变色立即更新或加以烘干再用。

　　(5) 另外有两包硅胶放在样品室内,当仪器停止使用后,也应该定期更新烘干。

　　(6) 当仪器停止工作时,切断电源,电源开关同时切断。

　　(7) 为了避免仪器积灰和玷污,在停止工作时间内,用塑料套子罩住整个仪器,在套子内应放数袋防潮硅胶,以免灯室受潮、反射镜镜面发霉点或玷污,影响仪器性能。

　　(8) 仪器工作数月或搬动后,要检查波长精度和吸光度 A 精度等方面,以确保仪器的正常使用和测定精度。

　　5. 仪器的调校和故障修理

　　仪器使用较长时间后,与同类型的其他仪器一样,可能发生一些故障,或者仪器的性能指标有所变化,需要进行调校或修理,现分别简单介绍如下,以供使用维护者参考。

　　(1) 仪器的调整

　　① 钨灯的更换和调整:光源灯是易损件,当损件更换或由于仪器搬运后均可能偏离正常位置,为了使仪器有足够的灵敏度,如何正确地调整光源灯的位置则显得更为重要,用户在更换光源灯时应戴上手套,以防玷污灯壳而影响发光能量。722 型分光光度计的光源灯采用 12 V 30 W 插入式钨卤素灯,更换钨灯时应先切断电源,然后用附件中的扳手旋松钨灯架上的两个紧固螺丝,取出损坏的钨灯,换上钨灯后,将波长选择在 550 nm 左右,开启主机电源开关,移动钨灯上、下、左、右位置,直到成像在入射狭缝上。选择适当的灵敏度开关,观察数字表读数,经过调整至数字表读数为最高即可。最后将两个紧固螺丝旋紧。注意:两个紧固螺丝为钨灯稳压电源的输出电压,当钨灯点亮时,千万不能短路,否则会损坏钨灯稳压电源电路元件。

　　② 波长精度检验与校正:采用镨钕滤色片 529 nm 及 808 nm 两个特征吸收峰,通过逐点测试法来进行波长检定与校正。本仪器的分光系统采用光栅作为色散元件,其色散是线性的,因此波长分度的刻度也是线性的。当通过逐点测试法记录下的刻度波长与镨钕滤色片特征吸收波长值超出误差,则可卸下波长手轮,旋松波长刻度盘上的三个定位螺丝,将刻度指示置于特征吸收波长值,误差范围(± 2 nm),旋紧三个定位螺丝即可。

　　③ 吸光度精度的调整:选择开关置于"T",调节透过率"00.0"和"100.0"后,再将选择开关置于"A",旋动"吸光度调零"旋钮,使得显示值为".000"。将 0.5 A 左右的滤光片(仪器附)置于光路,测得其吸光度值。选择开关置于"T",测得其透过率值,根据 $A = \lg(1/T)$ 计算出其吸光度值。如果实测值与计算值有误差,则可调节"吸光度斜率电位器",将实测值调整至计算值,两者允许误差为 ± 0.004 A。

　　(2) 故障分析

　　① 初步检查:当仪器一旦出现故障,首先关主机电源开关,然后按下列步骤逐步检查。

　　当开启仪器电源,钨灯是否亮。

　　波长盘读数指示是否在仪器允许波长范围内。

　　仪器灵敏度开关是否选择适当。

T、A、C 开关是否选择在相应的状态。

试样室盖是否关紧。仪器调零及调 100% 时是否选择在相应的旋钮调节。

② 初步判断:仪器的机械系统、光学系统及电子系统为一整体,工作过程中互有牵制,为了缩小范围及早发现故障所在,按下列实验可以原则上区分故障性质。

光学系统实验:(a) 灯电源开关按下,点亮钨灯。(b) 仪器波长刻度选择在 580 nm,打开试样室盖以白纸插入光路聚焦位置,应见到一较亮、完整的长方形光斑。(c) 手调波长向长波,白纸上应见到光斑由紫逐渐变红;手调波长向短波,白纸上应见到光斑由红逐渐变紫。(d) 波长在 330~800 nm 范围,改变相应的灵敏度挡调节 100% 旋钮,观察数字表读数显示能达到 100.0。上述实验通过,光学系统原则上正常。

机械系统实验:(a) 手调波长钮 330~800 nm 往返,手感平滑无明显卡住。(b) 检查各按钮、旋钮、开关及比色皿选择拉杆手感是否灵活。上述实验通过,机械系统原则上正常。

电子系统实验:(a) 灯电源按钮按下,应点亮钨灯。(b) 打开试样室盖,调节调零旋钮观察数字显示读数应为 00.0 左右可调。(c) 选择波长 580 nm,灵敏度开关选择 T 挡,关上试样室盖,此时调节 100% 旋钮观察数字显示读数应为 100.0 左右可调。(d) T、A、C 转换开关选择 T 挡,试样室空白,当完成仪器调零及调 100% 后选择 A 挡,调节消光零旋钮观察数字显示读数应为 .000 左右可调。上述实验通过,电子系统原则上正常。

附　录

附录1　常用物理化学常数

常数名称	符号	数值	单位
真空中的光速	c_0	$2.997\ 924\ 58 \times 10^8$	$m \cdot s^{-1}$
电子电荷	e	$1.602\ 177\ 33 \times 10^{-19}$	C
普朗克常数	h	$6.626\ 075\ 5 \times 10^{-34}$	$J \cdot s$
阿伏伽德罗常数	N_A	$6.022\ 136\ 7 \times 10^{23}$	mol^{-1}
法拉第常数	F	$96\ 485.309$	$C \cdot mol^{-1}$
摩尔气体常数	R	$8.314\ 510$	$J \cdot K^{-1} \cdot mol^{-1}$
玻尔兹曼常数	k	$1.380\ 6 \times 10^{-23}$	$J \cdot K^{-1}$

附录2　国际单位制(SI)

SI 基本单位

量	单位名称	单位符号
长度	米	m
质量	千克(公斤)	kg
时间	秒	s
电流	安[培]	A
热力学温度	开[尔文]	K
物质的量	摩[尔]	mol
光强度	坎[德拉]	cd

SI 中具有专用名称导出单位

量的名称	单位名称	单位符号	其他 SI 单位表示
频率	赫[兹]	Hz	s^{-1}
力	牛[顿]	N	$kgm \cdot s^{-2}$
压力、应力	帕[斯卡]	Pa	$N \cdot m^{-2}$
能、功、热量	焦[耳]	J	$N \cdot m$
电量、电荷	库[仑]	C	$A \cdot s$

量的名称	单位名称	单位符号	其他 SI 单位表示
功率	瓦[特]	W	$J \cdot s^{-1}$
电位、电压、电动势	伏[特]	V	$W \cdot A^{-1}$
电容	法[拉]	F	$C \cdot V^{-1}$
电阻	欧[姆]	Ω	$V \cdot A^{-1}$
电导	西[门子]	S	$A \cdot V^{-1}$
磁通量	韦[伯]	Wb	$V \cdot s$
磁感应强度	特[斯拉]	T	$Wb \cdot m^{-2}$
电感	亨[利]	H	$Wb \cdot A^{-1}$

附录 3   常用单位换算

力单位换算

牛顿 N	千克力 kgf	达因 dyn
1	0.102	10^5
9.806 65	1	$9.806 65 \times 10^5$
10^{-5}	1.02×10^{-6}	1

压力单位换算

帕斯卡 Pa	工程大气压 $kgf \cdot cm^{-2}$	毫米水柱 mmH_2O	标准大气压 atm	毫米汞柱 mmHg
1	1.02×10^{-5}	0.10^2	0.99×10^{-5}	0.007 5
98 067	1	10^4	0.967 8	735.6
9.807	0.000 1	1	$0.967 8 \times 10^{-4}$	0.073 6
101 325	1.033	10 332	1	760
133.32	0.000 36	13.6	0.001 32	1

注:① 1 Pa$=$1 N$\cdot$m^{-2},1 工程大气压$=$1 kgf$\cdot$cm^{-2}

② 1 mmHg$=$1 Torr,标准大气压即物理大气压

③ 1 bar$=10^5$ N$\cdot$m^{-2}

能量单位换算

尔格 erg	焦耳 J	千克力米 kgf・m	千瓦小时 kw・h	千卡 kcal	升大气压 L・atm
1	10^{-7}	0.102×10^{-7}	27.78×10^{-15}	23.9×10^{-12}	9.869×10^{-10}
10^7	1	0.102	277.8×10^{-9}	239×10^{-6}	9.869×10^{-3}
9.807×10^7	9.807	1	2.724×10^{-6}	2.342×10^{-3}	9.679×10^{-2}
36×10^{12}	3.6×10^6	367.1×10^3	1	859.845	3.553×10^4
41.87×10^9	4186.8	426.935	1.163×10^{-3}	1	41.29
1.013×10^9	101.3	10.33	2.814×10^{-5}	0.024218	1

注:① 1 erg=1 dyn・cm,1 J=1 N・m=1 W・s,1 eV=1.602×10^{-19} J

② 1 国际蒸汽表卡=1.000 67 热化学卡

附录 4   用于构成十进倍数和分数单位的词头

倍数	词头名	符号	倍数	词头名	符号	倍数	词头名	符号
10^{21}	泽[它]zetta	Z	10^3	千 kilo	k	10^{-6}	微 micro	μ
10^{18}	艾[可萨]exa	E	10^2	百 hecto	h	10^{-9}	纳[诺]nano	n
10^{15}	拍[它]peta	P	10^1	十 deca	da	10^{-12}	皮[可]pico	p
10^{12}	太[拉]tera	T	10^{-1}	分 deci	d	10^{-15}	飞[母托]femto	f
10^9	吉[咖]giga	G	10^{-2}	厘 centi	c	10^{-18}	阿[托]atto	a
10^6	兆 mega	M	10^{-3}	毫 milli	m	10^{-21}	仄[普托]zepto	z

附录 5   不同温度下水的饱和蒸气压

$t/℃$	0.0		0.2		0.4		0.6		0.8	
	mmHg	kPa	mmHg	kPa	mmHg	kPa	mmHg	kPa	mmHg	kPa
0	4.579	0.610 5	4.647	0.619 5	4.715	0.628 6	4.785	0.637 9	4.855	0.647 3
1	4.926	0.656 7	4.998	0.666 3	5.070	0.675 9	5.144	0.685 8	5.219	0.695 8
2	5.294	0.705 8	5.370	0.715 9	5.447	0.726 2	5.525	0.736 6	5.605	0.747 3
3	5.685	0.757 9	5.766	0.768 7	5.848	0.779 7	5.931	0.790 7	6.015	0.801 9
4	6.101	0.813 4	6.187	0.824 9	6.274	0.836 5	6.363	0.848 3	6.453	0.860 3
5	6.543	0.872 3	6.635	0.884 6	6.728	0.897 0	6.822	0.909 5	6.917	0.922 2
6	7.013	0.935	7.111	0.948 1	7.209	0.961 1	7.309	0.974 5	7.411	0.988 0

t/℃	0.0		0.2		0.4		0.6		0.8	
	mmHg	kPa	mmHg	kPa	mmHg	kPa	mmHg	kPa	mmHg	kPa
7	7.513	1.001 7	7.617	1.015 5	7.722	1.029 5	7.828	1.043 6	7.936	1.058
8	8.045	1.072 6	8.155	1.087 2	8.267	1.102 2	8.380	1.117 2	8.494	1.132 4
9	8.609	1.147 8	8.727	1.163 5	8.845	1.179 2	8.965	1.195 2	9.086	1.211 4
10	9.209	1.227 8	9.333	1.244 3	9.458	1.261 0	9.585	1.277 9	9.714	1.295 1
11	9.844	1.312 4	9.976	1.330 0	10.109	1.347 8	10.244	1.365 8	10.380	1.383 9
12	10.518	1.402 3	10.658	1.421 0	10.799	1.439 7	10.941	1.452 7	11.085	1.477 9
13	11.231	1.497 3	11.379	1.517 1	11.528	1.537 0	11.680	1.557 2	11.833	1.577 6
14	11.987	1.598 1	12.144	1.619 1	12.302	1.640 1	12.462	1.661 5	12.624	1.683 1
15	12.788	1.704 9	12.953	1.726 9	13.121	1.749 3	13.290	1.771 8	13.461	1.794 6
16	13.634	1.817 7	13.809	1.841 0	13.987	1.864 8	14.166	1.888 6	14.347	1.912 8
17	14.530	1.937 2	14.715	1.961 8	14.903	1.986 9	15.092	2.012 1	15.284	2.037 7
18	15.477	2.063 4	15.673	2.089 6	15.871	2.116 0	16.071	2.142 6	16.272	2.169 4
19	16.477	2.196 7	16.685	2.224 5	16.894	2.252 3	17.105	2.280 5	17.319	2.309 0
20	17.535	2.337 8	17.753	2.366 9	17.974	2.396 3	18.197	2.426 1	18.422	2.456 1
21	18.650	2.486 5	18.880	2.517 1	19.113	2.548 2	19.349	2.579 6	19.587	2.611 4
22	19.827	2.643 4	20.070	2.675 8	20.316	2.706 8	20.565	2.741 8	20.815	2.775 1
23	21.068	2.808 8	21.342	2.843 0	21.583	2.877 5	21.845	2.912 4	22.110	2.947 8
24	22.377	2.983 3	22.648	3.019 5	22.922	3.056 0	23.198	3.092 8	23.476	3.129 9
25	23.756	3.167 2	24.039	3.204 9	24.326	3.243 2	24.617	3.282 0	24.912	3.321 3
26	25.209	3.360 9	25.509	3.400 9	25.812	3.441 3	26.117	3.482 0	26.426	3.523 2
27	26.739	3.564 9	27.055	3.607 0	27.374	3.649 6	27.696	3.692 5	28.021	3.735 8
28	28.349	3.779 5	28.680	3.823 7	29.015	3.868 3	29.354	3.913 5	29.697	3.959 3
29	30.043	4.005 4	30.392	4.051 9	30.745	4.099 0	31.102	4.146 6	31.461	4.194 4
30	31.824	4.242 8	32.191	4.291 8	32.561	4.341 1	32.934	4.390 8	33.312	4.441 2
31	33.695	4.492 3	34.082	4.543 9	34.471	4.595 7	34.864	4.648 1	35.261	4.701 1
32	35.663	4.754 7	36.068	4.808 7	36.477	4.863 2	36.891	4.918 4	37.308	4.974 0
33	37.729	5.030 1	38.155	5.086 9	38.584	5.144 1	39.018	5.202 0	39.457	5.260 5
34	39.898	5.319 3	40.344	5.378 7	40.796	5.439 0	41.251	5.499 7	41.710	5.560 9
35	42.175	5.622 9	42.644	5.685 4	43.117	5.748 4	43.595	5.812 2	44.078	5.876 6
36	44.563	5.941 2	45.054	6.008 7	45.549	6.072 7	46.050	6.139 5	46.556	6.206 9

t/℃	0.0		0.2		0.4		0.6		0.8	
	mmHg	kPa	mmHg	kPa	mmHg	kPa	mmHg	kPa	mmHg	kPa
37	47.067	6.275 1	47.582	6.343 7	48.102	6.413	48.627	6.483 0	49.157	6.553 7
38	49.692	6.625	50.231	6.696 9	50.774	6.769 3	51.323	6.842 5	51.879	6.916 6
39	52.442	6.991 7	53.009	7.067 3	53.580	7.143 4	54.156	7.220 2	54.737	7.297 6
40	55.324	7.375 9	55.91	7.451	56.51	7.534	57.11	7.614	57.72	7.695

附录 6　不同温度下水的表面张力

t/℃	σ/N·m⁻¹	t/℃	σ/N·m⁻¹	t/℃	σ/N·m⁻¹
5	0.074 92	17	0.073 19	25	0.071 97
10	0.074 22	18	0.073 05	26	0.071 82
11	0.074 07	19	0.072 9	27	0.071 66
12	0.073 93	20	0.072 75	28	0.071 5
13	0.073 78	21	0.072 59	29	0.071 35
14	0.073 64	22	0.072 44	30	0.071 18
15	0.073 49	23	0.072 28	35	0.070 38
16	0.073 35	24	0.072 13	40	0.069 56

附录 7　不同温度下水的黏度/mPa·s

温度/℃	0	1	2	3	4	5	6	7	8	9
0	1.787	1.728	1.671	1.618	1.567	1.519	1.472	1.428	1.386	1.346
10	1.307	1.271	1.235	1.202	1.169	1.139	1.109	1.081	1.053	1.027
20	1.002	0.977 9	0.954 8	0.932 5	0.911	0.890 4	0.870 5	0.851 3	0.832 7	0.814 8
30	0.797 5	0.780 8	0.764 7	0.749 1	0.734	0.719 4	0.705 2	0.691 5	0.678 3	0.665 4
40	0.652 9	0.640 8	0.629 1	0.617 8	0.606 7	0.596	0.585 6	0.575 5	0.565 6	0.556 1

附录 8　　不同温度下水和乙醇的折射率 *

$t/℃$	纯　水	99.8%乙醇	$t/℃$	纯　水	99.8%乙醇
14	1.333 48		34	1.331 36	1.354 74
15	1.333 41		36	1.331 07	1.353 9
16	1.333 33	1.362 1	38	1.330 79	1.353 06
18	1.333 17	1.361 29	40	1.330 51	1.352 22
20	1.332 99	1.360 48	42	1.330 23	1.351 38
22	1.332 81	1.359 67	44	1.329 92	1.350 54
24	1.332 62	1.358 85	46	1.329 59	1.349 69
26	1.332 41	1.358 03	48	1.329 27	1.348 85
28	1.332 19	1.357 21	50	1.328 94	1.348
30	1.331 92	1.356 39	52	1.328 6	1.347 15
32	1.331 64	1.355 57	54	1.328 27	1.346 29

* 相对于空气；钠光波长 589.3 nm

附录 9　　一些液体物质的饱和蒸气压与温度的关系

物　质	正常沸点/℃	适用温度范围/℃	A	B	C
三氯甲烷($CHCl_3$)	61.3	$-30\sim+150$	4.888 29	1 163.03	227.4
甲醇(CH_3OH)	64.65	$-20\sim+140$	5.863 64	1 473.11	230.0
醋酸(CH_3COOH)	118.2	$0\sim+36$	5.788 08	1 651.2	225.0
乙醇(CH_3CH_2OH)	78.37		6.029 95	1 554.3	222.65
丙酮(CH_3COCH_3)	56.5		5.009 4	1 161.0	200.22
乙酸乙酯($C_4H_8O_2$)	77.06	$-22\sim+150$	5.083 09	1 238.71	217.0
苯(C_6H_6)	80.10	$5.53\sim104$	4.972 46	1 206.350	220.237
环己烷(C_6H_{14})	68.32	$6.56\sim105$	4.829 99	1 203.526	222.863

注：上表中的数据符合公式：$\ln p = A - \dfrac{B}{C+t}$（式中的 t 为摄氏温度）

附录 10　不同温度下水、乙醇和丙酮的密度（g/cm³）

温度/℃	水	乙醇	丙酮	温度/℃	水	乙醇	丙酮
5	0.999 9	0.802 07	0.807	20	0.998 02	0.789 45	0.790 5
10	0.999 73	0.797 88	0.801 4	21	0.998 02	0.788 6	0.789 4
11	0.999 63	0.797 04	0.800 3	22	0.997 8	0.787 75	0.788 3
12	0.999 52	0.796 2	0.799 2	23	0.997 56	0.786 91	0.787 1
13	0.999 4	0.795 35	0.798 1	24	0.997 32	0.786 06	0.786
14	0.999 27	0.794 51	0.797	25	0.997 07	0.785 22	0.784 9
15	0.999 13	0.793 67	0.796	26	0.996 81	0.784 37	0.783 8
16	0.998 97	0.792 83	0.794 9	27	0.996 54	0.783 52	0.782 7
17	0.998 8	0.791 98	0.793 8	28	0.996 26	0.782 67	0.781 5
18	0.998 62	0.791 14	0.792 7	29	0.995 97	0.781 82	0.780 4
19	0.998 23	0.790 29	0.791 6	30	0.995 67	0.780 97	0.779 3

附录 11　某些液体的折光率（20℃）

物质	n_D^{20}	物质	n_D^{20}
水	1.333	苯	1.501 1
乙醇	1.360 5	环乙烷	1.426 4
异丙醇	1.377 6	丙酮	1.359 1

附录 12　某些物质的比旋光度（20℃）

物质	n_D^{20}	物质	n_D^{20}
蔗糖	+66.65°	果糖	−91.9°
葡萄糖	+52.5°	麦芽糖	+128.6°
乳糖	+55.3°	酒石酸	+11.78°

附录 13　常用溶剂的凝固点降低常数

溶剂	t_f/℃	K_f/℃ · kg · mol⁻¹
水	0	1.860
四氯化碳	−22.85	32
乙酸	16.66	3.9
苯	5.51	5.12
环己烷	6.55	20.1

附录 14　　KCl 溶液的电导率*

$t/℃$	$c/\text{mol} \cdot \text{L}^{-1}$			
	1. 000**	0. 100 0	0. 020 0	0. 010 0
0	0. 065 41	0. 007 15	0. 001 521	0. 000 776
5	0. 074 14	0. 008 22	0. 001 752	0. 000 896
10	0. 083 19	0. 009 33	0. 001 994	0. 001 02
15	0. 092 52	0. 010 48	0. 002 243	0. 001 147
16	0. 094 41	0. 010 72	0. 002 294	0. 001 173
17	0. 096 31	0. 010 95	0. 002 345	0. 001 199
18	0. 098 22	0. 011 19	0. 002 397	0. 001 225
19	0. 100 14	0. 011 43	0. 002 449	0. 001 251
20	0. 102 07	0. 011 67	0. 002 501	0. 001 278
21	0. 10400	0. 011 91	0. 002 553	0. 001 305
22	0. 105 94	0. 012 15	0. 002 606	0. 001 332
23	0. 107 89	0. 012 39	0. 002 659	0. 001 359
24	0. 109 84	0. 012 64	0. 002 712	0. 001 386
25	0. 111 8	0. 012 88	0. 002 765	0. 001 413
26	0. 113 77	0. 013 13	0. 002 819	0. 001 441
27	0. 115 74	0. 013 37	0. 002 873	0. 001 468
28		0. 013 62	0. 002 927	0. 001 496
29		0. 013 87	0. 002 981	0. 001 524
30		0. 014 12	0. 003 036	0. 001 552
35		0. 015 39	0. 003 312	
36		0. 015 64	0. 003 368	

　＊ 电导率单位 S・cm^{-1}

　＊＊ 在空气中称取 74. 56 g KCl,溶于 18℃ 水中,稀释到 1 L,其物质的量浓度为 1. 000 mol・L^{-1}(密度 1. 044 9 g・cm^{-3}),再稀释得其他浓度溶液。

附录 15　甘汞电极的电极电势与温度的关系

甘汞电极*	φ/V
SCE	$0. 241\ 2 - 6. 61 \times 10^{-4}(t-25) - 1. 75 \times 10^{-6}(t-25)^2 - 9 \times 10^{-10}(t-25)^3$
NCE	$0. 280\ 1 - 2. 75 \times 10^{-4}(t-25) - 2. 50 \times 10^{-6}(t-25)^2 - 4 \times 10^{-9}(t-25)^3$
0. 1NCE	$0. 333\ 7 - 8. 75 \times 10^{-5}(t-25) - 3 \times 10^{-6}(t-25)^2$

　＊ SCE 为饱和甘汞电极;NCE 为标准甘汞电极;0. 1NCE 为 0. 1 mol・L^{-1} 甘汞电极

附录 16　常用参比电极电势及温度系数

名称	体系	E/V^*	$(dE/dT)/mV \cdot K^{-1}$
氢电极	$Pt, H_2 \mid H^+ (\alpha_{H^+} = 1)$	0.000 0	
饱和甘汞电极	$Hg, Hg_2Cl_2 \mid$ 饱和 KCl	0.241 5	−0.761
标准甘汞电极	$Hg, Hg_2Cl_2 \mid 1 \ mol \cdot L^{-1}$ KCl	0.280 0	−0.275
甘汞电极	$Hg, Hg_2Cl_2 \mid 0.1 \ mol \cdot L^{-1}$ KCl	0.333 7	−0.875
银-氯化银电极	$Ag, AgCl \mid 0.1 \ mol \cdot L^{-1}$ KCl	0.290 0	−0.300
氧化汞电极	$Hg, HgO \mid 0.1 \ mol \cdot L^{-1}$ KOH	0.165 0	
硫酸亚汞电极	$Hg, Hg_2SO_4 \mid 1 mol \cdot L^{-1} \ H_2SO_4$	0.675 8	
硫酸铜电极	$Cu \mid$ 饱和 $CuSO_4$	0.316 0	−0.700

* 25℃；相对于标准氢电极(NCE)

附录 17　强电解质的离子平均活度系数 $\gamma_\pm$ (25℃)

电解质	质量摩尔浓度 $m/mol \cdot kg^{-1}$										
	0.01	0.1	0.2	0.3	0.4	0.5	0.6	0.7	0.8	0.9	1.0
$AgNO_3$	0.896	0.734	0.657	0.606	0.567	0.536	0.509	0.485	0.464	0.446	0.429
$CuSO_4$	0.400	0.164	0.104	0.082 9	0.070 4	0.062	0.055 9	0.051 2	0.047 5	0.044 6	0.042 3
$ZnSO_4$	0.387	0.150	0.140	0.083 5	0.071 4	0.063 0	0.056 9	0.052 3	0.048 7	0.045 8	0.043 5
KCl	0.899	0.770	0.718	0.688	0.666	0.649	0.637	0.626	0.618	0.610	0.604
NaCl	0.904	0.778	0.735	0.710	0.693	0.681	0.673	0.667	0.662	0.659	0.657
HCl	0.904	0.976	0.767	0.756	0.755	0.757	0.763	0.772	0.783	0.795	0.809
HNO_3	0.902	0.791	0.754	0.725	0.725	0.720	0.717	0.717	0.718	0.721	0.724
H_2SO_4	0.544	0.265 5	0.209	0.182 6	—	0.155 7	—	0.141 7	—	—	0.131 6
KOH	0.901	0.798	0.760	0.742	0.734	0.732	0.733	0.736	0.742	0.749	0.756
NaOH	—	0.766	0.727	0.708	0.697	0.690	0.685	0.681	0.679	0.678	0.678

附录 18　醋酸的标准电离平衡常数

$T/℃$	$K_a^\ominus / \times 10^{-5}$	$T/℃$	$K_a^\ominus / \times 10^{-5}$	$T/℃$	$K_a^\ominus / \times 10^{-5}$
0	1.657	20	1.753	40	1.703
5	1.700	25	1.754	45	1.670
10	1.729	30	1.750	50	1.633
15	1.745	35	1.728		

附录 19　IUPAC 推荐的五种标准缓冲溶液的 pH

温度 /℃	25℃下饱和 酒石酸氢钾 (0.034 1 mol · L^{-1})	邻苯二甲酸氢钾 (0.05 mol · L^{-1})	KH_2PO_4 (0.025 mol · L^{-1}) Na_2HPO_4 (0.025 mol · L^{-1})	KH_2PO_4 (0.008 695 mol · L^{-1}) Na_2HPO_4 (0.030 43 mol · L^{-1})	$Na_2B_4O_7$ (0.01 mol · L^{-1})
15	——	3.999	6.900	7.448	9.276
20	——	4.002	6.881	7.429	9.225
25	3.557	4.008	6.865	7.413	9.180
30	3.552	4.015	6.853	7.400	9.139
35	3.549	4.024	6.844	7.389	9.102
38	3.548	4.030	6.840	7.384	9.081
40	3.547	4.035	6.838	7.380	9.068
45	3.547	4.047	6.834	7.373	9.038

附录 20　气相中常见分子的偶极矩

化合物		偶极矩/$\mu C \cdot m$	化合物		偶极矩/$\mu C \cdot m$
四氯化碳	CCl_4	0	硝基苯	$C_6H_5NO_2$	14.1
乙醇	C_2H_6O	5.64	氨	NH_3	4.90
乙酸乙酯	$C_4H_8O_2$	5.94	水	H_2O	6.17

附录 21　一些常见液体物质的介电常数

化合物	介电常数 ε		温度系数 a		适用温度 范围/℃
	20℃	25℃	$-10^2 d(\lg\varepsilon)/dt$	$-10^2 d(\lg\varepsilon)/dt$	
四氯化碳 CCl_4	2.238	2.228	0.200		
环己烷 C_6H_{12}	2.023	2.015	0.16		10~60
乙醇 C_2H_6O		24.35		0.270	-5~$+70$
乙酸乙酯 $C_4H_8O_2$		6.02	1.5		25
硝基苯 $C_6H_5NO_2$	35.74	34.82		0.225	10~80
水 H_2O	80.37	78.54	0.200		15~30

注：真空介电常数为 1。

主要参考文献

[1] 复旦大学等. 物理化学实验. 第二版. 北京:高等教育出版社,1993.

[2] 北京大学化学系物理化学教研室. 物理化学实验. 第三版. 北京:北京大学出版社,1995.

[3] 刘勇健,白同春. 物理化学实验. 第二版. 南京:南京大学出版社,2013.

[4] 清华大学化学系物理化学实验编写组. 物理化学实验. 北京:清华大学出版社,1991.

[5] 东北师大等. 物理化学实验. 北京:人民教育出版社,1982.

[6] 武汉大学化学与分子科学学院实验中心编. 物理化学实验. 武汉:武汉大学出版社,2004.

[7] 邹文樵,陈大勇. 物理化学实验与技术. 上海:华东化工学院出版社,1990.

[8] 陈龙武,邓希贤,朱长缨等. 物理化学实验基本技术. 上海:华东师范大学出版社,1986.

[9] 崔献英等编. 物理化学实验. 合肥:中国科学技术大学出版社,2000.

[10] 淮阴师范学院化学系编. 物理化学实验. 北京:高等教育出版社,2004.

[11] 贺德华,麻英,张连庆. 基础物理化学实验. 北京:高等教育出版社,2008.

[12] 龚茂初,王健礼,赵明. 物理化学实验. 北京:化学工业出版社,2010.

[13] 袁誉洪. 物理化学实验. 北京:科学出版社,2008.

[14] 蔡邦宏. 物理化学实验教程. 南京:南京大学出版社,2010.

[15] 夏海涛. 物理化学实验. 第二版. 南京:南京大学出版社,2014.

[16] 何畏. 物理化学实验. 北京:科学出版社,2009.

[17] 庞素娟,吴洪达. 物理化学实验. 武汉:华中科技大学出版社,2009.